科学之美　人文之思

三磅宇宙与神奇心智

顾凡及 著

上海科技教育出版社

谨献给恩师郑竺英教授九秩华诞

感谢中国神经科学学会、上海神经科学学会、中国生物物理学会和上海生物物理学会的鼓励、支持和帮助

目录

序言 / I

自序 / III

01 打开心灵之窗——视知觉探秘 / 001
初识"心灵之窗" / 004
从盲点到第三种感光细胞 / 009
从奇怪的"盲视"说起 / 015
不可不知的视觉感受野 / 024
空间视觉与物体视觉 / 035
"六亲不认"的背后 / 042
从虫子检测器到概念细胞 / 048

色觉的秘密 / 055

立体感从何而来？ / 062

如何把信息组织成视知觉 / 067

02 声响、气味和听到颜色——听觉、嗅觉和联觉探秘 / 077

耳朵是怎么听见声音的 / 079

怎样识别音高？ / 083

听觉中枢之争 / 089

嗅觉通路的发现 / 092

怎样闻到成千上万种不同的气味？ / 095

分子神经生物学家解开嗅觉之谜 / 099

看到五彩缤纷的交响乐——认识联觉 / 103

03 留住岁月的痕迹——记忆探秘 / 113

对记忆痕迹的早期探索 / 116

工作记忆的瓶颈 / 120

在记忆中"永葆青春" / 124

追寻记忆的痕迹 / 138

空间记忆溯源 / 151

04 人有喜怒哀乐——情绪探秘 / 157

情绪和面部表情 / 159

因为伤心才哭泣，还是因为哭泣而感到伤心？ / 165

基本情绪的藏身之处 / 173

额叶皮层和高级情绪 / 178

05 聪明与愚笨的分野——智能探秘 / 187
  智能和脑的大小 / 189
  名人之脑 / 196
  智能发展的先天与后天因素 / 201

06 社会交流的工具——语言探秘 / 209
  漫话失语症 / 212
  由布罗卡引发的革命 / 218
  失语症与语言中枢 / 225
  新发现带来的新思考 / 228

07 难以解开的"世界之结"——意识探秘 / 233
  意识研究的兴起和中途停顿 / 235
  克里克对意识神经相关机制的探索 / 238
  科赫和格林菲尔德之争 / 244
  埃德尔曼和托诺尼的意识理论 / 246
  意识研究究竟有多特殊？ / 251

结语——极目眺望新大陆 / 257

参考文献 / 268

序言

顾凡及教授写的这本书,书名叫《三磅宇宙与神奇心智》,这是一本比较全面、生动介绍人类脑功能,特别是脑神智功能的书。我们知道,从大的方面看,脑功能包括两类功能,一是脑的调节功能,指脑对全身各种功能的调节,这不是《三磅宇宙与神奇心智》所主要讨论的;二是脑的神智功能,神智就是英文的mind,也有人,包括顾教授在内,把它叫做"心智"。神智功能的一个主要特点,就是联系到人能够觉察(aware)外部世界,本书所谈的问题就是神智问题。

《三磅宇宙与神奇心智》介绍得最多的主要是知觉和意识两方面,包括视知觉、听知觉、味、嗅知觉等方面的问题,甚至还包括人的内部知觉、情绪等有关问题。本书还介绍了与知觉有密切关系的语言问题。当然,《三磅宇宙与神奇心智》所介绍的不止知觉、意识与语言问题,还有一些更加高层次级别的神智问题,譬如智能问题。因此,本书是一本比较全面介绍人类脑神智功能问题的佳作。顾教授博览群书,广泛采集,最终著成此书,实属不易。

顾教授的这本书有一个显著特点,那就是收集了许多有关人脑神智功能的科学故事。从故事入手写科学著作有其独特优越性,一个科学事件之所以成为故事,往往是因为其中所讨论的是这个领域中关键性的现象和问题,这些现象和问题被某些有心人看到了,讨论了,研究了,就成为故事。科学故事之所以能成为故事,往往还因为这个问题的讨论,推动了这个科学领域的发展。因此,本书从介绍故事入手,介绍神智功能的诸多方面,实在是一个非常好的尝试。

  本书的写作有其非常鲜明的目的，就是希望能够引起读者的广泛兴趣、共鸣和思考，从而希望有更多的有心人加入到脑科学领域中来。本书的写作反映了顾教授对于推广、推动脑功能研究和脑科学事业的热诚。他的这种热情，令人起敬。

  书稿在付印之前，能够让我先睹为快，非常荣幸，我读后很受启发。虽然我也已在脑科学领域有一点基础，但是读了顾教授的书，我还是有所收获，许多内容是我原来所不熟悉的，读后感到更清晰了。这本书的出版，相信一定会对广大读者有所裨益，他们一定会跟我一样，从书中得到启发和帮助。

陈宜张

2017年5月24日

于上海第二军医大学

自序

> 认识人心智的生物学基础已经成为21世纪中对科学的核心挑战。我们想要认识知觉、学习、记忆、思维、意识以至自由意志的生物学本质。……生物学在过去50年中所取得的巨大成就已经使得现在有可能这样做了。
>
> ——坎德尔（Eric R. Kandel）
> 奥地利裔美国神经科学家
> 2000年诺贝尔生理学或医学奖得主

自从人类中有一些人不必再为果腹、御寒整天操劳时起，就有人对我们为何会有与其他动物迥然有别的内心世界开始感到好奇。但是古代的科学水平还不可能研究这样艰深的问题，除了宗教与迷信（这些不在本书的范围内）之外，古代哲人只能靠内省来思考这个问题，并得到一些发人深思的思想。但是仅靠内省，我们无法知道这些想法究竟是对是错，毕竟只有实践才是检验真理的唯一标准。在古代，只有观察某些病例给了我们观察内心世界或者说心灵或心智的窗口，这一传统直到今天还有重要意义，虽然今天用来观察的工具和古代相比已经不可以道里计了。

直到文艺复兴时期，伽利略为科学建立了实验方法，才启发了生物学家试图通过实验来研究心智问题。伽利略的科学实验方法在物理学、化学以至生物学的许多方面都取得了辉煌的成就，但是在涉及人的内心世界时却碰到了一个前所未遇的困难：以前科学家研究的都是外界的客观事物，在研究时会尽力避免科学家本人的主观因素；可当谈到人的内心世界时，我们研究的对象就是人的主观体验！有些人因此认为，人根本就不可能研究这样的问题。因此，对心智问题真正的科学研究起步较晚也就不足为奇了。

什么是心智（mind）？心智或称神智、心灵，或者干脆称为"心"，是相对于客观的、物质的身体（或是脑）的一个概念。令人感到遗憾的是，直到现在，科学家们还没有能够给它一个公认的定义。英国物理学家、神经网络专家约翰·泰勒（John Taylor）在解释心智时，只是列举了一些同样没有公认定义的内容，并用同义的"精神"或"内心"来概括。如果您去查一下维基百科，内容也大同小异。约翰·泰勒在为《学者百科》（Scholarpedia）撰写的《心身问题：新的研究方法》（Mind-Body Problem: New Approaches）一文中写道："心智是由许多精神（或内心，mental）成分组成的，其中包括知觉、感受（feeling）、思想、想象……也包括某些无意识成分。"后来，他又把无意识成分都归到了身体方面去了。不过，虽然没有十分明确的定义，我们每个人还是大概明白"心智"讲的是什么。

当谈到心智时，首先会碰到的第一个问题是：人产生心智的器官是什么？长期以来，人们曾经普遍相信这个器官是心脏。这种信念的印象是如此之深，其烙印一直沿袭到我们今天的文字中，我们上面所用的"内心"、"心灵"、"心智"就是明证。一直到17世纪50年代，才由英国医生威利斯（Thomas Willis）给出了科学的回答。他通过对行为异常的病人的临床观察,以及在这些病人死后对他们脑的尸检所做的对照研究,才在前人研究的基础上对脑是心智的栖息地下了可信的结论。

接下来的一个问题是:和心智有关的任何功能究竟是要整个脑的参与才能实现,还是只要部分脑的参与就能实现?这也就是所谓的"整体论"和"功能定位论"之争。这一争论肇始于18世纪末,至今已有两个多世纪。19世纪60年代,法国医生布罗卡(Paul Broca)通过对有语言问题的病人的病例观察和对病人死后的尸检,在历史上第一次以确凿的科学证据说明大脑皮层是有功能定位的,也第一次提示大脑两半球在功能上可能是有所分工。20世纪下半叶,美国神经科学家、诺贝尔奖得主斯佩里(Roger W. Sperry)和他的学生加扎尼加(M. S. Gazzaniga)的工作则明确地表明了大脑两半球在功能上确实存在分工。现在总的说来,科学家一般倾向于认为,除了十分简单的功能(例如运动某一小块肌肉)可能确实定位于某小块脑区,绝大多数稍微复杂一点的功能都需要多个脑区的协同工作,然而并不需要全脑的参与。但是对于像意识这样极端复杂的功能,究竟是要全脑的参与才能实现,还是只需有和特定意识内容相关的最低限度的脑组织活动?这依然是一个存在争论的问题。

紧接着的一个基本问题是:脑是像其他器官一样是由一个个相对独立的细胞组成的呢,还是一张彼此连通的网?关于这个问题,1906年诺贝尔奖的两位得主卡哈尔(Santiago Ramón y Cajal)和高尔基(Camillo Golgi)在颁奖典礼上还进行了针锋相对的争论。以后的研究肯定了脑确实是由一个个神经细胞组成的,但是也有少数细胞相互之间直接连通。

既然脑是由一个个的神经细胞组成的,那么它们彼此之间又是怎样交换信息的呢?20世纪上半叶,这个问题又在几位诺贝尔奖得主之间展开了激烈的争论,其中包括谢灵顿(Charles Scott Sherrington)、埃克尔斯(John Carew Eccles)、勒维(Otto Loewi)和戴尔(Henry Hallett Dale)。一方认为是通过电信号交换信息,而另一方则认为是通过化学信号交换信息,这就是所谓的"火花与汤之争"。最后化学学说胜出,不过后来发现也有少数神经细胞确实是通过电信号交换信息的。

接下来的问题是神经细胞本身是靠什么信号传递信息的。尽管从18世纪末,人们就已经知道神经细胞能传递电信号,但是其机制是什么,一直到20世纪中叶才最后为两位诺贝尔奖得主霍奇金(Alan Lloyd Hodgkin)和赫胥黎(Andrew Fielding Huxley)所解决。

以上这些问题虽然也牵涉心智和脑的关系,但是其主要方面始终关于作为物理实体的脑本身。它们虽然对于我们理解本书的主题——客观的脑怎样产生主观的心智——非常重要,提供了有关这个问题的背景知识,但是其中大部分内容还不是心智本身。这些问题(也包括和心智问题直接有关的脑功能偏侧化、行为主义等内容)都在拙作《脑海探险》[①]一书中已经有了详细的介绍,因此我

① 顾凡及编著,《脑海探险:人类怎样认识自己》,上海科学技术出版社,2014。

们就只是在上面提纲挈领地提一下,而不再在本书中展开,以免重复。那本书除了介绍了上述内容之外,还介绍了人脑相对于其他动物的脑的独特之处、脑的多学科研究历程以及对脑研究的前景展望。可以说它和本书是互为补充的姐妹篇。笔者在编写过程中尽量避免了两书在内容上的重复,要求它们相互呼应而又彼此独立成篇,尽管不读前一本书就直接读本书也还是读得下去的。但对于那些缺乏脑科学基础知识背景的读者,笔者强烈建议他们在读本书之前先读一下《脑海探险》。

在20世纪中叶以前,人的心智问题基本上被视为一个哲学问题,极少有人从科学的角度进行研究。有许多科学家认为,我们所能进行科学研究的,只是人或动物的"行为"。有人更极端地认为,根本就不存在什么"心智",这在当时成为一种被称为"行为主义"的思潮。直到今天,这种思潮在工程技术界还有着很深的影响,即认为只要编制巧妙的程序,不断提高计算机的运算速度和扩大存储容量,使计算机模仿人的行为,那么就有可能创造出比人更"聪明"的机器,这样的机器也有"心智"。不过,这种思想正受到越来越大的挑战,越来越多的科学家认为,如果不认识脑的机制,就不可能认识心智。尽管现在用前面的方法确实也可以用机器来实现人的某些心智功能,但是机器表现出这样的行为并不等于说机器就有心智。

本书的主题是"脑与心智",也就是要研究:客观的脑怎样产生主观的心智? 或者说,脑和心智两者之间有什么样的关系？这就是所谓的"心身问题"。这个问题虽然远在古希腊和古罗马时期就已经提了出来，但是其中有许多最基本的问题一直到文艺复兴时期以前都没有得到解决，而有些问题（例如意识问题）则争论至今。古老的心身问题也就是心智和躯体的关系问题，对这个问题的回答从根本上来说有下列三种：第一种是唯物主义的回答，认为心智是脑活动的产物；第二种是唯心主义的回答，认为只存在心智，其他一切都只不过是幻觉；第三种是二元论的解释，认为心智和躯体是两种完全不同的实体，但是它们可以相互作用。

早在20世纪中叶正当行为主义如日中天之时，就有一些科学家认为不能仅仅依靠观察行为来解释学习和语言的许多方面，更不要说更为复杂的其他心智活动。不承认心智，只是把头埋在沙堆里的鸵鸟而已。现代技术的发展，使科学家开始得以观察当人或动物在进行内心活动时脑内的变化；脑成像技术使得科学家在病人表现出行为异常时就可以立刻观察其脑内什么地方受到了损伤（在以前必须得等病人过世后做尸检才能确定，而这往往由于种种原因在实际上做不到）。今天研究脑如何产生心智的问题已经水到渠成，成为整个一门新兴科学领域的主题。这门学科即20世纪70年代应运而生的"认知神经科学"。这一名称是由美国神经科学家加扎尼加和美国认知心理学家乔治·米勒（George A. Miller）在纽约乘出租车去参加一次专门讨论"脑如何产生心智"的学术会议的晚宴途中，在车厢后座中提出来的。加扎尼加的名著《认知神经科学:关于心智的生物学》(Cognitive Neuroscience: The Biology of the Mind)的副标题正好标明了这一学科的研究主题。在这里"心智"一词的内容包括感知觉、学习与记忆、运动控制、情绪、语言、注意以至思维和意识。

近几十年来,认知神经科学发展迅猛,极大地提升了我们对心智问题的认识。本书要讲的就是我们现在对这些问题的认识是如何得来的,其根据是什么,在历史上有过什么样的争论,为什么有的论点最后为科学家所普遍接受,而有些貌似有理的说法则最后被证明是不对的,以及当代对这些问题的研究和认识。当然,正如牛顿所说:"如果说我比别人看得更远些,那是因为我站在了巨人的肩上。"所以本书在介绍现代认知神经科学对心智的研究之前,也要回顾历史上对和这些问题相关的解剖学、生理学等方面的研究以及有关的争论。

这里还需要对书名作一点解释。我们每个人身上都有一个"小宇宙"——大脑,虽然它只有三磅(约1.36kg)重,但却和浩瀚无垠的宇宙一样复杂,一样神秘,所以,许多科学家将人类的大脑戏称为"三磅宇宙"。美国前总统奥巴马(Barack Obama)就曾感叹说:"作为人类,我们能够确认数光年外的星系,我们能研究比原子还小的粒子,但我们仍无法揭示两耳间三磅重的物质的奥秘。"探寻人类心智是如何从这个"三磅宇宙"中诞生出来的,这个问题被视为现代认知科学乃至整个生命科学面临的最大挑战。

诚如坎德尔所言:"在想深入研究一个问题的时候,我发现通过了解以前的科学家对这个问题是怎么看的,从而逐渐得出一个比较全面的认识是非常有帮助的。我不但想知道哪些思想路线最后取得了成功,而且也想知道哪些思想路线最后失败了,并且是因为什么而失败的。"美国神经哲学家帕特里夏·丘奇兰(Patricia Churchland)曾感叹道:"令人感到奇怪的是,理科大学生极少学科学史,但是正是科学史教给人们学会怎样提出恰当的问题,并且怎样使解决这些艰难的问题得以取得进展。"以笔者的管见,问题可能出在某些科学史著作只是罗列史实,而不是通过科学家观察、实验、思考、争论的故事生动有趣地写出对读者既有启发,又乐于阅读的作品。有鉴于此;从上述角度,通过讲故事的形式向广大读者介绍脑如何产生心智,并尽可能把故事讲得生动有趣。此外,关于脑如何产生心智的问题,其中有许多方面依然在争论之中,孰是孰非至今尚无定论,还有许多问题则仅仅是有些猜测而已。本书中对这些问题并不回避,而是尽可能实事求是地讲清现况,请读者自己去思索和判断。

和拙作《脑海探险》的写作思想一脉相承,本书并不是一本单纯的认知神经科学史,也不是一本认知神经科学家传记集,更不是一本认知神经科学教科书,而是试图把这三者的有关内容有机地组织在一起来回答我们上面所提的问题,并且力图介绍一些这方面的最新进展。本书并不是一本专著,而是面向有中等文化程度以上的一切对脑和心智问题有好奇心的广大读者的,因此除了科学性和前沿性之外,本书在内容和行文方面也力求做到趣味性和可读性。在笔者完成初稿之后,重读稿件发现有许多拘泥于科学史细节,而对一般读者甚少帮助,甚至败坏了读者读书兴趣之处,并予以删除。不过正如俗语所说"瘌痢头儿子自己的好",自己的败笔自己不太容易看出来,是否真能做到笔者对自己提出的要求,这只有广大读者才能评判。

限于篇幅和笔者本身的水平,本书不可能穷尽脑和心智问题的所有方面,书中也必然有不妥甚至错误之处,这是要请读者批评指正的。

最后,笔者也要借机再次向几十年来帮助和鼓励自己的师友郑竺英教授、寿天德教授、汪云九教授、孙复川教授、梁培基教授、吴思教授、郭爱克教授、唐孝威教授、杨雄里教授、李朝义教授、陈宜张教授、徐科教授、梅镇彤教授、路长林教授、梅岩艾教授、俞洪波教授、童勤业教授、李光教授、曹建庭教授、高上凯教授、齐翔林教授、林凤生教授、弗里曼(Walter Freeman)教授、江渊声(Nelson Y. S. Kiang)教授、凌瀚思①(Hans Liljenström)教授等致以谢意。特别要感谢陈宜张院士在百忙中审阅了全稿,提出了宝贵的意见并为本书作序。梁培基教授审阅了部分章节,并就某些令笔者困惑的问题进行了讨论,这些问题也和弗里曼教授、凌瀚思教授以及施兰根奥夫(Karl Schlangenhauf)博士进行了讨论。现在书中所表达的某些观点就是这些讨论的结果,笔者

① 这是笔者为他起的中文名,并告诉他这个中文名字的字面意义"飞越浩瀚的思想"。他很高兴以此为他的中文名。

也要乘此机会特别向他们表示感谢。笔者也要感谢中国神经科学学会、上海神经科学学会、中国生物物理学会和上海生物物理学会的领导和同事们对笔者从事科普编著和翻译的一贯支持。卞毓麟教授抱病推荐拙作的出版令我感动,在此谨向他致以最深切的谢意和敬意,当然也要感谢上海科技教育出版社王世平总编、殷晓岚主任和王洋编辑对我的支持和帮助。匡志强副总编、王洋编辑在书名和书中的标题上花费了大量心血,没有他们的努力,本书是不可能以现在这样的形式奉献给读者的。

顾凡及

2017年于复旦大学

01

打开心灵之窗

视知觉探秘

……(视觉系统)使我们知觉到有种种形状、深度、运动、颜色和质地的复杂场景。我们想要知道的就是脑是怎样做到这一点的。

——休伯尔(David Hubel)
美国神经科学家,1981年诺贝尔生理学或医学奖得主。

眼睛和脑并不像一台传真机,也没有某个小人在那里监看输入进来的图像。

——维泽尔(Torsten Wiesel)
瑞典裔美国神经科学家,1981年诺贝尔生理学或医学奖得主。

我们是如何看到东西的？这似乎是一个简单到不能再简单的问题。我们张开眼睛一看就看到了周围的一切！还有什么可以多说的呢？如果一定要说些什么，也许有人会说，外界景物发出或反射出来的光线通过眼睛中的晶状体，就像经过一个光学透镜那样成像在视网膜上，于是我们就看到了视网膜上的这个像，这样我们就看到了外界事物。不过，视网膜上呈现的是一个歪曲了的倒像，这个像还很小，而我们看到的是一个"真切"的、实实在在的、正立的、立体的实物，这又是怎么回事呢？此外，说"我们"看到了我们自己视网膜上的像，并不比说"我们"看到了外界景物好多少，这里的差别仅仅是把"外界"挪到了"视网膜"，看视网膜的"我们"又是谁呢？这个"我们"又是怎样看到视网膜上的像呢？问题又回到了我们是如何看到东西的这一起点。

一般人都以为使我们"看到"东西的是我们的眼睛，但是科学家已经认识到真正使我们看到东西的是我们的脑。最明显的一个例子是：我们在做梦的时候也能"看到"东西，而这时完全没有用到眼睛，当然这并非说眼睛对看东西不重要。直到现在，我们是如何看到东西的这一"简单问题"还远没有解决，尽管人们已在前人不断观察、实验、思考和争论的基础上取得了不少进展。本章就来专门谈谈这个"简单问题"，读了本章，你就可以知道这个"简单问题"有多么复杂了。

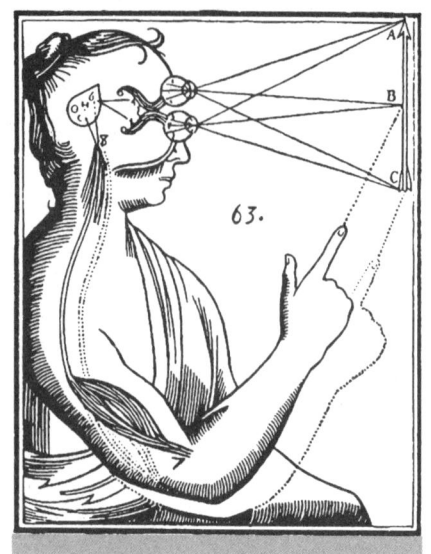

图1-1 笛卡儿所画的神经系统工作原理图。

初识"心灵之窗"

眼睛结构的发现

在古埃及、巴比伦和印度等文明古国,人们早就知道眼疾致盲,并尝试进行治疗。公元前4世纪前后的古印度医生苏斯鲁塔(Susruta)是古印度外科医学的鼻祖。中国古代将他的姓名译为妙闻。现在传世的《妙闻集》(*Susruta Samhita*)一般认为经过了后人的补充加工,其中记载了他的许多外科发现。据说,妙闻已经知道食用肝(富含维生素A,当然当时人们并不知道这一点)可以治疗夜盲,他甚至还用像弯针那样的工具对白内障进行手术治疗。不过这些都只是基于经验的治疗方法,人们还不了解眼的解剖结构和工作机制。

最先对眼进行解剖研究的是古希腊学者。公元前5世纪,阿尔克迈翁(Alcmaeon)对视神经进行了解剖。不过,他错误地认为视神经是中空的。这并不奇怪,要知道2000多年以后笛卡儿(René Descartes)仍持此观点。笛卡儿认为,外界景物在视网膜上形成倒像,然后假想有"精气"通过视神经的中空管道到达松果体(因为松果体位于脑的中央,又只有一个,所以他想当然地认为松果体是灵魂的栖息地),之后精气又通过神经管道到达肌肉,使肌肉收缩。这一错误一直延续到1674年,荷兰科学家列文虎克(Antonie van Leeuwenhoek)用他发明的显微镜仔细观察了视神经之后,才得到了纠正。

古希腊希波克拉底学派①的学者则对眼睛进行了解剖,发现眼球壁包括三层膜:(1)巩膜(连同角膜);(2)眼色素层膜(虹膜、睫状体和脉络膜);(3)视网膜。后来古罗马医生盖仑(Claudius Galen)在其《眼睛及其附属器官》(*On the Eyes and Their Accessory Organs*)一书中描述了眼睛内更多的组织,包括结膜、角膜、虹膜、晶状体、脉络膜、巩膜、水状液、玻璃体和视网膜等。他甚至还描述了视交叉,也就是从双眼出发的视神经在向脑传送的过程中进行交叉的地方。不过他关于这些组织功能的解释都只限于自己的猜想和当时流行的"精气"等错误观念。盖仑被尊为西方医学之父,做了大量动物解剖研究,但是没有做过人体解剖,因为当时禁止人体解剖。在其后的1500年左右,人们把盖仑的话奉为金科玉律,把他由解

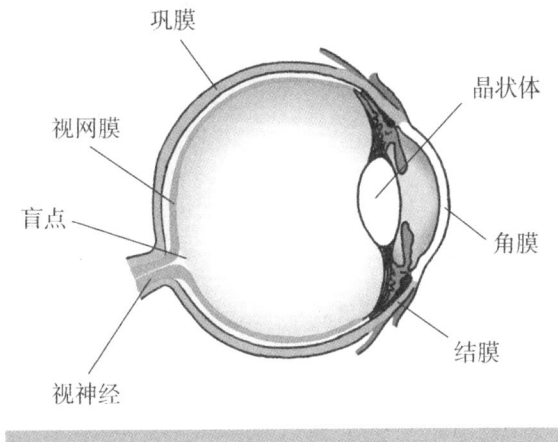

图1-2 眼球的剖面图。

① 希波克拉底(Hippocrates)是古希腊时期的一位名医,提出了许多重要的医学思想。但以希波克拉底的名字命名的文集可能并不都是希波克拉底的作品,有些是他的同时代或以后其他人的作品,因此把他们统称为一个学派并不为过。

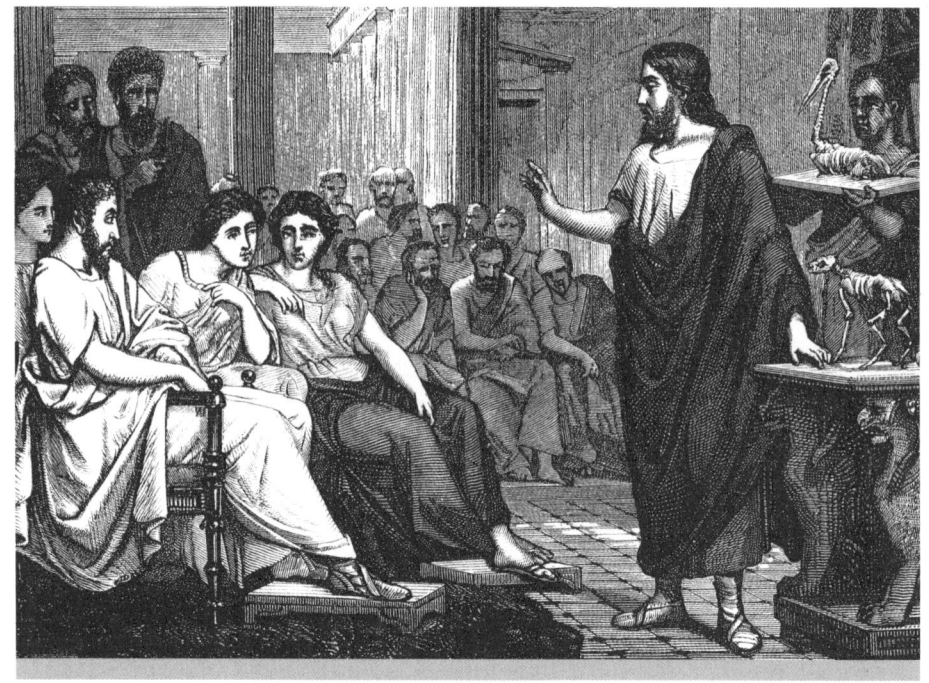

图1-3 盖仑讲课。

剖猪脑和牛脑等得到的结果应用到人脑中,进而得出了许多错误的结论。

"眼冒金星"是眼睛在发光吗?

虽然古希腊人对眼睛的结构已经有了相当的认识,但是对于眼睛究竟是怎样工作的这个问题仍知之甚少。阿尔克迈翁把眼睛比作一盏点着的灯笼,并认为人之所以能看见东西,是因为眼睛可以发出能够检测周围事物的火花。他的论据是:被人当头一击会眼冒金星。

在他那个时代及其以后,有许多人都相信这种观点,尽管各人的说法有所不同,其中也不乏一些名人,例如柏拉图(Plato)、欧几里得(Euclid)、托勒玫(Ptolemy)等人。

这种观点流行久远,16世纪时,莎士比亚(Shakespeare)在他的喜剧《爱的徒劳》(*Love's Labour's Lost*)中借剧中人物之口说道:"恋人眼中的光芒可以使猛鹰眩目。"[①]直到现在还有"某人两眼冒火"、"目露凶光"之类的说法呢。

然而当时也有人[伊壁鸠鲁(Epicurus)]认为:人看东西时,有粒子从所看的物体进入我们的眼睛。不过这些说法都是一些猜想,并没有实验证据。彼此之间的争论也都是思辨式的,因此很难下结论说谁对谁错。

一直到1719年,意大利解剖学家莫尔加尼(Giovanni Morgagni)做了一个实验,说明压迫眼球虽然使人看到闪光,但是其实并没有火花从眼中冒出。他的实验实际上很简单,莫尔加尼用力压迫自己的眼球以至非常清楚地感到眼冒金星,但是受命仔细观察他眼睛的助手却毫无所见。兰古思(Georg Langguth)进一步在暗室中重复了这个实验,他让他的一位朋友仔细观察当他感到眼冒金星时眼中是否有火花冒出,然后他和助手易位重复实验,结果都一样,谁也没有看到有火花从对方的眼中冒出。因此,眼冒金星不能作为有火花从眼中冒出的证据。

那么为什么当眼睛受压迫时,人会有"眼冒金星"的感受呢?其原因直到不久前才被最终揭开。1989年,德国科学家格鲁塞尔(Otto Grusser)及其同事发现,眼球的形变使视网膜受到牵伸,这就引起了视网膜中一系列神经细胞的活动,最后传到脑中就使人感到"看到了"光点。这只是一种光幻视(即一种幻觉)罢了。

在盖仑之后直到文艺复兴时期之前中世纪的黑暗时

① 译文引自:朱生豪译,《爱的徒劳》第4幕,第3场。载《莎士比亚全集》第1卷,译林出版社。

代,科学研究在欧洲停滞了,阿拉伯学者继承了古希腊和罗马的科学成就。在对眼睛的研究方面,海赛姆[Ibn al-Haytham,在西方,人们称他为海桑(Alhazen)]不相信眼睛会放光的说法,他认为:我们之所以能看到物体,是因为物体发出的光进入了眼睛。他也是最先认识到针孔成像是一个倒像的学者之一。但是,总的说来,阿拉伯学者几乎全盘接受了古希腊和罗马哲人的学说而很少有创新。不过文艺复兴后的欧洲正是通过他们才又重新知道了古希腊和罗马的发现。科学就像接力棒一样在各个不同民族之间传承和发扬光大,时至今日,科学更成了只有通过在全世界不断交流才得以如此迅速地蓬勃发展的事业。

倒像的困惑

经过了中世纪的科学停滞之后,到文艺复兴时期,人们又开始了对眼睛的解剖研究。和前人误认为晶状体是眼睛的接收器官不同,布鲁塞尔(在今比利时)的医生维萨里(Andreas Vesalius)①率先提出视网膜可能是接收光的主要部分之猜想。1583年,巴塞尔(位于今瑞士境内)的解剖学家普拉特(Felix Platter)明确提出晶状体的作用是聚焦光线。他纠正了以前人们误认为晶状体位于眼球中心的谬误,指出晶状体位于眼睛的前方。不过他并没有提出在视网膜上形成倒像的概念。达·芬奇(Leonardo da Vinci)认识到是晶状体把光聚焦在视网膜上,但是令他大惑不解的是,按照海桑针孔成像是倒像的说法,落在

---

① 他亲自做了许多解剖实验,特别是人的尸体解剖,纠正了盖仑的许多错误,因此被认为是现代解剖学的开山鼻祖。他的名著《人体的构造》(*De Humani Corporis Fabrica*)和哥白尼(Nicolaus Copernicus)的《天体运行论》(*De Revolutionibus Orbium Coelestium*)在1543年先后发表。同一年中竟然有两本在科学上产生根本性革命影响的巨著发表,这成了科学史上的美谈。

视网膜上的应该是一个倒像,而我们看到的东西并非倒立,于是他相信在视神经中传送的"应该"是正立的像。他煞费苦心地想解决这个矛盾,假设或在晶状体之前或在晶状体之后像再颠倒一次,但是没有哪个解释能真正令人满意。开普勒(Johannes Kepler)认为对这个现象的解释不属于光学的范畴,他只好把对倒像的纠正归之于"灵魂的活动"。

17世纪,一位托钵修士沙伊纳(Cristopher Scheiner)剥去眼球后壁的不透明层,只留下半透明的视网膜,这样他第一次观察到了在视网膜上所形成的倒像。达·芬奇"智者千虑,必有一失",他以为在视网膜之前会有某些机制把倒像再颠倒过来的假设是不正确的。科学结论并不是靠想当然得出的,即使听起来似乎很"合理",且提出者是聪明绝顶的智者也不行!

图1-4 维萨里《人体的构造》一书中包含了许多杂乱又详细的人体解剖图。

从盲点到第三种感光细胞

有趣的盲点

现在大概连小学生都知道眼睛有一个盲点,但是在历史上一直要到17世纪人们才认识到有盲点的存在。马里奥特(Edme Mariotte)想测试视神经进入视网膜处的敏感性,于是他做了一个试验:

我在墙上齐我眼睛的高度处贴上一小块圆纸片,并将其作为我的注视点。然后我在这块纸片的右方大约60厘米处贴上另一块纸片,不过比第一块纸片要稍低一些,使它有可能落在我右眼的视神经处,这时我把左眼闭起来。然后我正对着第一块纸片一点点往后退,同时始终让右眼注视着它,到距离大概有3米的地方,第二块纸片就完全看不到了。

这个试验在当时引起了轰动,马里奥特还受邀为国王路易十四(Louis XIV)做了表演。据说,当时英国国王查理二世(Charles II)对此也很感兴趣,他常常把一只眼睛闭起来,把另一只眼睛的目光移到离他不那么喜欢的达官贵人的头的一定距离处,使他们的头在视网膜中的像正好落在盲点上,从而把他们的头"砍去"。如果你也想当一回国王,按我说的做,来看看图1-5吧。

图1-5 盲点的演示。

首先闭上你的左眼,用右眼注视图左边的"+"号,然后慢慢地将书前后移动,注意右眼要一直盯着"+"号,当书移到一个适当的位置时,你会发现右边的黑圆突然"消失不见"了。它恰好落在了你右眼的盲点处。

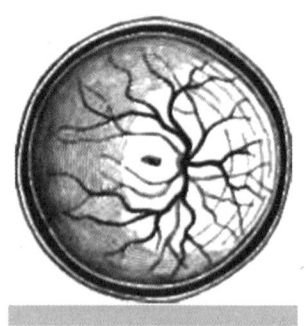

图1-6 冯·宣默林笔下的眼底。黄斑和中央凹在图的正中。

盲点在哪?它就在血管和视神经进出视网膜的地方。人们之所以看不到落在盲点处的像,是因为盲点处没有感光器。不过,这可是后期才发现的。当时的马里奥特错误地认为:眼睛的感光层是脉络膜,而非视网膜。1791年德国人冯·宣默林(Samuel Thomas von Sömmerring)发现了视网膜上的黄斑和中央凹,不过他错把它们当成了盲点。这一错误直到19世纪30年代才得到纠正。

两种不同的光感受器

1838年,约翰内斯·米勒(Johannes Müller)用显微镜观察视网膜,发现视网膜上有一层圆柱形的乳头状物。德国解剖学家特雷维拉努斯(Gottfried Reihold Treviranus)把这些乳头状物和视神经以及对光的接收联系了起来,但是他想当然地认为它们是朝向玻璃体一面的,视神经则在其后。这听起来似乎很自然,所以当时米勒和其他许多人都相信这一说法。1839年,比德(Friedrich Heinrich Bidder)发现这些柱状体的尖端朝向脉络膜,这似乎"有悖常理",于是他作出了错误的解释:它们像镜子一样把光反射到视神经上以加强图像。

然而,生物学研究必须尊重事实,而不能想当然!科学的进展常常和技术的进步联系在一起,由于组织固化技术的进步,解剖学家可以在显微镜下更清楚地看清标本。1851年,另一位米勒(海因里希·米勒,Heinrich Müller)分清了视网膜的主要层次。1852年,德国科学家克利克(Albert von Kölliker)从视网膜上区分出两类不同的光感受器:有的细胞呈细长形,被称为视杆细胞,有的细胞树突为锥体形,故被称为视锥细胞,不过当时还不知道它们在功能上的差异。1866—1867年,舒尔策(Max Schultze)发表了一系列的文章,他详细地描述了视网膜的所有10层、感光细胞的外段和内段,还描述了包括双极细胞在内的其他细胞。舒尔策指出:视杆负责夜视而没有色觉;视锥则和白天视觉有关,负责色觉和精细视觉。在人的视网膜中,视锥集中在视网膜中央,而视杆则分布在外周。他作出这样假设的根据是:在夜行动物(蝙蝠、猫头鹰等)的视网膜中视锥比视杆少;而只在白天行动的动物(如蜥蜴、鸡、变色龙和蛇)则视杆比视锥少。人在晚上看不清颜色,就可以用在昏暗的光线下起作用的视杆没有色觉来解释。

到此为止,虽然人们已经认识到视杆和视锥是感光细胞,但是它们在受到光刺激时发生了什么样的变化依然未知。1876年,博尔(Franz Christian Boll)把青蛙的视网膜从脉络膜上剥离下来,当他把视网膜放到光线下时,发现原来呈紫红色的视网膜变成了黄色。博尔把视网膜曝光前所含的这种紫红色的色素称为"视紫红质",他还发现视紫红质仅存在于视杆之中,并且这种物质在受到光线的"漂白"之后还能够再生。在这之后的两年内,屈内(Willy Kühne)和埃瓦尔德(Carl Anton Ewald)用刚被处死的罪犯的视网膜作为材料,发现在中央凹的中心区不存在视紫红质,因为那里只有视锥。19世纪末许多人对研究新鲜视网膜上残留的像非常感兴趣。一些人甚至希望可以从被谋杀的人的视网膜上看到凶手的像!不过遗憾的是,这只是侦探小说中的噱头。至于视锥中视色素的分离则要困难得多,一直要到20世纪下半叶才解决。

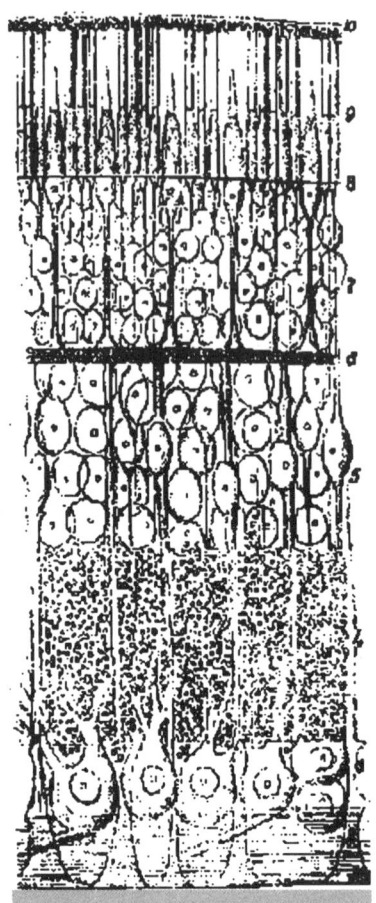

图1-7 舒尔策笔下的视网膜。

寻找第三种感光细胞

从19世纪中叶开始，人们就一直认为视网膜中只有视杆和视锥这两类光感受器，但是现在知道事情并非如此。

故事得从1923年讲起。当时有一位哈佛大学研究生基勒（Clyde Keeler），正在对各种动物的眼睛做比较研究。他在自己的宿舍房间里养了一窝小鼠。有一次他把小鼠的眼睛放到显微镜下观察，结果发现有些事情不太对头，在这只眼睛里没有视杆和视锥。由于遗传突变，他饲养的小鼠中有一半没有视杆和视锥！根据当时的知识得出的结论是：这些小鼠是瞎的。

现在已经无法知道是什么原因让基勒产生了这个奇怪的念头：光照这些盲鼠的眼睛！这不简直就是白费劲么？然而，奇迹真就发生了，当光照进小鼠眼睛的时候，其瞳孔竟然收缩起来！于是，基勒认为小鼠并非完全"失明"，肯定还存在一种与看东西无关的感光细胞。但是，他的这一发现受到大多数视觉科学家的嘲笑，因无人理会而沉寂了70多年。

斗转星移，时间到了20世纪90年代初，英国神经科学家福斯特（Russell Foster）正在研究光照如何触发昼夜节律的问题。大家都知道，我们的昼夜节律和光照周期有关，如果把一个人长期关在黑屋子里，那么他的昼夜节律就会偏离24小时。在研究过程中，福斯特想起了基勒的发现，不过这次他是通过关闭视杆和视锥发育基因的方法来产生基勒的盲鼠的。他是这样考虑的：如果光触发昼夜节律的感受器是视杆和视锥的话，那么正常鼠应该有正常的昼夜节律，而盲鼠的昼夜节律就应该有所偏离，但事情并非如此。只有当他动手术把盲鼠的两个眼睛都去掉之后，它们的昼夜节律才发生改变。因此，基勒当初认为有一种对看东西没有贡献的感光细胞的想法不应该受到嘲笑！既然这些基因突变的小鼠没有视杆和视锥，但是却依然能调整其昼夜节律，福斯特猜测：小鼠眼睛中一定还有什么别的奇特的光感受器。

但这种光感受器究竟是什么呢？正当福斯特一筹莫展之时，他以前的研究生普罗文西奥（Ignacio Provencio）作出了一项看似无关的发现。普罗文西奥当时正在研究确定一种使青蛙的皮肤细胞在光照下颜色变深的蛋白质，他把这种蛋白质定名为视黑质（melanopsin）。接着他又在青蛙的其他组织中寻找这种蛋白质，出乎意料的是，普罗文西奥竟在视网膜中找到了这种细胞，而这种细胞既非视杆，也非视锥。普罗文西奥回忆说："我想，啊哈！我们可能终于找到了这种我们找了十年之久的神秘的光感受器了。"

普罗文西奥在大鼠和人视网膜的一小部分神经节细胞中都找到了视黑质，这种细胞被称为"内禀光敏视网膜神经节细胞"（intrinsically photosensitive retinal ganglion cells，简称ipRGCs）。人们还发现，视黑质最敏感的光是蓝光。另外，这些细胞的轴突和其他神经节细胞轴突不一样，它们终止于昼夜节律中枢上的视束交叉核（suprachiasmatic nucleus）。许多其他实验室也随着做了很多实验，确认了这种细胞在决定鼠类昼夜节律中所起的作用，谜团终于被解开了。

2007年，福斯特见到一位罕见的女病人，由于基因突变，她的视杆和视锥细胞被破坏了，但是她的神经节细胞依然完好如初。这位病人就像那些用来做实验的老鼠一样（请原谅笔者不太有礼貌的类比，如果有谁感到受到了冒犯，这绝非笔者的本意），也能根据环境的明暗周期调整睡眠模式，甚至还能感觉房间是暗还是亮，虽然她说她看不到任何光源。正是她视网膜中这一小部分有视黑质的神经节细胞使她能做到这一切。

其他实验室做的进一步研究发现，从这些含有视黑质的神经节细胞发出的神经通路不仅通向昼夜节律的调节中枢，而且还传向调节瞳孔大小、视线转移以至恐惧和痛苦的中枢。

从奇怪的"盲视"说起

追踪视神经的去向

在西班牙解剖学家卡哈尔[①]之前,人们普遍认为视神经是直接从感光细胞上发出的,一直到卡哈尔采用高尔基染色法看到了异常清晰的视网膜结构,这才发现视神经源自神经节细胞,双极细胞介于感光细胞和神经节细胞之间。不过,发现在感光细胞和双极细胞之间有水平细胞作横向联系,而在双极细胞和神经节细胞之间又有无长突细胞作横向联系,则还要等一段时间。

图1-8 卡哈尔。

关于视神经的去向问题,欧斯塔基奥(Bartolomeo Eustachio)首先认识到视神经终止于丘脑后侧,而不是像前人那样认为终止于侧脑室。虽然人们早就知道视神经在向脑传送的过程中要经过一个被称为视交叉的结构,但是在很长一段时间里人们普遍认为,视神经始终是在发出它的眼睛的同一侧。一直到牛顿才从双眼视觉的角度出发,提出两只眼睛同一侧的视神经在视交叉处应该走到一起,所以鼻侧的视神经要在视交叉处穿越到对侧,而颞侧的视神经则维持在原来一侧。不过这只是他的猜想,并没有实验或解剖根据,直到1755年这一猜测才为齐恩(Johann Gottfried Zinn)的解剖工作所证实。

[①] 他是神经元学说的提出者,认为神经系统是由一个个彼此相对独立的神经细胞构成的。人们普遍称他为神经科学之父。

和视交叉有关的另一个问题是偏盲,1719年莫尔加尼报道了一例偏盲病例:有一位病人的两只眼睛都只能看到同一半视野。多年以后英国科学家沃拉斯顿(William Hyde Wollaston)也研究了偏盲问题。既幸运又不幸的是,他自己亲历了这样的体验:有一次他突然发现他的两只眼睛都只能看到一半视野。沃拉斯顿相信这是由于有一半视神经交叉而造成的结果(因为在经过视交叉之后,右半视野投射到了左半球,而左半视野则投射到了右半球,如果某个半球发生了问题,就会造成这样的"偏盲")。

关于视觉系统的上行通路,英国医生威利斯在1664年率先发现视神经投送到脑干,他以为这就是视觉系统的最高层了。虽然早在1684年维厄桑斯(Raymond Vieussens)就指出过视神经纤维还要继续走向大脑皮层,但他的这一发现并未受到应有的重视。1724年,圣托里尼(Giovanni Santorini)发现视神经束终止于膝状体。1809年,德国解剖学家加尔(Franz Joseph Gall)和斯普尔茨海姆(Johann Spurzheim)发现当视神经受到损伤以后,外侧膝状体和上丘都萎缩了,他们据此说明这些都是重要的脑干视觉核团。1854年,法国解剖学家格拉蒂奥莱特(Gratiolet)发现了从膝状体到皮层后部的视放射,这也是人类第一次找到了通向皮层的感觉通路。

其实早在1776年,意大利的一位医学院学生真纳里(Francisco Gennari)在解剖尸体时就发现了在脑枕叶末端有一条粗的白色纹路,因之在后来人们把此处称为纹状皮层,但是几乎一直到19世纪末,人们都没有意识到这条白色纹路会成为视皮层的标记!1913年,明科夫斯基(Mieczyslaw Minkowski)发现当纹状皮层损坏之后,外侧膝状体结构会发生广泛的变化。他还发现两者的前部和前部有联系,而后部则和后部有联系。

对于上丘在视觉系统中所起的作用,19世纪80年代帕里诺(Henri Parinaud)报道了当脑肿瘤病人的上丘受损时,病人眼睛的垂直运动麻痹了,而双眼的会聚也产生问题,这提示上丘和眼动有关。在低等脊椎动物中上丘是主要的视觉中

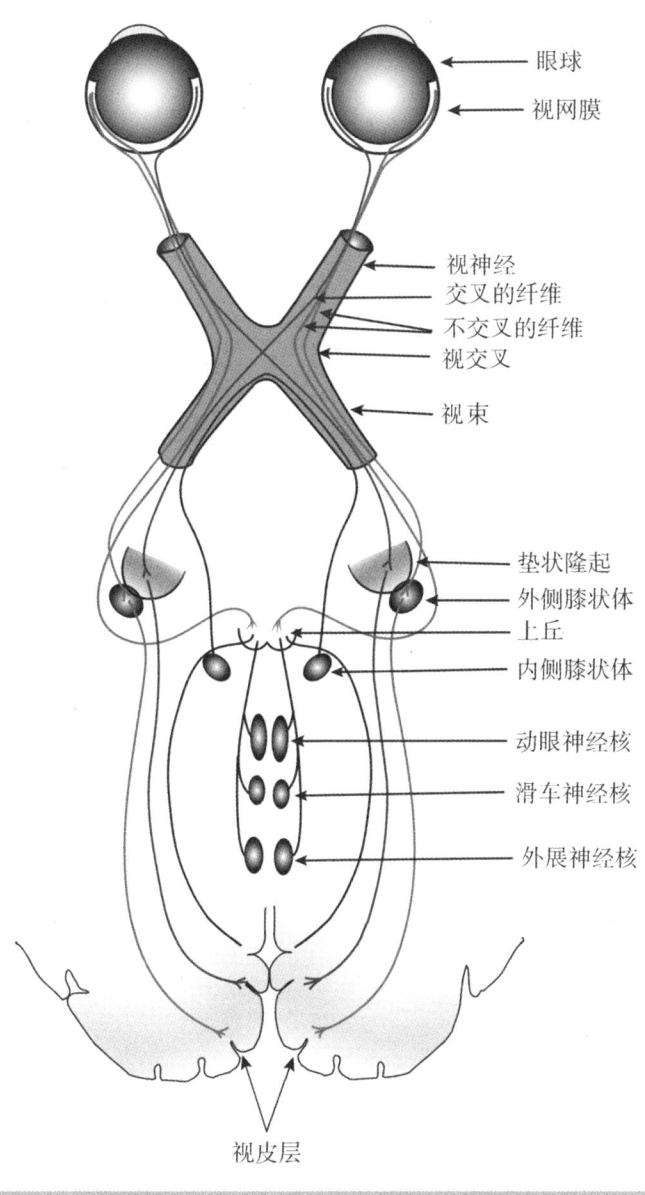

图1-9 视觉通路。

枢,那么对人而言,这一古老的通路除了控制眼动以外,对视觉还有其他贡献吗?这个问题将在后文中详细介绍。

经过几乎300年的探索,人们终于知道了视神经到脑的主要通路。两个眼睛鼻侧一半的视神经在视交叉处交叉到对侧,而颞侧一半的视神经则继续在同一侧,这两股视神经合在一起成为视神经束,其中有90%终止于外侧膝状体,在那里交换神经元之后再向上投射到初级视皮层,这从种系发生上来说是比较新的。视神经束中大约有10%的神经则投射到中脑中的另一处结构——上丘,这是一条古老的通路。

谁才是皮层上的视觉中枢?

如上所述,对人来说,视神经在经过视交叉之后,兵分两路:一条比较古老的道路通向中脑的上丘,另一条则是经过位于丘脑的外膝体到达皮层。但是,究竟是到皮层的哪个部分呢?这在神经科学史上还有过一段激烈的争论。

巴黎有一个乞丐,他的颅顶骨因某种原因被移去了,进而暴露出脑的硬膜。为了取得施舍,他有时允许施主用手指轻轻按压硬膜,每当有人轻压时,他都说好像在眼前看到了无数光点。布尔哈弗(Herman Boerhaave)记录并描述了这个故事,或许他是最早描述皮层对视觉有作用的人。

而最先认识枕叶是皮层视觉区的是意大利解剖学家帕尼扎(Bartolomeo Panizza),他仔细观察了好几位因为脑卒中而致盲的病人,他相信皮层后部是负责视觉的。为了证实这一想法,帕尼扎对多种动物进行了皮层毁损的手术,结果发现皮层枕区对视觉非常重要。但是有很长一段时间他的工作并没有引起人们的注意,这是因为他的文章都发表在当地的杂志上,而更主要的一个原因是,当时学术界的主流思想认为感觉中枢都只限于丘脑,而皮层则主管心智,并不管感觉或者运动这些"低级"的"杂务"。

在德国解剖学家弗里奇(Gustav Fritsch)和精神病学家希齐希(Eduard Hitzig)

发现运动皮层之后,上述陈腐的观点动摇了。①紧接着,英国生理学家费里尔(David Ferrier)不仅用狗和猴重复了弗里奇和希齐希的工作,而且用他们的电刺激方法来寻找感觉皮层。费里尔发现,如果刺激猴的角状回会引起眼睛的运动,由此他断言这一区域是视觉区。他还发现刺激枕叶皮层并不引起这样的反应,单侧毁损角状回会暂时性地引起对侧眼失明,而双侧毁损角状回则可引起两眼永久失明。不过他没有采取消毒和抗感染措施,因此受试动物都只活了几天。他还发现大面积毁损猴的枕叶皮层,只要不伤害到角状回,对视觉就不产生影响。

不过费里尔的这些结果很快就受到了严重的挑战。柏林的生理学家蒙克(Hermann Munk)也对狗和猴的枕叶皮层进行了毁损,他在手术时进行了严格的消毒和抗感染,因此动物可以活好几个月,甚至有存活5年的,这就使他有充分的时间可以仔细研究手术以后动物视觉的恢复情况。蒙克发现枕叶毁损可以导致两种不同类型的失明。他把其中一种称为"心灵盲"[psychic blindness,弗洛伊德(Sigmund Freud)称之为"视觉失认症"(visual agnosia)],这种情形发生在他局部毁损狗的枕叶之后。这些狗还是能"感觉"到东西,避开或跳过障碍物,但是就是认不出这是什么东西。即使饥饿或是口渴,它也还是

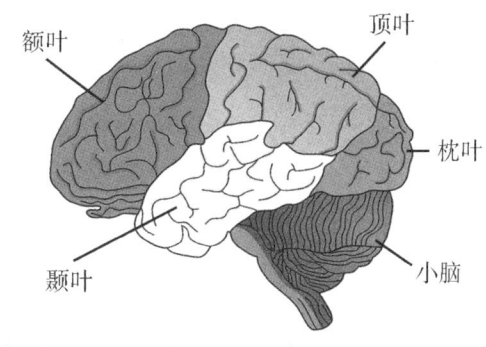

图1-10 大脑皮层的分区。此图表示从脑的左侧看去所看到的左半球的外观,图中左边表示头的前方(额部),而右边则是头的后部。

① 关于弗里奇和希齐希的发现故事,可查阅拙作《脑海探险:人类怎样认识自己》。

注意不到放在它面前的食物或者水。它似乎对面前的一切都漠然置之，包括以前它见到了就会摇头摆尾的熟人或一起玩耍的狗。

蒙克还发现，当完全切除狗或猴的枕叶皮层以后，动物就完全失明了，他把这称为"皮层盲"（cortical blindness）。如果单侧切除枕叶皮层，那么失明的并非对侧眼，而是对侧半视野。他认为费里尔完全错了，角状回可能只对眼动和眨眼反射有作用。

为了回应蒙克的批评，费里尔也采用抗感染的手段做了进一步的实验，最终他不得不承认自己有部分错误，枕叶对视觉也非常重要，但是他仍坚持认为：只有完全毁坏了双侧枕叶皮层和角状回才能使动物完全失明，是蒙克错了。

接下来，英国生理学家舍费尔（Edward Albert Schäfer）和他的学生霍斯利（Victor Horsley，脑立体定位仪的发明者）也加入了"战团"。他们发现：刺激枕叶皮层所引起的眼动要比刺激角状回更强烈，而毁损枕叶皮层所造成的视觉缺陷也要比毁损角状回更为严重。他们又用若干种动物做了好几个月的详细研究，令人信服地说明了只有当完全切除枕叶皮层并延伸到颞叶皮层的腹侧面时，才会造成永久性的失明。费里尔对此并不服气，他们之间又争论了很长一段时间。

现在科学家已经搞清楚了费里尔错在什么地方了：费里尔为了保证角状回完整不受损坏，在毁损枕叶时在靠近角状回（他所认为的视觉中心）的边界处留下了1厘米多宽的一条区域。这块区域负责30°以上的周边视觉，这就足够让猴避开障碍物了。蒙克和舍费尔对完全失明的猴所做的手术不仅毁损了纹状皮层的外侧面，而且还毁损了埋在外侧沟内部的皮层。也就是说，他们对纹状皮层的毁损要彻底得多。

19世纪80年代，人们在临床上也发现了大量由于枕叶受到损害造成的盲人和偏盲病人。就这样，人们终于认识到纹状皮层是视觉中枢，或者说至少是视觉中枢的第一站。

接下来的问题是，纹状皮层是不是像海桑在很久之前所预言的那样，和视网膜之间存在着点对点的对应关系？1904年爆发的日俄战争为这个问题提供了"天赐良机"。在此次战争中，有些士兵头部受了枪伤，他们只在视野的特定的部位看不见，当时医生能非常精确地知道其脑损伤的部位。根据这些信息，日本眼科医生井上达二（Tatsuji Inouye）画出了视网膜和纹状皮层之间的映射关系，并且首先指出中央凹在皮层上的映射区被大大地放大了。第一次世界大战提供了更多的类似病例，进一步证实了这一点。

看得见的"盲人"

上一小节中提到蒙克发现在毁损狗和猴的枕叶皮层之后，狗还是能避开或跳过障碍物，但是就是认不出障碍物是什么，即使在饥饿或口渴时，它也还是注意不到放在面前的食物或者水。它能不能看到这些东西呢？如果看到了，它为什么不去吃？如果看不到，它又是怎么躲开障碍物的？狗不会说话，无法告诉我们它的真实感受，这似乎成了一个难解之谜。

第一次世界大战的伤兵为解开这个谜题提供了人的相关线索。1917年，英国医生里多克（George Riddoch）和德国外科医生珀佩尔洛伊特（Walter Poppelreuter）各自独立地报道了有些脑部受伤的士兵选择性失明的事实，这些伤兵看不到固定不动的东西，但是能看到运动的物体。T少校是里多克医生收治过的最著名的一个伤兵，他被一颗子弹打穿了右枕叶，还坚持战斗了15分钟，然后昏迷了11天。当他醒过来后，发现自己看不清楚盘子中左边的食物。回到英国以后，他发现自己虽然看不到左边视野里的东西，但能觉察到在这个视野里有没有什么物体在运动。乘火车时，他能感到在视野的左边有什么东西在飞快地运动，但是看不清是什么东西。令人遗憾的是，科学家们忙着争论皮层上的视觉中枢到底在什么地方，没有过多关注这些现象。此后一些年他们对动物所做的实验也只是表明：毁损不同的脑区会产生不同类型的失明。半个世纪过去了，有关这个谜题人们并没有取得突破性的进展。

1973年，英国国立伦敦医院的科学家魏斯克朗茨（Lawrence Weiskrantz）创造了"盲视"（blindsight）这一术语，并用其描述他所遇到的一个病人的症状：这个病人声称自己什么也看不见，但奇怪的是，如果在他面前呈现两个物体之一，并强迫他说这是哪个物体时，绝大多数情况下他都"猜"对了。如果他真的如己所说一无所见、纯属瞎猜的话，那他猜对的概率应该只有50%左右。因为他意识不到他之所见，所以说他"盲"，但又因为他能接收到放在他面前的物体的某些信息，所以说他还保留部分"视"。

在这样的病人面前同时放一个红色的物体和一个蓝色的物体，让病人用手指点红色（或蓝色）的物体，他们在绝大多数情况下都做对了，虽然他们在一开始抗议说什么也看不见。魏斯克朗茨对狗也做了一系列的实验，他切除了狗的初级视皮层，然而这些狗依然能对运动物体有所反应。结果听上去有些匪夷所思，因为初级视皮层相当小，只有这块区域严重受损又不殃及其他脑区的病例很少，所以在开始时人们对此定论深表怀疑。但是随着这种病例的逐渐积累，怀疑也逐渐消失了。

20世纪80年代末和90年代，法国神经科学家罗塞蒂（Yves Rossetti）等人对这类病人的测试表明：他们不仅能指出物体的方向，还能伸手去拿，并且把手指张开到适当的角度去捡起物体，甚至还能把卡片投进有不同朝向的箱缝里去！但是如果要病人口头说明或者用手比划这些对象的大小或朝向，他们却做不到！这些都说明：病人并不能意识到他们所"看到"的一切，但是确实有些视觉信息绕过了受到损伤的初级视皮层而到达了其他脑区，并指挥其作出正确的反应。

在科学文献上有一位被称为G. Y.的病人，8岁时由于交通事故左半球初级视皮层受损，这使他除了左半视野中的一小块区域之外都看不见了。研究者在他面前放上一块屏幕，上面有光点向两个相反方向之一运动，并让他猜测光点在向哪个方向运动，结果他"猜"对的比率达到80%。看来初级视皮层对有意识的视知觉是必需的。只有初级视皮层受到损伤的病人才会表现出盲视的症状。开始时，有些科学家认为盲视可能靠的是初级视皮层中残存的一些健康神经元,不过对G.Y.和其他盲视病人所做的脑成像都表明他们的初级视皮层完全没有活动,因此这一猜想被否定了。同时,这些脑成像又表明:虽然盲视病人的初级视皮层失去了功能,但是他们的纹外皮层(即初级视皮层之外的其他视觉皮层)却在活动。例如,当让G.Y.猜物体的运动方向时,他主管对象运动知觉的V5区就活动了起来。

更惊人的一幕发生在近几年。荷兰认知神经科学家德·格尔德(Beatrice de Gelder)有一位在医学文献上被称为"T. N."的盲视病人。2003年,短短36天内T. N.的两半球初级视皮层先后发生脑卒中,他的整个初级视皮层都被损坏了,尽管他的双眼完好如初,但却看不见了,至少他自己是这样说的。德·格尔德要T. N.不用探路杖穿越一条布满箱子、椅子及其他办公用品的长廊,但事先骗他说长廊里空空如也,不用害怕会被东西绊倒。为了安全,德·格尔德特意请魏斯克朗茨跟在T. N.身后,以防T. N.真的会被绊倒。结果是T. N.顺利地穿过整条长廊,什么东西都没有碰到。当德·格尔德事后问他是怎样躲过所有的障碍物而穿过长廊时,他说他只是走就是了,根本就没有看到什么东西,也不知道自己是如何避开这些未能看到的东西的。他无法解释他究竟是怎么做到这一点的。

这是多么的神奇啊!进化上古老的神经通路在现实世界中所起的作用比我们想象的多得多。虽然有关盲视的神经机制还没有完全研究清楚,但是相关实验已经表明上丘可能是其中关键的一环。对低等脊椎动物来说,上丘是主要的视觉中枢,只是在哺乳动物中,大脑皮层才取代了上丘的大部分功能,仅保留了其控制眼动等功能。德·格尔德对一位盲视病人做了下列实验:在这位病人的盲区中,有时呈现一个灰色的方块,有时呈现一个紫色的方块。他们发现当呈现的是灰色方块时,病人的瞳孔收缩得更快也更强,这表明病人的脑正在处理某种信息;而当呈现的是紫色方块时,病人则没有这种效应。德·格尔德知道在视网膜中只有一种视锥对紫色光有反应,而这种视锥并没有输出到达上丘。这说明盲视和上丘有关。进一步她又用脑成像技术观察上丘的活动,她发现仅当呈现灰色方块时,上丘才强烈地活动起来。因此可以认为来自盲视病人双眼的信息，绕开了初级视皮层，而是通过上丘再上传到皮层的其他区域（如主管运动视觉的MT区），使其作出相应的反应而不自知。确实，对那些能猜对光点运动方向的病人所做的脑成像测试，也可以看到通常感觉运动的视皮层活跃了起来。

不可不知的视觉感受野

视觉感受野概念的提出

美国生物物理学家哈特兰（Haldan Keffer Hartline）受英国神经科学家阿德里安（Edgar Douglas Adrian）记录单个神经细胞活动的启发，对研究视觉神经元的单细胞记录很感兴趣，他发现蛙的视网膜是上天给他的一个很理想的标本。20世纪30年代初，在电子管放大器刚刚被引入到生理学研究中的时候，哈特兰以其对新技术的敏感性，从暴露出来的蛙视网膜表面挑起一小束视神经，然后把其中的纤维一根一根逐步剔除，直到最后只剩下一根视神经。这样就远在微电极技术发明出来之前，他就已经能够记录单个神经元的活动了。

图1-11　哈特兰。1967年诺贝尔生理学或医学奖得主。

哈特兰发现，蛙视网膜神经节细

胞对光刺激的反应方式多种多样。有的只在给光和撤光的时候才有反应,或是在光强略有变化的时候才有反应;有的则在给光的整个时段内全无反应,而只在撤光的时候才有发放。进一步的研究还发现:对有些神经节细胞来说,只有当小光点或小暗点在视网膜的很小一块区域里运动时,这个细胞才会有发放。

哈特兰发现对某个神经节细胞来说,只有当光刺激落在视网膜上一定范围的区域里时才能引起反应,或者说使其发放模式产生变化,他把这样的区域称为这个神经节细胞的"感受野"。这个概念最初是由谢林顿(Charles Sherrington)于1906年首先提出的,他把能引起抓搔反射的皮肤表面称为该反射的"感受野",哈特兰把这一术语借用到了视觉系统。不同细胞的感受野在视网膜上彼此交叠,并且这些细胞的反应模式可能各不相同,这说明在视网膜中有着相互作用,并且已经进行了相当复杂的信息处理。

感受野的结构和种类

匈牙利裔美国神经科学家斯蒂芬·库夫勒(Stephen W. Kuffler)是德裔英国神经科学家卡茨(Bernard Katz)和澳大利亚神经科学家艾克尔斯(John Carew Eccles)的学生,他把哈特兰的工作推广到了哺乳动物。利用自己和朋友塔尔博特(S. A. Talbot)发明的新型眼底镜,1952年库夫勒用很小的光斑或暗斑精确地刺激猫视网膜上的特定区域,结果发现猫的感受野并不是均匀的,而是有一定的结构,大体上表现出同心圆状的结构。库夫勒还发现有两类不同的感受野。一类是给光中心感受野,当在其中心区加上光刺激时,细胞有猛烈的发放,而在撤去光刺激时则没有反应;当把光加到感受野的外周部分时,细胞没有反应,但是如果把光撤掉,细胞就有猛烈的发放。他把这样的细胞称为"给光细胞"。另一类则正好相反:中心是撤光区,而外周则是给光区。他把这样的细胞称为"撤光细胞"。如果同时在中心和外周给光或撤光,则它们的作用正好对消。以前人们用的光刺激大多是明亮的闪光或是弥散光,它们都遍布这两个区域,其作用正好相互对消,因此看不到细胞有明显的反应。这实际上提示了,为了研究视觉细胞的特性,选择适当的光刺激模式是非常重要的。

在库夫勒发表了这些新发现以后,他在一次学术会议的走廊里正巧遇到他仰慕已久的阿德里安。阿德里安立即停了下来,问了他一句话:"脑里的细胞也是这样的吗?"

对这个问题作出回答的是库夫勒的两位博士后休伯尔(David Hubel)和维泽尔(Torsten Wiesel)。他们后来和因对裂脑动物研究而声名大噪的美国神经科学家斯佩里一起分享了1981年诺贝尔生理学或医学奖。库夫勒本人则因为在1980年过早地去世,而与诺贝尔奖失之交臂。

一场不对等的竞争

休伯尔的父母都是美国人,后来移民加拿大,因此休伯尔一出生就拥有美、加双重国籍。他在麦吉尔大学主修数学与物理,读研究生时却转为医学,并且在1951年获得了博士学位。1954年,他来到美国约翰·霍普金斯大学医学院,担任神经内科住院医生。但很快,他就被征召入伍,在沃尔特·里德陆军研究所工作。1958年,休伯尔回到约翰·霍普金斯大学医学院,开始了与维泽尔长达25年的合作,在沃尔特·里德研究所工作时,休伯尔已在猫的外侧膝状体和初级视皮层方面有了一些研究,他还发明了钨丝电极,并用其在脑中各处进行记录。维泽尔正是在到休伯尔那儿取经,学习钨丝电极的制备和应用时,认识休伯尔的。

当时休伯尔把钨丝电极埋藏在猫脑中,比较猫在睡眠和清醒时视觉通路中细胞的发放模式有什么不同,其目的是想阐明睡眠对皮层的影响问题。当他把自己准备从初级视皮层进行记录的计划告诉同事时,许多同事的反应都是:"为什么要研究纹状皮层呢?荣格(Richard Jung)已经彻底地对此进行过研究了。"

事实上,德国神经科学家荣格的实验室从1952年起就开始研究纹状皮层单细胞对光刺激的反应了。他们花了2年时间建立起了一套当时最先进的记录视皮层细胞的仪器，用的刺激光是弥散光。荣格研究组最终发现，初级视皮层的细胞按照其对弥散光的反应可以分成四大类：只在给光时有反应的给光细胞，只在撤光时才有反应的撤光细胞，在给光或撤光时均有反应的给光—撤光细胞，以及对弥散光刺激根本没有反应的细胞。荣格研究组将最后一类细胞称为A型细胞。

既然对象一样，休伯尔怎样和荣格竞争呢？要知道荣格拥有当时最先进的设备，而休伯尔只有一套东拼西凑而成的老设备；荣格在视皮层上已经工作了6年，他的团队是当时世界上唯一的一个在视皮层单细胞上进行过记录的实验组，而休伯尔才刚刚进入视皮层研究的领域；荣格当时已经是视皮层生理学研究的权威，而休伯尔只不过是一个初出茅庐的博士后。不过休伯尔并不感到担心，因为当时他的目的是研究睡眠对皮层的影响，而对视觉的研究只是一种副业罢了。

最初，休伯尔采用的刺激也是弥散光，因为当猫睡眠时透过眼睑的光都是弥散的，为了进行对照实验，休伯尔对清醒猫使用的刺激也是弥散光。他很快就重复出了荣格的主要工作，并且在实验结束之后均标定了所记录的位置。而定位的结果表明有些荣格所讲的给光细胞是从白质上记录到的。如果真是这样的话，那就不能排除荣格所讲的皮层细胞中，有些可能实质上是源自外膝体的神经纤维，而非皮层细胞。休伯尔发现有大量细胞对弥散光根本没有反应，应属于荣格所说的A型细胞。休伯尔想也许运动是比单纯给弥散光更有意义的刺激，于是他在猫的眼前挥手，结果发现有些细胞对手的运动方向有选择性，这是提示视皮层细胞在功能上比外膝体细胞要更复杂的第一个迹象。最后，他发现正是那些对弥散光不起反应的细胞才是视皮层细胞，而荣格所发现的"给光细胞"、"撤光细胞"和"给光—撤光细胞"实际上都是从外膝体发出的神经纤维。这样，荣格的发现除了视皮层细胞对弥散光不起反应之外并没有多大内容。

珠联璧合的美妙合作

前面说过，休伯尔的实验发现有大量细胞对弥散光根本没有反应，可见弥散光并不是有效刺激。因此，在1958年回到约翰·霍普金斯大学医学院之后，休伯尔觉得是该改变一下刺激模式的时候了。他认为视皮层犹如一座金矿，正有待人们用适当的方式去开采。

休伯尔的原定计划是到约翰·霍普金斯大学医学院的芒卡斯尔（Vernon Mountcastle）教授的实验室里做博士后。芒卡斯尔是研究躯体感觉的先驱，正是他发现了初级体感皮层中的不同神经元对不同类型的触觉有反应：有的神经元对皮肤表面的触觉有反应，有的神经元对深压有反应，但是几乎没有一个神经元对两者都有反应。另外，芒卡斯尔还发现这些不同类型的神经元组成柱状结构，从皮层表面垂直向下延伸2毫米左右。他认为每个这样的柱体都构成了一个整合的单位，它们很可能是皮层组织的基本形式。我们在下面将会看到他的这些先驱性的思想将对休伯尔和维泽尔有多大的启发。

但是时机不巧（从后果来说，应该讲是太巧了），芒卡斯尔的实验室正在改建，需时一年。有一天库夫勒打电话问休伯尔愿不愿意在芒卡斯尔的实验室改建完成以前，先到约翰·霍普金斯大学医学院眼科研究所他的实验室里和维泽尔一起工作一段时间。休伯尔本来就渴望在视觉方面接受严格的训练，而他和维泽尔又意气相投，所以事情就这样决定了。

休伯尔和维泽尔的工作计划并不难制定。还记得阿德里安向库夫勒提出的问题吗？"脑里的细胞也是这样的吗？"休伯尔和维泽尔的目标就是要回答这个问题。一个"自然"的想法是用库夫勒研究视网膜神经节细胞的一整套行之有效的方法去研究外侧膝状体或初级视皮层细胞。方法很现成，一切似乎都可以按部就班地去做：把微电极插到外侧膝状体或者初级视皮层的神经细胞里面去，然后用小光点一点点地在视网膜上探测，看它落在视网膜的哪些地方，所记录的神经细胞的发放模式有没有变化，如果有变化的话，那么发生的是什么样的变化，并且把视网膜上的这些地方标出来，这样就可以得出这些细胞的感受野的相应结构。

休伯尔到约翰·霍普金斯大学医学院以后，立刻就和维泽尔一起投入了工作。休伯尔以前对外侧膝状体做过一些工作,用的就是类似于库夫勒的实验方法,方法很有效,结果和从视网膜上的神经节细胞所得的结果也相仿,他确信那里的细胞也是中心—外周型的,所以他们决定一开始就直接研究视皮层。

因为当时休伯尔预计自己在库夫勒实验室的工作只有一年,显然他不可能像荣格那样先花两年时间建立一套完善的实验设备,那只能因陋就简了:他们所有的刺激和记录设备都是多年以前库夫勒为了研究视网膜设计的。光刺激器是用一台眼底镜改装而成,它可以把背景光和光点刺激投射到视网膜上去。仪器上有一道狭缝用于插入金属薄片,薄片上有各种大小不同的小孔,这些小孔是用来透光的,就像放幻灯片那样。如果刺激是一个暗点,那么就用一小块上面粘有一个黑点的玻璃片来代替。这样的仪器对于做视网膜实验自然是很理想的,实验中猫脸朝上,做实验的人可以看到微电极插到视网膜的什么地方,也可以看到光点落在视网膜的什么地方,但是用它来记录皮层细胞就非常不方便了。因为对于皮层细胞来说,实验者事先根本不能预测它的感受野会在视网膜上的什么地方,所以他们只好在视网膜上到处去找,并且往往还记不清哪些地方已经刺激过了。一个月以后,他们决定把刺激投射到一块屏幕上,让猫看屏幕。由于他们没有其他的设备可以固定猫的脑袋不动,所以还是用那台老的仪器,猫脸依然朝上。这样他们不得不拿一条床单挂在天花板上作为屏幕,弄得实验室看起来有点像马戏场似的。有一天,芒卡斯尔走进来看到这种景象,大吃了一惊。

这样做实验自然不大方便,因为在整个实验期间,他们都不得不仰头朝天看着天花板。于是,休伯尔想到在芒卡斯尔的实验室里有一台猫头固定器闲置在那里没有用,而且在它上面还有眼科研究所的铭牌呢。这台固定器是研究所的一位工作人员以前在研究视皮层时用的,后来芒卡斯尔又用它来研究躯体感觉工作了好多年。休伯尔和维泽尔虽然心存顾虑,最后还是鼓起勇气去要回这台仪器。为了看起来像回事,他们都第一次,也是生平最后一次穿上了实验室的白大褂,走进芒卡斯尔的实验室。虽然芒卡斯尔平时总是那么的友好和慷慨,但是要他放弃这件宝贝毕竟还是有点困难的,可不锈钢架上的刻字是无可否认的,所以最后他们得胜而归。

他们取得的突破性进展很有戏剧性。休伯尔在他的诺贝尔奖演讲中回忆说:

> 我们最初的发现纯属偶然。我们做了一个月左右的实验。我们用的还是那台塔尔博特—库夫勒眼底镜,但是进展甚微:我们记录的皮层细胞对光点和光环根本就没有反应。有一天,我们记录到了一个特别稳定的细胞。……它一直工作了9个小时,其结果使我们对有关皮层是如何工作的这一问题的想法大为改观。在起初的三四个小时里我们什么也没有发现,后来当刺激视网膜靠近外周的一些地方时,我们得到了一些没有规则的反应。但是,当我们把中间粘有黑点的玻璃片插到投影眼底镜里面去的时候,用来监视神经脉冲发放的扬声器发出一连串像机关枪一样的声响。在经过一阵茫然不知所措之后,我们终于找到了引起神经细胞发放的原因所在。原来,这个反应和玻璃片上的黑点一点关系都没有。实际上,是我们在把玻璃片插到缝里去的时候,玻璃片的边缘在视网膜上投下了一条虽然比较暗淡但是却很分明的阴影,也就是说,在亮背景上的一条暗直线刺激了细胞的感受野。这就是引起这个细胞发放所需要的刺激。不仅如此,要这个细胞引起反应,这种直线的朝向还只能落在一个很小的角度范围里。

他们将这个特定的朝向称为该细胞的最优朝向,其变化范围只有15°左右,也就是大致相当于钟面上2.5分钟所张的角度,朝向在此范围之外的暗直线就不会引起该细胞反应。这完全是前人从来也没有想到过的事!机会永远只给那些有准备的头脑!一个真正的科研人员的头脑必须永远是开放的。如果他们坚持前人的传统观点(哪怕是权威的观点),认为小光点是最基本的刺激(这听起来似乎是很"合乎逻辑"的,前人在视网膜上用它作为刺激所做的工作又是那样的成功,而他们自己在外侧膝状体上的工作也支持了这一点！），如果他们坚持认为视觉皮层细胞的特性也只可以用它们对小光点刺激的反应来研究的话，他们就会以为在插玻璃片时视觉皮层细胞的猛烈发放只是一个偶然事件——也许是由不明原因引起的一种伪迹或噪声，那么一个重大的发现就会和他们擦肩而过，巨大成功的机会就会轻易溜走！后来休伯尔在自传中这样写道：

> 这件事有时被当作"偶然性在科学中扮演重要角色"的例子。但是我们从来也没有觉得我们的发现是事出偶然。如果要想有所发现，那么你就得花时间去发现，你就得对自己的研究方式不过于偏执，这样就不至于抗拒事先无法预料到的情形。另外有两个研究组之所以未能发现朝向选择性，只是因为他们太"科学"了：有一个研究组造了台只能产生水平光条的仪器，而另一个研究组则只能产生垂直光条，他们以为这样做可以比用动来动去的光点探测视网膜更有效。在科学研究的某个早期阶段，某种程度的马虎是很有好处的。我们关注的是电极推进器、密封小室和电极本身。我们很快就放弃用于视网膜定量工作用的眼底镜，而代之以猫可以用双眼直视的一块大幕布和一台幻灯机，我们也并没有对刺激的时程、运动速率或光强都一一定量化。我们给刺激或是撤刺激就用手放在幻灯机前面，也用手操纵幻灯机。我们把注意力集中在刺激的几何性质上，对此我们用卡片盒、剪刀和胶布来作系统的改变。当然也可以用电子学的或机械的方法来做到这一切，但是这样做无论从时间上来说，还是从经济上来说，代价都要高得多，并且还得牺牲掉灵活性。

为了确信他们的发现不是伪迹，休伯尔和维泽尔必须做进一步的实验。他们必须要能记录到更多这样的细胞，并且有不同的最优朝向。到了第二年的一月份，他们已经积累了足够多的数据，他们确信真的发现了一种新现象，于是草拟了一篇摘要,准备投给1959年的国际生理学大会,当然这要先送给库夫勒审阅一下。第二天当休伯尔走进实验室的时候,维泽尔一脸懊丧地告诉他:"我想斯蒂芬不大喜欢我们的摘要。"很明显,库夫勒对这篇摘要并不满意,他在稿子上所加的评论和建议比正文还多!库夫勒喜欢文章简明扼要,最恨浮夸。在一开始的时候,写作对任何人来说都不会是一件容易的事。但不管怎么说,他们的第一篇论文在经过11次修改以后,终于在1959年为《生理学杂志》(Journal of Physiology)所接受。杂志主编拉什顿(William Rushton)在接受函的开头写道:"祝贺您们写了一篇出色的论文",并且没有提出什么修改意见。正是这一划时代的发现奠定了他们日后荣获诺贝尔奖的基础。

简单细胞、复杂细胞和超复杂细胞

休伯尔和维泽尔把他们所发现的细胞称为"简单细胞",这些细胞对线段的朝向十分敏感,不过为了使细胞有反应,这种有特定朝向的线段还必须落在其感受野的特定位置上。后来他们又发现了另一类也对线段的朝向敏感的皮层细胞,和简单细胞不同的是,只要特定朝向的线段落在它的感受野里面,不管落在感受野内的哪个局部,它都会有反应。休伯尔和维泽尔把这种细胞称为"复杂细胞"。他们认为这些细胞的功能可能都是检测外界刺激的边界的朝向,也就是说,对象的轮廓线段的朝向。之后,他们又发现有些细胞还对线段的长度敏感——太长了不反应,太短了也不反应,这种细胞被称为"超复杂细胞"。他们的一系列工作表明,朝向敏感性是初级视皮层细胞的一个基本特征,它们的功能作用很可能是检测对象的边框。我们知道,图像的边框是最富含信息的地方。漫画家只要用寥寥数笔勾个轮廓就可以把人十分传神地画了出来。所以,检测轮廓对辨识物体的形状知觉是十分重要的。就这样,休伯尔和维泽尔为视知觉中最重要的一个因素——形状知觉——提供了坚实的神经生物学基础。

休伯尔和维泽尔根据他们的这些发现提出了一个猜想,认为视觉系统具有某种层次结构,对于神经元的感受野而言,越是远离视网膜的层次的神经元需要的刺激模式也越复杂。这种神经元对复杂刺激(比如说一张人脸)的反应,是基于把前面层次的神经元对构成这种复杂刺激的一些相对说来比较简单的特性组合起来产生的。这从一个方面说明了他们的这种猜想有其合理性,但是这里也还存在一些问题,例如现在已经知道脑中和视觉有关的脑区多达几十个,这些脑区并不是严格按照金字塔那样的形式组织起来的,也就说只有"低级层次"向"高一级层次"发出信息,并在那儿会聚起来;与此相反,在这些脑区之间有广泛的双向联结,构成了一个复杂的网络,这里并没有一个"最后"的司令官决定一切。无论如何,正是这种猜想催生了我们在稍后要讲的对一些只对非常复杂的刺激起反应的神经元的发现。

神奇的视觉皮层功能柱

休伯尔和维泽尔发现,在初级视皮层有一块1毫米×1毫米的区域,其中所有神经细胞的感受野都集中在视觉空间的某个区域里,并且它们相邻细胞的最优朝向在0°—180°的范围内连续地作有规则的变化。有趣的是,在厚度为2毫米的垂直范围内,每个细胞的最优朝向都是一样的,他们称之为"朝向功能柱"。另外,初级视皮层里的细胞有的对来自左眼的刺激反应猛烈,有的则对来自右眼的刺激反应猛烈,它们各自靠近成群,并且在厚度为2毫米的垂直范围内每个细胞的主宰眼也完全一样。他们还发现,左眼主宰还是右眼主宰的细胞群也是交替排列的,组成了他们所谓的眼优势功能柱。

休伯尔和维泽尔发现初级视皮层的功能柱结构以后,在相当长的一段时间里,人们没有发现初级视皮层中还有些细胞对朝向不敏感,而对光刺激的其他特性(例如光的波长)敏感。这可能是由于用传统的染色方法显示出来的初级视皮层的细胞结构显得相当均匀一致,人们也就容易想当然地认为其功能也就应该均匀一致。一直到20世纪80年代初,休伯尔和利文斯顿(Margaret Livingstone)才发现在初级视皮层的功能柱中还有些小的斑块,其细胞对朝向不敏感,而对一定波长的光敏感。后来休伯尔自己都觉得奇怪,为什么他没有早一点发现这一点。尽管在他记录的大量细胞中,他确实也观察到有对朝向不敏感的。

诺奖桂冠的启迪

休伯尔和维泽尔的一系列工作为了解视觉信息处理的基本原理打下了基础,因此休伯尔和维泽尔荣获了1981年诺贝尔生理学或医学奖。

科学研究中既有成功的喜悦,也有错失良机的懊丧。从"起跑线"上来说,同休伯尔和维泽尔相比,荣格要遥遥领先得多,但是最后他没有作出多大有意义的发现,而被后来者远远超越。究其原因,他没有像休伯尔和维泽尔那样,先大致做一些预备实验以探索各种可能性,就一头扎进了一种方法。他未能及早领悟到,自己团队所用的刺激形式对视皮层细胞来说是无效的。尽管哈特兰曾经告诉过荣格,他曾经用在弥散光背景下移动小杆的方法寻找撤光神经元。荣格也对同事们建议过试试这种方法,但是大家都反对做这种一点也"没有系统性的、考虑不周密"的实验。大家认为还是建立一套复杂一些的仪器为好。后来荣格很懊丧地说:"每当有人问我,为什么我对皮层神经元做了5年的研究,却错过了发现朝向特异性,我往往会给他们讲这个故事,并且告诉他们,如果我们不是去造那个定量化的机器,而是用一根棒以各种朝向动来动去,我们有可能在一个实验中就作出了这样的发现。"他总结教训说:"在进入一个新领域的时候,在以某种特定的方法做大量的定量实验以前,应该先用一些比较简单的定性的探索性试验做一些尝试,以便找出最富有成果的方法。"有人把这种策略称为"有限马虎观点"。

如前所述,休伯尔也是持此种观点的,并身体力行赢得了诺贝尔奖。休伯尔在他的自传中总结说:

我们从事的科学研究看上去不大像在中学里学到的那种科学：科学就是一些定律、假设、实验证实、推广，等等。我们感到我们就像15世纪的探险家那样，就像哥伦布扬帆往西只是为了发现他有可能发现些什么。如果说我们有什么"假设"的话，那也只是有关脑特别是皮层的一种质朴的想法：有着种种有序复杂性的脑接收到输入的信息必须作出某些在生物学上有意义的处理，其输出一定要比输入更精巧。因此，我们记录细胞是要看我们能够发现些什么。我猜想科学中的许多领域，尤其是生物科学领域，基本上就是在这种意义下进行探索。那些认为"科学就是测量"的人应该看看达尔文的著作里面有没有什么数字或者方程。

空间视觉与物体视觉

与视觉有关的纹外皮层

在纹状皮层（即布罗德曼17区）发现之后，人们曾经误以为它是脑中唯一的视觉中枢，只有它和视网膜之间存在拓扑映射关系。但是，到了20世纪40年代，塔尔博特和马歇尔（Wade Marshall）用皮层表面电极进行记录，发现纹状皮层旁边的布罗德曼18区和视网膜也存在拓扑映射关系。1965年，休伯尔和维泽尔用微电极记录，也得到了同样的结论：存在着第二个皮层视觉区——V2，这一区域又可进一步分成一些亚区，分别与形状、运动和颜色有关。在V2旁边又发现了第三个和视网膜存在拓扑映射关系的视觉区——V3。之后，在枕叶、颞叶、顶叶和额叶皮层上发现了许多和视觉功能有关的区域，其中包括V4和V5（或称MT）。后来人们发现V4和色觉有关；V5和视觉中的运动感有关，其中所有的细胞几乎都对对象的运动方向有选择性，和颜色无关。所有这些除纹状皮层之外和视觉有关的皮层统称为纹外皮层。

下颞叶皮层与视觉识别物体

早在1888年,布朗和舍费尔在和费里尔论战颞叶是否为听觉中枢时,他们就对猴的双侧颞叶进行了广泛的毁损,结果发现猴的性情发生了极大的变化。在手术前这只猴非常凶猛,它对任何想抚摸它的人或者戏弄它的人都会发起攻击;手术后它毫不在乎地走近所有人,任人抚摸,甚至在受到戏弄或是掌掴时也不回击或逃跑,它的记忆和智力似乎也受到了损伤。它还能听,也能看,只不过它不再理解所听所看的意思。它对遇到的任何对象都要仔细摸、尝和嗅,并仔细打量。即使这样小心翼翼,几分钟后当它再次遇到同一对象时,它又得重复这样做,就好像它们从来没有遇到过似的。它分不清不同的食物,它不再从食盘中拣取葡萄干,反而吞食任何正巧碰到的东西。但是它显然还有味觉,因为如果给它沾有奎宁(味道非常苦)的葡萄干,它会表示出明显的厌恶。

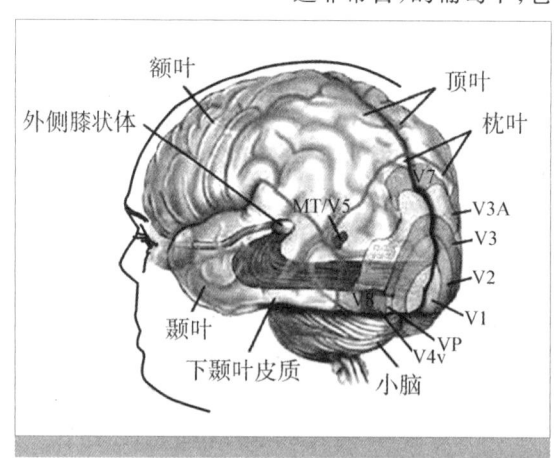

图1-12 视觉皮层。

不过,由于舍费尔讲这个例子的重点是用来说明颞叶并非听觉中枢的所在地,以后他也没有再讲切除颞叶的后果,无怪乎后人把他的这一重要发现忘掉了。这一结果一直到10年以后才再由美国科学家克吕弗(Heinrich Klüver)和布西(Paul Bucy)重新发现。

克吕弗为了研究颞叶皮层在仙人球毒碱致幻中所起的作用,请神经外科医生布西切除猴的颞叶皮层。虽然在切除颞叶皮层之后,仙人球毒碱的致幻作用依旧不变,但是他们却发现:在还没有给药以前,猴就表现出了非常奇怪的行为。现在这种情况被称为克吕弗—布西综合征。这真可谓"失之东隅,收之桑榆"了。

克吕弗把这一综合征的症状归结为以下6点:

1. 视觉失认症,即单靠视觉线索无法识别对象的意义。虽然动物在视觉分辨率方面并没有表现出很大的缺陷。有关这一点,我们将在后面详细叙述。

2. 口试倾向,即猴对所有的对象都要用嘴来尝试。

3. 对任何视觉刺激都过度注意和作出反应。

4. 在情绪方面发生显著变化,不再表现出任何愤怒或恐惧等情绪。

5. 性行为异常。

6. 食欲大增。

20世纪40年代末,美国哈佛大学的两位研究生塞姆斯(Josephine Semmes)和周呆良(Kao Liang Chow)[①]以及神经外科学家普里布拉姆(Karl Pribram)不仅毁损了布罗德曼18区和19区,还毁损了顶叶、腹侧颞叶,以及颞叶前端,结果发现猴在学习靠视觉分辨对象时果然发生困难。所以他们和克吕弗和布西都毁损了颞叶,因此他们断言颞叶在视觉学习中一定起重要的作用。然而,他们的猴除了视觉问题以外,并没有表现出克吕弗—布西综合征的其他症状。后来普里布拉姆和巴格肖(M. H.

① 周呆良是美籍华人,出身于名门望族,其父周叔弢是著名实业家、藏书家。周呆良长期担任斯坦福大学教授,在神经科学方面成就卓著,逝世于1998年。

Bagshaw)表明:这些症状是由于毁损了杏仁体及其邻近皮层的结果。普里布拉姆后来发现,克吕弗—布西综合征中和视觉有关的症状是由于毁损了现在被称为下颞叶皮层(IT)的缘故,这一结果被后来其他实验室的一系列研究所证实。

下颞叶皮层在视觉识别物体中起关键作用。一般说来,越往前端,其中的细胞识别的特征的复杂性也越高,例如:在后端的细胞识别的可能只限于图形中角点或交点的数目,或者其中颜色的组成;而在前端的细胞中则有检测脸的细胞,这似乎说明这些细胞检测的不再是一些简单的几何特征,而是由这些特征综合起来形成的物体。这一部位的损伤会造成主体难于识别形状类似的、属于同一范畴的不同对象的能力,例如无法识别不同的人脸,即面孔失认症(prosopagnosia),在下一小节中我们再对此作详细介绍。

奇怪的视觉失认症

视觉失认症(visual agnosia)这种现象其实人们早就知道了,只不过最初蒙克称之为"心灵盲",直到弗洛伊德才把它称为失认症。正如上面所讲,视觉失认症的表现是能看到东西,但是就是认不出它是什么。不过,病人可以通过其他渠道(例如触摸)"认"出东西来。布朗、舍费尔、克吕弗和布西在动物实验上的发现进一步得到了临床的证实,特别是由于我们现在有了脑成像技术,所以不必等病人死亡后进行尸检就可以确定在出现这种症状时,病人的哪个脑区异常。下面就拿一个近年来报道的病例作为例子来说明。

1988年C. K. 出了一次车祸,他在骑摩托车时,头部被旁边一辆卡车的反光镜撞击。磁共振成像(MRI)和计算机断层扫描(CT)检查表明:他的双侧枕颞叶皮层受损,其他部分并无大碍。他的智力依然正常,但是当给他看一些图片时,他把一支蜡烛当成了餐桌上的盐瓶,把一支玩具飞镖当成了鸡毛掸子。给他看彩色图片甚至实物,情况也好不了多少,尽管彩色和质地对他辨认物体多少有点帮助。如果让他用手摸的话,他却能准确无误地辨认出纸夹和其他物体。如果告诉他一个物体的名称，然后要他讲出这是什么意思，他也没有困难。例如，问他什么是"管子"，他的回答是："一根长而中空的东西，里面可以流过气体或液体。"所以他的问题并不是叫不上物体的名称，也不是缺乏对某个名词的语义知识。他能毫无困难地写字，但是过了一段时间要他读自己写下来的句子，他却茫然无知。

后顶叶皮层与空间视觉

费里尔在角状回（后顶叶皮层）与枕叶皮层之争中成了输家，但是他也并非一点贡献没有。正是他首先发现了后顶叶皮层在空间视觉中扮演了重要的角色。下面是他毁损了动物的角状回之后，对该动物的恢复过程的一段描述：

> 到了第4天，动物的视觉有了恢复的迹象。我们把一块橙子放在它面前，它起先摸索着向前，想拿到它，但是一直都没有成功。到了第5天，很明显它能看到食物了，但是还是拿不到——不是没有够到，就是伸过了头。到了第6天，它能捡起散落在地板上的米粒，但总是不能确切地知道这些米粒的位置。在手术4个星期之后，当它想用手去取物体的时候，它的动作还是那样不准，直到今天，当它在桌子上走动时还会跌下来，因为它走得太靠近桌子的边缘了，而它似乎意识不到这一点。

从费里尔的这段描述可以知道，动物之所以取不到物体，不是因为它瞎了，而是因为它不知道物体的位置在哪里，或者说它不能在视觉的指导之下做出适当的动作。费里尔把角状回当成了视觉中枢是不对的，他的错误可能是由于他损伤了动物的视放射或者暂时性地干扰了它的枕叶功能的结果。其实，他的对手布朗和舍费尔也注意到过类似的现象，在对猴做双侧后顶叶切除之后，他们观察到："猴显然还能看到葡萄干和走过去，但就是找不到。"因为这并不是他们争论的重点，后人也没有给予注意，这些描述就逐渐被人遗忘了。

直到30年以后,第一次世界大战结束,戈登·霍姆斯爵士(Sir Gordon Holmes)考察了一群退伍军人,这些人头部受到枪伤,两侧后顶叶皮层都受到损伤,他们在空间定位方面产生困难,例如,他们不能很好地指点视觉目标,要他们去拿某件东西也有困难,躲不开障碍物,在学习和记忆路径、判断距离和大小、认知空间关系、注视目标及追踪运动目标这些方面都有问题。但是,他们在认知对象是什么东西,以及其他的认知功能方面都是正常的。这就说明了后顶叶皮层在空间视觉方面起着关键作用。下面所讲的一种视觉失常——巴林特综合征——进一步说明了这种作用。

巴林特综合征

L. A. 是一位52岁的女工,2年以前她就觉得自己视觉有些问题,在6个月里配了3副眼镜,还是没有解决问题,于是不得不到美国神经病理学家琼斯(R. D. Jones)和特拉内尔(D. Tranel)的诊所就诊。她的视锐度(即把彼此靠近的线条区分得开的能力)经矫正以后为20/20,视野也是完整的。她的问题是做不了原来在工厂里的活——把东西按一定方向放到盒子里去。在此之前,她本是一家杂货铺的经理,后来因为在使用收银机、保存收银条等需要靠视觉指导做出一连串动作的工作上逐渐产生困难而遭辞退。她告诉医生,东西就像分成了许多部分而在她眼前进进出出。医生对她进行检查后发现:如果给她看一幅大的图片,要她说出图中的是什么东西,她总是只讲出其中的某个局部。例如,给她看一个带有缎带的圣诞节花环,她的回答是"缎带"。给她看一个金字塔,她只看到金字塔的一角而误以为是屋顶。要她去拿在桌子上的一支铅笔,她就是做不到。要她边看边握医生的手,她的动作既慢又不准确。要她在目视之下伸手做某个动作,她的手总是颤摇不已,这也是她被一再辞退的原因。要她逐一注视房间里的许多东西,她也有困难。磁共振成像检查显示:她的两侧枕顶叶萎缩,其他脑区也有轻度萎缩。正电子断层扫描显示她的两侧枕顶叶代谢低下。

她的这些症状就是医学上所称的"巴林特综合征"。这种症状主要表现为：（1）不能把视野中分布各处的特性综合成一个有意义的整体，对视野中某个对象的知觉往往仅局限于该对象的某个很小的局部。（2）不能看着某个目标用手指点，或者根本碰不到目标，手的动作也非常慢；如果让病人把眼睛闭起来，他们却能凭声音准确地指点声源。（3）不能把目光转向新的视觉刺激。而这些病因正是由于双侧枕顶叶视联合皮层（布罗德曼18区和19区的上部）被损坏。

"什么"通路和"何处"通路理论

到20世纪80年代，人们已经认识到大脑皮层中和视觉有关的区域远不止枕叶皮层，还进一步延伸到颞叶皮层和顶叶皮层，甚至额叶皮层。

早在1982年，昂格莱德（Leslie Ungerleider）和米什金（Mortimer Mishkin）就提出了所谓的双视觉系统理论。他们认为纹外皮层区可以分成两支：第一支从纹状皮层出发由背侧到达后顶叶皮层，这一系统负责分析运动、空间关系和对运动的视觉控制；第二支则从纹状皮层出发由腹侧到达下颞叶皮层，负责识别视觉对象

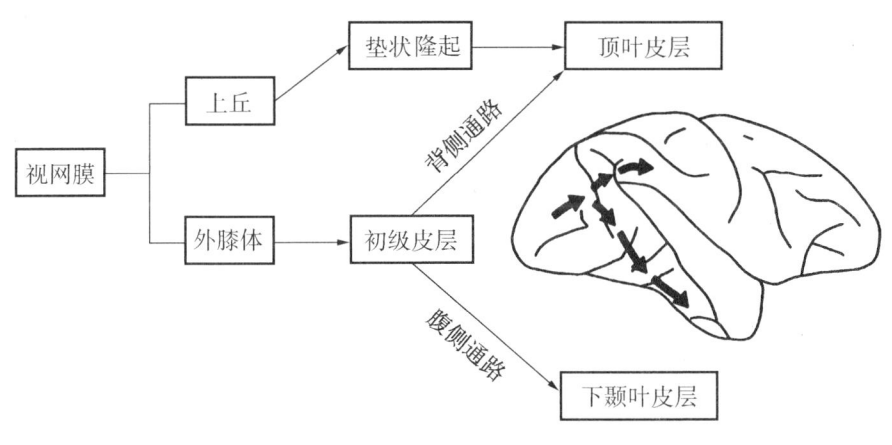

图1-13 视觉通路。

的形状、颜色和质地。前者被称为"何处(where)"通路[也有些学者称之为"'如何(how)'通路",因为这一通路不仅主管对象的空间位置,而且与在视觉指导下的动作及空间关系等功能有关],而后者则被称为"什么(what)"通路。前者损伤会引起巴林特综合征;后者损伤会引起各种各样的视觉失认症。后来的研究又说明:这两条通路在它们的行进过程中也并不是截然分开的,其间有广泛的相互作用,此外它们还要进一步向前延伸直至额叶皮层聚在一起。

"六亲不认"的背后

当我们看到某张脸的时候,我们不仅能识别这是一张人脸,而且还能知道这是谁的脸,也就是说我们能在一类对象中区别其中不同的个体。当然,能这样做的前提是我们对这类物体要特别熟悉,而且识别其中的不同个体对我们的生活十分重要。对于不是这样的物体,我们就做不到这一点。例如,我们一般人不能从一大堆同类苹果中识别其中的某个苹果,或是从鹅卵石小巷的路面中认出某块特别的鹅卵石。因此,科学家在研究这类识别问题时,选择以人脸识别为代表也就不足为奇了。

为何有人"见面不识"

虽然早在古希腊时期就有文献报道认不出人脸的病例,例如古希腊的修昔底德(Thucydides)将军就描写过从鼠疫中康复后的士兵认不出自己朋友的故事,但是人们一直都只是把这种现象作为奇闻趣事罢了。直到20世纪初,医生才认为这可能是因损伤了脑的特定部位而引起的。

1872年英国神经病学家约翰·休林斯·杰克逊(John Hughlings Jackson)记载了一位脑右半球后侧卒中病人的症状:不认路也不认人,甚至认不出自己的妻子……离家后到处晃荡找不到回家之路。但是一直到20世纪中叶,虽然有上述这样的临床证据,神经病学家还是对脑中有专门识别某一类对象中的不同个体的区域表示怀疑。成见阻碍了对面孔失认症的研究。

1947年,德国神经病学家博达默(Joachim Bodamer)描述了第二次世界大战期间头部严重受伤的一些士兵在辨识人脸方面出现问题的事实。这些伤兵通常抱怨自己连熟人的脸也分不清。有些人甚至认不出镜子里的自己或者自己的照片。当博达默要他们照镜子时,尽管他们知道镜子里的像应该就是自己,但是就是觉得非常陌生。尽管他们能分清脸上的各个部分,如眼睛、嘴巴等,也知道看到的是一张人脸,但是就是不知道这是谁的脸。在他们看来所有的脸都差不多。这就像你在一大堆红富士苹果里认不出其中某个特定的苹果一样。但是他们能根据语音等其他线索进行分辨,并且他们视觉的其他方面,除了有些病人在色觉方面也有问题之外,大体上都是正常的,也并不患有健忘症。博达默把这类特殊的症状称为"面孔失认症"。他认为,既然脑部受伤的士兵表现出这样特殊的症状,那么一定有特殊的脑区负责人脸识别。

并非所有人都同意博达默的这种看法。1953年克里奇利(Macdonald Critchley)发表了一篇文章强烈批评博达默的看法,他写道:"很难相信人脸会是在知觉方面和空间中所有的其他物体,无论有生命的还是无生命的,都不一样的一大类别。人脸在大小、形状、颜色和能动性(motility)这些特性方面有哪一点能和其他的物体截然不同呢?"

1955年英国神经病学家帕利斯(Christopher Pallis)仔细研究了病人A. H.。1953年6月A. H.得了脑卒中,那是一天晚上,他在酒吧喝了几杯酒后突感不适,他被送回家上床睡觉,但是睡得不好。次日早上他起床后发现自己看上去非常奇怪。他是这样告诉帕利斯的:

> 我起床后,头脑清楚,但是认不得卧室了。我去了次卫生间。我找不到路,也认不清地点。转身回到床上后,发现自己认不得房间了,对我来讲,这里成了陌生的地方。

我看不到颜色,只能区分亮暗。接着我发现所有的脸都一样。我分不清我的妻子和女儿。后来我不得不等我的妻子和母亲开口后才敢认她们。我的母亲已80高龄。

我可以很清楚地看到眼睛、鼻子和嘴,但是不能把它们组合起来。它们看上去都像是在黑板上用粉笔画出来似的。

…………

我认不出照片里的是谁,就连自己也认不出。在酒吧里我看到有个陌生人盯着我看,就问酒保这是谁呀。您会笑话我的,我是在看镜子里的自己。

…………

A. H.还有一些其他的视觉问题,但是他并没有物体失认症,他能区分几何图形,画复杂图形,拼拼图和下棋。

自帕利斯起人们对许多面孔失认症病人做了尸检,结果很清楚,所有病人都在右侧视觉联合皮层有损伤,特别是枕颞叶皮层的底面,几乎总在梭状回有损伤。20世纪80年代以后用脑成像技术对活着的病人进行扫描,结果都显示在梭状回脸区有损伤。对正常人做的功能磁共振扫描也显示,当受试者看人脸时他们的梭状回脸区的活动要比看其他东西时强得多。

20世纪末,琼斯和特拉内尔研究了一个比较典型的病例。这是一位72岁的退休女教师,在出现面孔失认症症状之前5年,她得了一次心肌梗死。就在她到他们的诊所就诊前一个月,她突然看不到颜色了,所有的交通灯都成了灰色的了。她还认不清人脸,也不识字了。对一张人脸像,虽然她能准确地说出照片里的人的性别、面孔表情和年龄,但是就是讲不出这是谁。现在她只能根据熟人的步态和声音来认出这是谁。她的智力和语言都没有问题,对视觉空间的判断、注意和定向也都正常。磁共振检查表明,她的双侧枕颞叶皮层都受到损伤,这就是她的病因。对一系列其他这种病人做的研究都表明,这种病人脑损伤发生在枕颞叶皮层，主要是枕叶脸区、梭状回脸区和颞上沟。

面孔失认不稀奇

以前人们以为面孔失认症是一种稀有的失常，但是最近的研究发现事情并非如此。德国科学家格吕特尔夫妇(Thomas Grueter, Martina Grueter)经过调查发现：人群中约有2%—3%的人有这个问题，只是许多人自己并没有意识到。这是因为这些人生来如此，他们可以通过衣着、发型、步态、语声等认出别人，他们还以为大家都是这样的。其实，托马斯·格吕特尔(Thomas Grueter)本人就是如此，他只是在有一次他妻子看一个有关面孔失认症的电视节目时，才发现自己也有节目中所讲的那些症状！

面孔失认症最初是在一些脑受到损伤的病人身上发现的。他们以前是正常的，一旦身遭此祸，产生了前后鲜明的对比，因此易于发现而已。国际知名的神经病学家萨克斯(Oliver Sacks)自己也是一位天生的面孔失认症患者，在他看来所有人的脸都差不多。萨克斯在其名著《心灵之眼》(The Mind's Eye)一书中对自己的经历有非常生动的描写：

从我开始记事时起，我就在识别人脸方面有困难。在孩提时代，我对此并不太在意，但是到我十几岁进入一所新学校时，认不出人脸常常使我陷于窘境。我经常认不出同学，这令他们迷惑不解，有时还会让他们感到受到了冒犯，这是因为他们不了解我在知觉方面有问题（为什么会这个样子？）。通常我在认出好朋友方面没有多大问题，特别是我的两个最好的朋友科恩(Eric Korn)和乔纳森·米勒(Johanthan Miller)。这部分是由于我能认出他们的一些特征：科恩有一双浓眉，戴着一副镜片很厚的眼镜；乔纳森·米勒又高又瘦，一头蓬松的红发。

············

到了76岁,尽管我毕生都在想方设法找办法补偿,但是我在认脸和认路方面依然问题重重。特别是当我在出乎意料的地方遇到人时问题就更大了,即使我仅仅在5分钟之前刚遇到过他们也还是一样。有一天早上,在我刚看过我的精神治疗师出来就发生了这样的事情(我有好几年都每周两次到他那儿看他)。就在我离开他的办公室几分钟后,在大楼的门厅里有一位穿着庄重的男子向我打了个招呼。我对这位陌生人好像竟然认得我大为不解,直到看门人叫他的名字和他打招呼时,我才恍然大悟,他不是别人,而正是我的那位治疗师。(这成了我们下一次见面的话题,我想他对于我所说的这个问题有其神经病学基础,而并非精神问题的说法并不完全相信。)

....

有一次,我和助手凯特(Kate)说好在市中心的某个办公室会合,然后一起去见我的出版商,当时她和我一起工作已经大约有6年了。我到后就向接待人员自报姓名,却全然没有注意到凯特早就到了,并且正坐在等候区。其实我看到有位年轻女子坐在那儿,但是并没有意识到就是她。过了5分钟,她笑着说:"您好,萨克斯。我想知道到底要多长时间您才能认出我。"

....

我在人脸识别方面的问题并不仅限于和我最接近的人和最亲爱的人身上,甚至还涉及我自身。我有好几次都为了几乎撞到一位大胡子男人而道歉,结果却发现这个大胡子男子就是我在镜子中的像。有一次在有室外餐桌的餐厅中还发生了正好相反的情形。在一张这样的路边餐桌旁坐下后,我一如既往地转身朝向餐厅的窗户开始梳理胡子。然后我发现,我以为是我自己在窗户上的像并没有在梳理胡子,而是奇怪地看着我。其实是有一位有花白胡子的男子坐在窗的那边,他一定是在好奇我为什么对着他梳理胡子。

通过他的精彩描写,想必读者对面孔失认症已经有了初步认识。萨克斯在书中还讲了许多其他有趣的故事，限于篇幅，我们在这里就不再引下去了，有兴趣的读者可以自己去读读他的这本书。

人脸识别特殊吗？

20世纪60年代，应国瑞（Robert K. Yin）[1]发现人对脸的识别和对其他事物的识别有所不同。对一般的事物来说，无论照片是正放还是倒放，都不太影响人的识别；但是对人脸的照片来说，正放或是倒放却大不相同，这就是所谓的"人脸倒置效应"。据此他认为，人脸识别需要某些不同于识别其他对象的视觉处理。他猜想人脸识别更需要整体性；而对其他对象来说，脑可能更着重于其各个组成部分。不过也不是所有人都同意应国瑞的这种假说。例如有人认为，在人脸识别上有两个因素：特征以及各个特征之间的相互关系；当把人脸倒置后，干扰了脑对后一因素的处理。

当把人脸的照片倒置后，我们就注意不到一些在正放时一眼就能看出的巨大区别。在下页图中，有人把一位女士的双眼和嘴巴倒了方向，一般人在把照片倒置时发现不了差异，但是如果把照片正放，您就立刻发现这一点了。请把书倒过来放，亲自体验一下吧。

不过研究还发现，许多这种病人分不清的不仅是人脸，而且往往也分不清一大类相似对象中的某些特定对象。例如，有一位病人就不能根据汽车的外形认出某部特定的汽车。但是也有相反的情形。意大利神经学家伦

---

[1] 应国瑞是美籍华人学者，早年在麻省理工学院攻读博士学位时的研究方向是脑科学和认知科学。后来，应国瑞成为案例研究法理论领域一位有突出影响的学者。

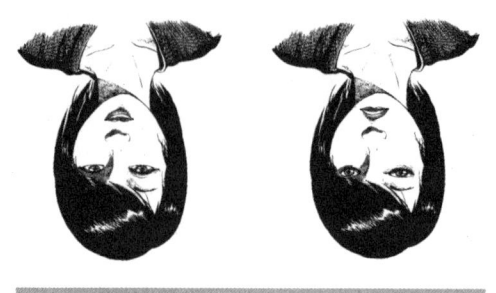

图1-14 人脸倒置效应。

齐（Ennio de Renzi）有一位面孔失认症病人，他能从停车场里认出自己的车，从许多手写的字里面认出自己的笔迹，如此等等。这些问题还有待进一步的研究。

更大的挑战是，有人认为人脸识别其实和从一大类同类物品中识别其中某个个体并无实质性的区别。人脸识别之所以显得特别，只不过是因为人脸识别在社交中所起的重要作用，而使人在不知不觉中进行了大量训练的结果，如果对其他对象也这样训练，那么对这些对象的识别也能产生和人脸识别类似的现象。例如，让狗选美大赛中训练有素的评判员看倒放的狗照片，他们在识别狗品种的能力方面也大打折扣。后来发现，识别这些个体的脑区也非常接近梭状回脸区。也许梭状回脸区中神经元的功能是在经过大量的训练之后从一大群类似的对象中识别出某个特定的对象，不管这个对象是某个人脸还是狗。

从虫子检测器到概念细胞

青蛙视网膜告诉了青蛙脑什么？

哈特兰在发现蛙视网膜上有给光细胞、撤光细胞和给光—撤光细胞以后，人们就对这些细胞的功能意义很感兴趣。1959年，美国神经科学家莱特文（Jarome Lettvin）[①]等人发表了一篇著名的文章——《青蛙视网膜告诉

① 莱特文博士告诉过笔者有关我国神经科学大师张香桐教授的一件轶事。在"文革"期间，出于对老朋友安危的关心，他给张教授写了封问候信。很快他就收到了"回信"——一个空的信封！很可能，张香桐教授接受了以前受"批判"的教训，因为那些不学无术的"造反派"竟然质问他给"洋人资产阶级权威"写信时称呼对方为"亲爱的"(dear)是什么立场！

了青蛙脑什么》(What the Frog's Eye Tells the Frog's Brain)。他们之所以选择青蛙作为实验动物,是因为青蛙的视觉系统比较简单,只有视网膜和上丘两级;并且青蛙的反应也比较简单,它只能看到运动的东西。如果在它身边放上一圈静止的食物,那么它直至饿死都不会去吃;如果用任何昆虫样大小的东西在它面前晃动,它就会去捕捉;而对于任何巨物的迫近,它都会逃之夭夭。

莱特文等人记起以前英国神经科学家巴洛(Horace Barlow)报道过,给光—撤光细胞特别对运动敏感。因此他们想:也许不必拘泥于用小光点一点一点地探测视网膜神经节细胞的感受野,而可以用一些有生物学意义的图形刺激细胞的整个感受野。为此,他们用一个铝制半球作为天幕,而让青蛙居中"观天"。他们用一些黑色铁圆斑片(大小合适时就像一个虫子)或是相当大的黑铁长方形放在天幕内壁,而用一个磁铁在天幕外移动它们。

结果他们发现有四类神经节细胞:(1)对整个背景光的照亮或是变暗都没有反应,但是如果有一个亮于(或暗于)背景的边缘进入细胞的感受野并停在那儿的话,细胞就有猛烈的发放。他们把这种细胞称为"持续反差检测器"。(2)第二类细胞也对整个背景光的加强或减弱不起反应,但是如果有一个3°大小(或更小,但不能小于0.5°)的圆斑通过其感受野,它就有反应,但是有直边的黑色物体通过其感受野则没有反应。他们把这称之为"凸边检测器",人们认为青蛙可能利用这一检测器来检测苍蝇之类的虫子,因此得到了"虫子检测器"的外号。(3)第三类细胞就是哈特兰的给光—撤光细胞,它仅对移动的明暗边缘有反应,如果一个物体的宽度超过5°,那么当它越过感受野的时候,其前沿和后沿会分别引起这个细胞的反应,他们把它称为"运动边界检测器"。人们猜测这种检测器可能是用以检测庞大的敌人正在迫近。(4)第四类细胞就是哈特兰的撤光细胞,它在感受野所受到的光线变暗时有反应,因此被称为"变暗检测器"。

他们的这一工作引起了人们很大的兴趣。以前人们多用光点这样比较简单的刺激来进行研究,但是这样的刺激并不自然。他们所用的刺激则更像是飞近的苍蝇或是迫近的巨兽……这些对象——食物或是天敌——对它们的生存来说意义重大。这样他们的研究就为我们认识动物如何检测对它们的生存有意义的目标的神经机制提供了线索。在哺乳动物的视网膜中没有发现类似的检测器,这可能是因为哺乳动物的视觉系统要远比青蛙高级,此类任务不再由视网膜担任,而由视觉皮层来负责了。休伯尔和维泽尔在哺乳动物初级视皮层中所发现的简单细胞的功能可能就是检测外界事物的边框。那么在哺乳动物的大脑皮层中有没有检测对生物的生存更有意义的目标的检测器呢?

"识别细胞"和"祖母细胞"

20世纪60年代初,波兰心理学家科诺尔斯基(Jerzy Konorski)就提出过"识别细胞"(gnostic cell)的概念,他认为这种细胞可能能知觉到一些复杂的对象,他猜测这种细胞位于下颞叶皮层,而识别对象是掌形、脸形以及脸部表情。

1972年,巴洛发表了一篇著名的论文《单个单元和感觉:知觉心理学的神经元学说》(Single Units and Sensation: A Neuron Doctrine for Perceptual Psychology),文章的第一句话就开宗明义地点清了问题:"在本文中我将讨论一个既困难又带有挑战性的问题,也就是我们的主观知觉和我们脑中神经细胞的活动之间的关系问题。"不过他把这种细胞称为"主教神经元"(cardinal neurons)。他认为,这种神经元的主要功能并不是对视网膜上所受到的照明的某些简单特征起反应,而是对某些复杂的外界对象模式(例如人脸)起反应。他说道:"这种细胞的作用是表征场景。"这种细胞"并不是对环境中任意的特征作表征……它们起到所知觉到的对象的特征的相关物的作用"。他把他的思想总结为下面5条:

1. 如果想认识神经的功能,就需要在细胞层次上(不是在更宏观的层次上,也不是在更微观的层次上)观察其中的相互作用,因为行为取决于细胞间相互作用的组织模式。

2. 对于感觉刺激来说，感觉系统用数量尽可能少的活动神经元给出完整的表征。

3. 通过经验和发育过程，感觉神经元的触发特征和刺激的有冗余的模式相匹配。

4. 知觉就对应于一小群神经元的活动，这些神经元是从大量的高层次的神经元中挑选出来的，每个这种活动就对应于外界事件的一种模式，这种事件的复杂程度可以用某个单词来表示。

5. 如果这种神经元有猛烈的发放的话，这就可以相当肯定确实有相应的触发特征存在。

接下来登场的是美国心理学家格罗斯(Charles Gross)。格罗斯1961年获得剑桥大学心理学博士学位后，在麻省理工学院从事博士后研究工作。当时莱特文也在同一座大楼里研究他的虫子检测器，并且讲了一个后来闻名遐迩的有关"祖母细胞"的笑话(这个笑话我们下面还要讲)；而在一河之隔的哈佛医学院，休伯尔和维泽尔则在脑皮层的18区和19区发现了复杂细胞。

正是在这样的背景之下，格罗斯等人想知道猴下颞叶皮层的神经元对哪种视觉刺激最敏感。一开始他们用传统的光刺激，结果什么反应也没有。后来他们用手掌在刺激屏幕上舞动，结果细胞就猛烈地发放起来，这真令他们喜出望外，在接下来的12个小时里，他们用纸片剪成各种形状作为刺激进行试探，然后按细胞反应的剧烈程度把这些刺激排列起来，结果发现不能用任何一种简单的图形特征来说明，但是非常明显的是这种细胞的反应强度和刺激与猴掌的相似程度有关。很明显，猴掌对猴来说是非常重要的，因此格罗斯等人认为这种神经元的功能就是检测掌形。

后来他们又在猴的下颞叶皮层中发现了专门检测脸形的神经元，他们还发现有一种神经元只有当图片中的猴脸正对着观看图片的猴时才有最大的发放，当图片中的猴脸逐步向一边偏转时,发放就会跟着减小。若把正面猴脸照片中的眼或嘴涂去,或是用一张人脸来代替猴脸,发放也会减小。如果看的是猴头的背影或是一把马桶刷,发放就很小,给它看手掌发放就更小了。如果把猴脸的照片剪碎后重新随机拼接成一张图,虽然这张图中的线条元素和原来的猴脸图完全一样,但是它看上去已不是猴脸了,这时的发放非常小。格罗斯的实验是对"识别细胞"(或者"主教细胞")假说的极大支持。

尽管科诺尔斯基早就提出了"识别神经元"的概念,巴洛也提出了类似的"主教神经元"的概念,但是真正使这一猜想广为人知的是莱特文根据一本小说里的人物波特诺伊(Alexander Portnoy)编的一个故事:

> 波特诺伊的母亲非常专横,每次一想到她,波特诺伊都非常痛苦。这时正好有一位神经外科医生阿卡希维奇(Akakhi Akakhievitch)发现脑中有18 000个神经元只对自己的母亲起反应。于是,波特诺伊就请医生把他脑中所有这些细胞都一一清除掉。手术完成后,医生为了检验效果就问了他两个问题:
> "你还记得你每周四晚上都爱吃的薄饼吗?"
> "当然记得,太好吃了。"
> "那么是谁给你做的这种饼呢?"
> 波特诺伊茫然地看着医生不知所对。

莱特文把这个故事讲给学生听以后,还煞有介事地告诉他们,阿卡希维奇医生接下来就研究祖母细胞了。他的故事大获成功,不胫而走,成了科学家们热议的话题,"祖母细胞"也就成了一个科学术语,反而"识别细胞"不大为人所知了。

在莱特文提出祖母细胞概念的时候,人们并没有太注意他所讲的故事里的细胞和格罗斯所发现的脸形细胞或掌形细胞之间的微妙差别,后者主要是对一类特定的视觉刺激有选择性的反应,当时人们对识别细胞和主教细胞,以至祖母细胞的理解也是这样。但是,格罗斯的"掌形细胞"和"脸形细胞"从严格的意义上来说更像是一种视觉特征检测器,不过它检测的对象更为复杂,例如手掌(随便什么样的手掌)或是猴脸(随便什么样的正面猴脸),而不是检测某个特定对象的概念本身。而莱特文讲的"祖母细胞"实际上比格罗斯的"掌形细胞"或"脸形细胞"还要更抽象一些,它牵涉的已经是和祖母这一概念有关的一切,而不再局限于祖母正面的视觉形象了。但是在开始时人们并没有太注意这些区别,而把这两种不同的概念混杂起来了。

从概念细胞到读心术

尽管格罗斯的实验支持了存在着祖母细胞或者说识别细胞的可能性,但是还是有许多科学家对此表示怀疑。20世纪80年代,休伯尔曾说过:"对祖母细胞理论是很难当真的。"反对者的主要论据是:如果对世界上每个特殊的事物脑中都要专门有一个细胞对此起反应,那么由于世上的由不同特征组合起来的不同事物数无穷无尽,脑子里的神经细胞数目再多也还是不够用。这被称为"组合爆炸"。何况为了保险起见,每个这样的细胞还必须有备份,那就更不够用了。所以这些科学家认为应该用组合对付组合,即对每一个特殊的对象都有一组神经元构成的集群和它对应,但是和不同对象对应的不同集群可以共用某些神经元。这样不仅能解决由一些特征的不同组合可以构成许多不同对象的"组合爆炸"问题,也能回答为什么即使有些神经元死亡以后,不会对我们辨识不同对象产生灾难性影响的问题。然而以后的进一步工作说明了识别细胞甚至祖母细胞确实还是存在的。当然,这并不是说对任何事物在脑中都有一个特定的神经细胞和它对应。

20世纪90年代在许多医院中,为了治疗药石无效的癫痫病人,只能动手术切除病灶,为了确定这些病灶究竟在什么部位,需要在脑中埋藏多到10根的电极,并日夜监视这些神经元的活动,以确定哪些部位最先发生癫痫活动,由此得以确定病灶的精确部位。在等待病人癫痫发作的那段时间里,研究人员获得了千载难逢的机会,研究意识清醒的人脑中单个神经元对什么样的刺激才有强烈的反应。从1992年开始,在加州大学洛杉矶分校的神经外科医生弗里德(Itzhak Fried)的实验室里,研究人员让病人看演员、政治家、动物、建筑物等的图片,同时监视其内侧颞叶皮层(许多癫痫都是由此而起)的神经元,例如杏仁体神经元[它接受来自高级视皮层区域(和其他区域)的输入]的活动。英国生物工程师奎洛伽(R. Quian Quiroga)也参与了这一研究。在50幅图片中,病人的杏仁体神经元只对其中的3幅有反应:时任美国总统比尔·克林顿(Bill Clinton)的漫画、他的总统标准像,以及他和其他人在一起的合影。这个神经元对其他名人或其他总统的图片都没有发放。考虑到克林顿总统的知名度,对于经常在媒体上出现的克林顿总统,患者脑中能够形成针对他的神经元是可以理解的。也许识别细胞只对经常要接触到的对象(例如,名人、自己的祖母、狗,等等)起反应。但是对于他所不熟悉的人或物则需要许多神经元组成的集群才能表征。上面讲的两种假说都有一定的道理。

后来,奎洛伽在病人脑中同时监视40个神经元。他在每次试验以前都会询问病人最感兴趣的是谁,然后把有关这个人的图片放到100张左右的测试图片之中。结果,他在某些病人的海马神经元中又发现了一些类似的神经元,虽然这一次这些神经元起反应的不再是克林顿总统的照片。奎洛伽给病人看各种各样的照片,其中包括当红女星安妮斯顿[Jennifer Aniston,就是在美国电视连续剧《老友记》(Friends)中扮演瑞秋(Rachel)的那位女星]的各种照片,还有其他人的照片,风景照,动物和物体的照片。结果他在病人的海马中找到一些细胞,它们对安妮斯顿的各种照片都有猛烈的反应,而对其他照片都"视若无睹"。他在海马中还找到另一个细胞,它只对电影明星贝里(Halle Berry)起反应,不过这一次这个神经元不仅对贝里的标准照起反应,对她在《蝙蝠侠》(Batman)一片中扮演的戴有面罩的猫女形象也有反应,甚至对屏幕上显示的她的名字都有反应,但对其他人像、建筑物和动物都很少反应。所以在这里引起反应的已经不只是贝里的视觉形象,而且是贝里这位女演员的概念。奎洛伽甚至还发现,在一位酷爱数学的工程师的海马中有只对毕达哥拉斯定理 $a^2 + b^2 = c^2$ 才有反应的细胞。因此,他把这样的细胞称为"概念细胞"。另外,杏仁体和海马都不是负责视觉的脑区,所以牵涉的问题不只是特定对象的视觉形象,还牵涉对某个概念的记忆。

当然,像安妮斯顿细胞这样的神经元不可能是生来就有的,由于你经常看见名人、熟人或你熟悉的事物,每次见到时,在你的某些脑区中都有神经元发放类似的模式,而逐渐形成了这样的概念细胞。对于你偶尔遇到的人或物,就不会有此类概念细胞与之相对应。

概念细胞的发现给在特定条件下"读心"以新的可能性。美国加州工学院科赫实验室的瑟夫(Moran Cerf)在一位病人的脑里记录到一个对电影演员布洛林[Josh Brolin,《七宝奇谋》(The Goonies)中的主角]起反应的细胞,另外还记录到一个梦露(Marilyn Monroe)神经元。瑟夫在给她看的屏幕上同时显示布洛林和梦露的影像,当病人把注意力集中在布洛林上时,布洛林神经元的发放要强过梦露细胞。然后瑟夫用一个反馈电路,使得布洛林的影像逐渐清晰,梦露的影像逐渐变淡,直到实验结束时,显示屏上就只剩下布洛林的影像,病人对此感到非常高兴,她觉得是自己的意念控制了这一切。而在一旁的医生也一目了然地知道当时她想到的究竟是谁。当然,这样的"读心术"的能力还非常有限,只有在找到了一些概念细胞,并且在事先就知道这些概念细胞所对应的是什么概念时,才能做到这一点。

色觉的秘密

从古代起,人们就对颜色充满了好奇,提出了各种各样的猜想,例如古希腊的德谟克里特(Democritus)就认为所有的颜色都是由黑、白、红、黄四种基本颜色混合而成,但是所有这些猜想都没有什么根据。直到牛顿用三棱镜把白光分解成红、橙、黄、绿、蓝、靛、紫等色光,又通过另一块三棱镜把它们合成白光,人们才知道白光是这些色光的混合,而我们所看到的物体的颜色取决于它对光线中这些成分的吸收和反射。到了18世纪,罗蒙诺索夫(Михаийл Васийльевич Ломонóсов)

提出三原色的概念,这成为色觉三色理论的先声,不过这仅是哲人的猜想罢了。

色盲的发现

谁都知道,道尔顿(John Dalton)是近代原子论的先驱,但是并没有多少人知道他是一位色盲,而且还对色盲进行过研究。道尔顿有一次无意中发现,自己在烛光下分不清粉色的天竺葵花究竟是粉色的还是蓝色的。他后来回忆说:

> 我很容易分清白色、黄色或绿色,但是蓝色、紫色、粉色和绯红色就分不大清了,在我看来所有这些颜色都像是蓝色。我常常很认真地问别人某朵花究竟是蓝色的还是粉色的,这常常使我沦为笑柄。

日光通过三棱镜后的色光,他也只能区分出两三种颜色:黄、蓝和紫。正常人看到的红、橙、黄和绿,他都看成黄。

道尔顿并不是第一个发现色盲的人。1777年,赫达特(Joseph Huddart)就介绍过一位名叫哈里斯(Harris)的红绿色盲患者。哈里斯在小时候就不像其他小孩那样能轻易地从树枝上找到樱桃,因为他分不清樱桃和树叶的颜色,他只能靠大小和形状来进行区分。其他小孩很远就能看到树上的樱桃,而他却做不到,但是如果不牵涉颜色,那么他的视力并不逊于其他小孩。当时还有一位名叫斯科特(Scott)的红绿色盲患者,在他女儿结婚的前一天,未来女婿穿了一件十分考究的礼服上门,但这令他感到非常不快,因为他以为女婿穿的是一件黑色礼服,在大喜的日子里穿一身丧服上门实在是太过分了! 他要女婿回家去把衣服换过再来,这时他的女儿叫了起来:"不,不,衣服非常雅致呀!"实际上,女婿穿的是一套深紫红色的礼服,只不过斯科特把它误看成了黑色。斯科特所患的是一种家族遗传病,他希望有人能找出病因,并进行治疗。

除了红绿色盲,还有一种蓝黄色盲,不过患有蓝黄色盲的人要比患有红绿色盲的人要少得多。虽然18世纪就已经发现了色盲的现象，但是真正找到色盲的病因则要到很久以后。

杨—亥姆霍兹三色理论

1801年，英国医生托马斯·杨（Thomas Young）[①]首先提出了有关色觉的三色学说，他假设视网膜中有三种不同的元件，每种元件都对某种特定的颜色敏感，最初他假定这三种最基本的颜色是红、黄和蓝，后来他又把它们改成红、绿和紫。他认为道尔顿的色盲大概是由于他的视网膜中缺乏对红色敏感的元件。托马斯·杨也许是世界上第一个用视觉生理而不是用光的物理性质来解释三原色的人。要知道，颜色是人的主观知觉，而并非物体本身的物理性质！

然而，托马斯·杨的理论在当时并没有引起人们的广泛关注，一直到1852年德国物理学家和生理学家亥姆霍兹（Hermann von Helmholtz）才重提托马斯·杨的三色学说。按照亥姆霍兹的想法，红、绿、紫三种颜色和光的波长有关。1866年他提出：

1. 眼睛有三套不同的神经纤维。刺激第一套引起红色的知觉，刺激第二套引起绿色的知觉，刺激第三套则引起紫色的知觉。

2. 某种单色光按照其波长的不同而以不同的程度兴奋这三类纤维。对红色敏感的纤维最容易为长波光所兴奋，而对紫色敏感的纤维则最容易为

① 托马斯·杨的名字你应该不会陌生，他最著名的科学成就是利用双缝干涉实验，证明光具有波动性。

图1-15 亥姆霍兹。

短波光所兴奋。但是这并不意味光谱中的每一种颜色不会刺激所有这三类纤维,只是有的弱一些,有的强一些。

当然,在亥姆霍兹的时代,人们还不知道视网膜中有三种不同的分别对长波光、中波光和短波光敏感的视锥细胞。亥姆霍兹用了一个含混的术语"神经纤维"来表述,这一事实要到20世纪才最终搞清楚。

一般人的视网膜中有三种不同的视锥细胞,它们中所包含的视色素的光谱敏感性各不相同。人所看到的物体的颜色取决于从物体表面反射出来的光落在这三种视锥上所引起的反应的比值。这就是杨—亥姆霍兹三色理论的生理学基础。每种视锥细胞的活动大致可以分成100种不同的等级,因此三种视锥活动的不同组合就有100^3种,也就是说可能区分100万种不同的颜色,而通常的色盲患者只有两种不同的视锥,因此他们只能区分1万种不同的颜色。包括狗和新世界猴在内的大多数哺乳动物都只有两种不同的视锥,因此它们都是色盲。鸟类和某些昆虫不是色盲,其中有些甚至还能知觉到紫外线,或者有四种不同的视锥细胞,它们看到的世界也许比我们人类看到的世界还要绚丽多彩!

罕见的色觉超常

有没有具有四种不同视锥的人呢？如果有的话,这种人是不是能够看到更为绚丽多彩的世界,区分我们一般人区分不了的颜色差异呢？1948年,荷兰科学家德·弗里斯(H. L. de Vries)在一篇研究色盲男子的论文中第一次提出了这种可能性。他研究的色盲病人除了有两种正常的视锥之外,还有一种对红绿不敏感的变异视锥,这使他们区分不清红色和绿色。他要求这些病人用仪器反复调节红光和绿光,使得混合光和某个标准黄光相匹配,结果他发现这些病人和正常人比起来,不是需要增加更多的红光,就是需要增加更多的绿光。

出于好奇心,德·弗里斯让一位这样的病人的女儿们也做了同样的测试,尽管她们都不是色盲,能分清红色和绿色,但是她们同样都需要更多的红光以匹配标准黄光。由于色盲可以遗传,且传男不传女,因此德·弗里斯认为,既然色盲男子有两种正常的视锥和一种变异的视锥,那么他们的母亲和女儿就会有三种正常的视锥和一种变异的视锥,也就是说,在她们的眼睛里有四种不同的视锥。正是这一额外的视锥使这些妇女在色觉方面异于常人,她们能看到的颜色并不比常人少,而是更多了！他猜想这种妇女可能利用了这第四种视锥,从而比正常人得以区分更多不同的颜色。不过此后,他再也没有就这个问题做进一步的研究。

20世纪80年代,英国神经科学家莫伦(John Mollon)研究猴的色觉时,对德·弗里斯有关具有四原色妇女的报道很感兴趣。他和他的一名女学生乔丹(Gabriele Jordan)想到:既然色盲很普遍,那么有四种视锥的妇女也应该很多。他们找了许多色盲男子的母亲来做匹配实验,但是结果与常人无异。乔丹开始怀疑起来,或许这第四种视锥不起作用,或许根本就没有什么色觉超常。

2007年乔丹旧话重提,不过这次她采用了一种新的实验方法,她让受试者在一间暗室里看闪现给她们的三个色圈。对正常人来说,它们看起来都一样,但是对有四种视锥的受试者来说,其中有一个与众不同,这个色圈是由计算机随机产生的红光和绿光的混合光,而不是单色光。只有有四种视锥的妇女才能知觉到这一区别。

乔丹测试了25位有四种视锥的妇女,其中有一位每次都得出了她预期的结果,这样她终于找到了一位她一直在找的有四原色的人!那么这位受试者到底看到了什么样的色觉世界呢?令人感到可惜的是,正如我们无法向色盲解释我们看到的颜色,这位具有四原色的妇女也说不出她所看到的世界。另外,乔丹也还没有找到为什么只有这一位妇女表现出与众不同。也许是其他有四种不同视锥的妇女还需要进一步训练才能发挥出她们的潜能吧!

存在四种互补的基本颜色吗?

1874年,赫林(Ewald Hering)继承了达·芬奇和歌德(Johann Wolfgang von Goethe)的观点,认为有四种基本颜色:红、绿、蓝、黄。他认为前两种颜色构成彼此拮抗的一对,而后两者也组成彼此拮抗的一对。你永远也看不到带红的绿色或者带黄的蓝色。另外,如果你注视其中一种颜色久了,然后把目光移到白背景上去,你就会看到和它成拮抗的那个颜色,这就是所谓的补色。

现在我们就来玩一下,请盯着彩图1中的"十"字看几分钟,然后把目光移到右面的白纸上,这时你将看到它们的补色。对此的解释是:当你盯着某种颜色看将使对这种颜色敏感的细胞疲劳,对这种颜色刺激的反应敏感性下降,所以当接下来受到白光刺激时,由于对这种颜色的反应下降,原来的平衡被打破了,因此对其补色的反应就显得突出起来,而使我们似乎看到了它的补色。

最近发现,当受试者产生这种色觉后效应的时候,用功能磁共振成像可以发现其V4区中梭状回的活动增强,并随着这种后像的淡出而消退。另外,现在科学家在一些有色觉的动物中也发现了一些视觉细胞的感受野,它们的中心和周边对一对互补色的光刺激互相拮抗。

赫林的观点似乎与托马斯·杨及亥姆霍兹的观点是针锋相对的。在科学的发展史中,类似的情况通常都以一种观点最后被证明是错的,或仅在很少情况下才成立而告终。不过,这次情况却并非如此。色觉的三色理论和拮抗学说两者都有生理学根据。它们发生在视觉通路的不同阶段。三色理论描述的是在视觉系统的最早阶段——感受器阶段,而拮抗学说描述的是在此之后的阶段,两者互相补充共同揭开了色觉之谜:一开始由三种不同的视锥构成的群体对不同光刺激的反应模式也不同(三色理论),后面的神经元再对从这些感受器群体来的兴奋性信号和抑制性信号进行整合(拮抗学说)。

不能分辨任何颜色的全色盲

我们通常所讲的色盲,其实还是有一定的颜色感觉的。他们通常是因为在视网膜中只有两种不同的视锥,而不能区分正常人所能区分的某些颜色。如果他们的视网膜中只有一种视锥,那么他们在白天看到的也就只能是有不同灰度的影像,完全没有色觉了,但是这种情况极少发生。相反,由于皮层损伤而造成的"全色盲"却屡见不鲜。全色盲患者完全分辨不出任何颜色,而只能看到一片灰暗。

这里要讲的一位全色盲病人是德国画家斯特凡(Steffan)。作为一名画家,斯特凡对色彩非常敏感,但令人遗憾的是,在他患有脑卒中后,他完全看不出颜色了。令人略感欣慰的是,他的视力没有受到任何影响。这表明了负责色觉和视觉其他方面的可能是脑中不同的中枢。在他死后,人们并没有对其进行尸检,因此他的脑损伤的具体部位也不得而知。1882年,布里尔(Nathan E. Brill)报道了另一例全色盲病人,这位病人也是患脑卒中后丧失了色觉,但视力正常,也没有盲区。尸检的结果表明:这位病人的距状裂和舌回受损。布里尔因此认为:皮层中有两个视区,一个负责视觉总的方面,另一个负责色觉。此后陆续发现了更多相似病例。对于色觉中枢的位置,人们一直争论不休,直到20世纪末人们才倾向于认为色觉中枢在梭状回和舌回的V4区。若这些区域受到损伤,就会造成全色盲。

立体感从何而来？

我们身边的客观物体绝大多数都是三维立体的,但是它们在视网膜上的投影(即进入脑的第一道门户处的影像),却都变成了两维的了,而正常人看到的外部世界依然是栩栩如生的三维立体,这究竟是怎么回事？个中原因是多方面的:有的是先天通过进化或者后天通过经验只要一只眼睛看就能判断的,这就是所谓的"单眼线索";有的则是靠只有像我们人或其他两眼都向前看的肉食动物才有的"双眼视差",只有双眼视差才给出栩栩如生的立体感。

双眼是有视差的

所谓双眼视差,就是说像我们这样的在同一个平面中的两只眼睛,由于其位置的差异,使外界的同一对象落到不同眼的视网膜中的像的位置也有了差异。这很容易验证,随便看近处的一个对象,先闭上右边的眼睛,用左眼看,然后闭上左眼,睁开右眼看,你有没有发觉同一对象的位置有了变动。

其实,早在公元2世纪,"西方医学之父"盖仑就知道存在双眼视差现象,文艺复兴时期的达·芬奇也知道这一点,不过他们都不知道这种差别有什么意义。19世纪30年代初,年轻的物理学家惠斯通(Charles Wheatstone)猜测双眼视差可能和深度知觉有关。为了证实这一猜想,他做了一个既简单又聪明的实验:他按照两只眼睛单独看到的放在同一位置的同一对象分别画了两张平面图,然后设计了一台由一些镜子构成的仪器,当他通过这台仪器同时看这两幅图时,保证每只眼睛只看到原来它单独看时看到的那幅图,这两幅平面图就会在脑中融合成一个三维图像。他把这台仪器称为"立体镜"。

1838年,就在惠斯通发表有关立体镜的论文数月之后,立体摄影技术问世了。用照相机分别放在左眼和右眼的位置上拍摄同一对象,得到的两张照片就是一对有视差的立体图对;通过类似于惠斯通的立体镜使两眼分别只能看到这对图

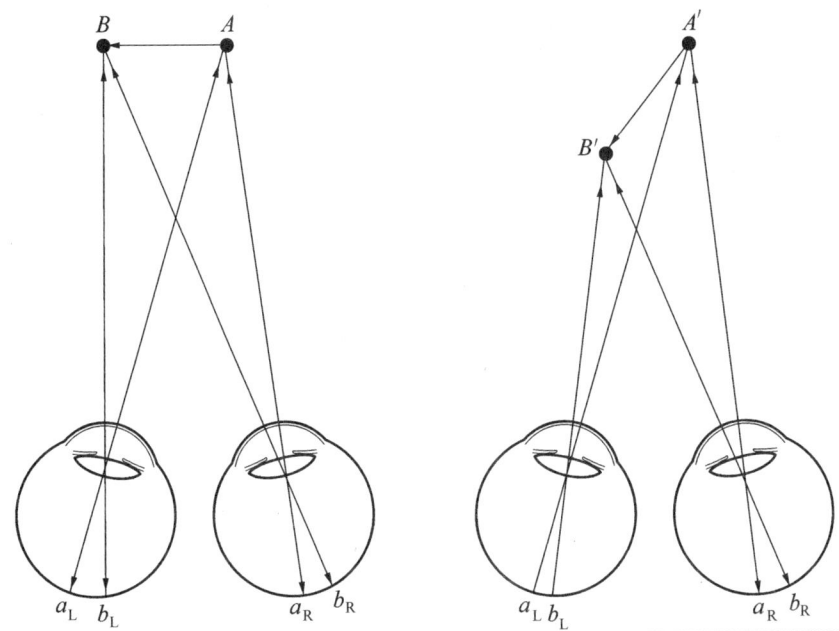

对之一,就可以得出鲜明的立体感。这在欧美社会风靡一时。1851年,在伦敦水晶宫举办的首届世界博览会上,维多利亚女王看了这样的图片后大加赞誉。之后在维多利亚时代的客厅中,这样的立体照成了必备品。

后来人们发现,其实根本不需要什么立体镜,只要适当调剂双眼的会聚程度,光用肉眼就可以从立体图对中获得立体感。然而,并不是所有有立体视觉的人一下子就能学会这种产生立体视觉的方法,需要自己摸索一段时间,甚至有人因为总是学不会而放弃了。所以,万一您无论怎么试都不能从图中看到三维的景象,也不用担忧自己在立体视觉方面有了什么问题,除非您看天然景物时也没有立体感。笔者也是试了一段时间之后才学会

图1-16 双眼视差。(左图)点A和点B都位于离双眼同一距离的平面上。假定点A在左眼的轴线上,而点B则在右眼的轴线上,如果有一个物体的一端为点A,而另一端则为点B,那么如图所示,物体AB在左眼中的像将落在中央凹的右侧,而在右眼中的像将落在中央凹的左侧,同一物体在双眼视网膜上像的位置的这种差别就是双眼视差。(右图)点A'和点B'离双眼所在的平面的距离不同,它们所造成的双眼视差和左图的情形不同,A'和B'远近的差别越大,它们造成的双眼视差也越大。

的，先放松眼肌，就好像在看遥远的地方那样，然后适当收缩眼肌，反复数次，直到似乎左右两图在彼此靠近，最后出现了3个图像，此时中间的那个图像就是左右两眼分别看到左图和右图后在脑中融合而成的立体像。

只用单眼也能产生深度感

有读者也许会提出疑问，是不是必须要有双眼视差才有立体感呢？如果我们闭起一只眼，我们是否就完全没有了深度感呢？当然不是。由于进化和经验，我们只用一只眼睛也能对物体的远近有所判断，这就是所谓空间深度的单眼线索。这些线索包括：远处的物体会被近处的物体所遮挡；两条平行线在向远处延伸时其间的距离看起来会越来越小，这种现象被称为透视，画家常常利用这一点使他们的画作更富于立体感；由于空气的作用，遥远的物体比起近处的物体来说要更模糊、更带有蓝色；阴影也对深度感有帮助；如果你事先对某些物体的大小有所了解，那么当你看到它变小的地方一定是比较远的地方。此外，当运动时物体空间

图1-17　上海街景。这张照片里保留了许多单眼线索。马路两边的树和建筑物给出透视线索。近处的建筑物和树木比远处的大。远方大楼模糊不清。当然还有远方的建筑物被近处的建筑物挡住。

位置变化所引起的运动视差(motion parallax)也起着非常重要的作用。

由上述的一些线索组合起来可以形成新的线索。例如由相同元素铺在表面上形成的质地在近处的元素大(大小线索),而且彼此之间的距离远(透视线索)。如果把这种质地作为背景,那么它相当于给出了画面的一个深度空间坐标。

虽然单眼线索也给人以立体感,但是这种感觉比起双眼视差要差许多,单眼线索只是给人线索判断物体的相对远近,但是双眼视差则是让人"真正地""看到了"远近。

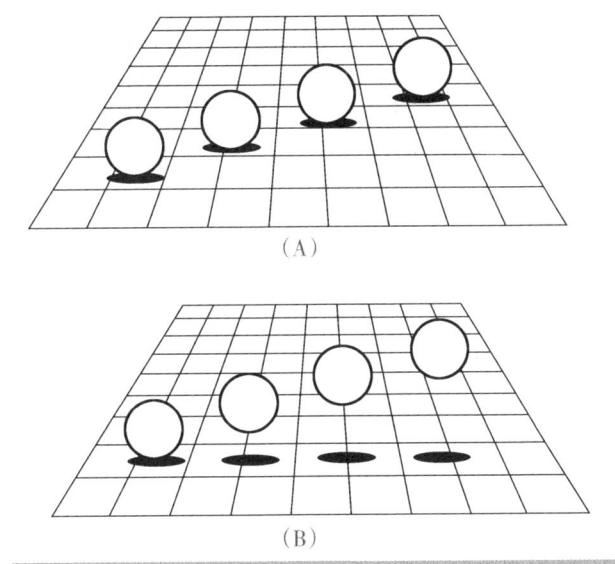

图1-18 (A)放在平面上的四个球;(B)悬在半空中的四个球。图(B)和图(A)的主要区别是球下阴影与球体之间的距离自左向右逐步增加,就产生了球悬在半空中的感觉。

不需要单眼线索的立体感

读者可能会认为双眼视差和单眼线索是无法分开的,因为您可能想象不出自然界中有没有形状的对象。这样就产生了一个问题,立体感中究竟有多少是完全由双眼视差造成的呢?这似乎是一个难题。1959年,匈牙利裔美国神经科学家尤勒茨(Béla Julesz)发明了一种方法解决了这个问题。他用随机数在一个方块内产生了一个像二维码那样的黑白图形。他用许多等间距的横线和竖线把整个方块分成许多小格,对每个小格都随机地分配一个数值在0和1之间的随机数,如果这个数大于0.5就把这个小格涂黑,否则就让它保持白色,这样就得出了像图1-19左图那样的一个图形。然后他在这个图形旁边的一个同样大小的方块中划出同样大小的小格。他在左图中心处取出一块区域(在这张图里是一个小圆),在右边方块里也取出同样的区域,不过把这个区域横向移动一小段距离,然后把左边小圆中的黑白子依样画葫芦地照搬到右图中经过移动以后的小圆里面。然后把小圆外面的区域完全按照左图中相应格子的颜色涂黑或者不涂。至于由于小圆移动所空出来的地方则再随机地在某些小格子里补上黑色。所以这时左右两个图形除了中间的小圆位置有差别外就完全一样了(空出来后补颜色的格子很少,可以忽略)。如果用双眼分别去看左图和右图,那么中间的小圆就相当有了某种视差。如果光是视差就能产生深度感的话,那么中间的这个小圆就应该上浮或者下沉(这取决于小圆向哪个方向移动)。结果是您可以看到一个小圆下沉了下去。然而如果只用单眼去看的话,那么这两个图上都是随机分布的一些黑色小格子,既看不到圆,也看不到什么东西下沉。由于这个图形是随机生成的,单眼看去就像是二维条形码一样,根本就没有什么单眼线索提供深度感。这样尤勒茨就用一种非常巧妙的方法证实了不用任何单眼线索,只要利用双眼视差就可以产生深度感。之后,由他发明的这种图对就被称为尤勒茨随机点图对,或称随机点图对。

图1-19　尤勒茨随机点图对。(引自Marr,1982)

好玩的自立体图

不久，尤勒茨的一位以前的学生克里斯托弗·泰勒(Christopher Tyler)根据随机点立体图的原理，发明了一种名为自立体图(autostereograms)的图形。这种图是把相邻的周期重复的横向窄条横向移动某个距离，这样就使它们之间产生了某种视差。当用双眼去看时，两个眼睛分别聚焦在不同的行上，可以看到某些对象在空间中突现出来。这一技术在一段时间里非常走红。

其实，早在19世纪布鲁斯特(David Brewster)受到惠斯通的工作的启发，他发现当凝视由许多小的基本图案重复构成的墙纸时，如果调剂眼肌的紧张程度，有时就可以看到有图案浮出墙纸表面或是沉到墙纸的后面。

如何把信息组织成视知觉

前面各节讲的主要是视觉系统怎样抽提外界景象中的各种特征，虽然也讲到了视觉系统中有些神经元能够对整个特定的对象起反应，但是都没有涉及脑如何把不同的特征整合成整个特定对象，也没有谈到视觉系统怎样把外界场景中的不同对象的各种特性分别整合成不同的对象。后面的这些问题在科学上被称为"绑定问题"。为了把这一问题提得更清楚一些，我们在此引用坎德尔有关这个问题的一段论述：

> 有关颜色、运动、深度和形状的信息是由不同的神经通路来携带的，那么(脑)是怎样把这些信息组织成统一协调的知觉呢？当我们看到一个紫色的方箱子时，我们把有关颜色(紫色)、形状(方形)和深度(箱子)的性质结合成了一个知觉。我们也可以同样把紫色和圆箱子、帽子或外套结合在一起。
>
> 视觉图像通常是通过来自处理运动、深度、形状和颜色这样的不同特征的平行通路的输入建立起来的。为了表达在任何时刻视野中这些性质的特

定组合，必须把独立的细胞集群临时关联在一起。这样，就一定要有一种机制，得以使不同皮层区中不同细胞集群独立处理的信息关联起来。这种机制被称为绑定机制，尽管至今还没有被研究清楚。（Kandel et al., 2000）

下面我们就来说说对这一问题的探索，尽管人们对这一问题仍没有作出最终的回答。

格式塔学派的观点

20世纪初，德国有一批科学家，包括韦特海默（Max Wertheimer）、科夫卡（Kurt Koffka）和科勒（Wolfgang Köhler）就开始研究绑定问题了，实际上就是研究我们是如何把所看到的东西在知觉上组织起来的，他们的一个基本思想是"整体不等于组成它的各个部分之和"。正方形并不等于同样长短的两条横线和两条竖线便是一个经典例子。人们对每一条线本身的感觉完全不同于对由它们所组成的正方形的整体知觉。他们创立了格式塔学派，格式塔是德文Gestalt的音译，意为组织结构或整体。该学派反对把整体还原到其组成部分来进行分析，因为他们认为整体体验中有某些知觉特性不可能通过研究其各个组成部分而得到解释。

人们常把韦特海默当作格式塔学派的奠基人，因为他是第一个为该学派的主要思想提供实验证据的人。1910年夏季，韦特海默前往法兰克福度假，在火车上，他突然想到一个实验方法，于是就在中途下了车，买了一台玩具频闪仪[一种以一定时间间隔（可调整）呈现一连串图像的装置]后，一头扎进旅馆房间就做起了实验。后来他又在法兰克福心理学研究所继续这一工作。其实，这个实验很简单：韦特海默在幕布上投放一横一竖两条亮线，如果这两条线同时显示，它们就构成了一个直角。如果在显示第一条线之后，过一会儿再显示第二条线，就看到上一条线似乎转动到了第二条线的位置，这是一种"表观运动"（或称"似动"），当两条线出现的时间间隔在60毫秒时,这种知觉最为明显。如果时间间隔太长或太短,就不会有这种运动感,要么看到两条线相继出现,要么就是同时看到两条线。韦特海默把这种表观运动称为"φ运动"。其实φ运动本身并不是什么新鲜事,但是韦特海默给予了它新的诠释。他认为他所体验到的运动不可能还原到其中单独的哪条线中去,对于为什么会产生运动感,他认为根本就不用解释,这种现象就是知觉到了,不可能把它还原到更简单的现象。你如果觉得φ运动这个名称有点高深莫测的话,那么想一想我们平时看的电影吧,那一幕幕生动的场景就是φ运动,而它其实就是一连串相继投射在银幕上的静止图片!1912年,他把这些结果发表在他的论文《运动知觉的实验研究》(Experimental Studies of the Perception of Movement)中。后来,人们把这篇论文当作格式塔学派的开山之作。

韦特海默是一位工作狂,43岁时娶了一位年仅22岁的自己的学生为妻。婚前他对未婚妻说:"你必须牢牢记住,我总是不离写字台,我总是在工作。我一定要建立起格式塔理论。"只要想一想,本来去度假的他由于想到一个方法就半途下车一头扎进旅馆房间开始实验,便可以知道他这话一点都没有夸大。

在韦特海默之后,格式塔学派又以知觉的恒常性来支持他们的观点。例如,当我们从不同的地点去看同一扇窗时,尽管它在视网膜上的投影各不相同,但是我们的知觉是不变的。除了这种形状恒常性之外,知觉的恒常性还包括亮度恒常性、大小恒常性,等等。对于所有这些现象,感觉元素变了,但是知觉不变。这些都是对支持知觉体验具有整体性的有力支持。因此在格式塔学派看来,知觉是一个整体,对知觉进行分析或者把其还原成一些元素之和的企图都只会毁了知觉本身。值得说明的是,格式塔概念并不只限于知觉,它可能在学习、思维、情绪和行为等方面都有表现,我们在此就不一一叙述了。

1923年,韦特海默总结了自己及他人的观点,提出把局部元素组织成整体的若干条经验原则,他们把这些经验原则称为"定律",包括"邻近定律"、"相似定律""连续性定律"等。在图1-20(A)中有36个黑点,如果我们要把这些黑点看成一些

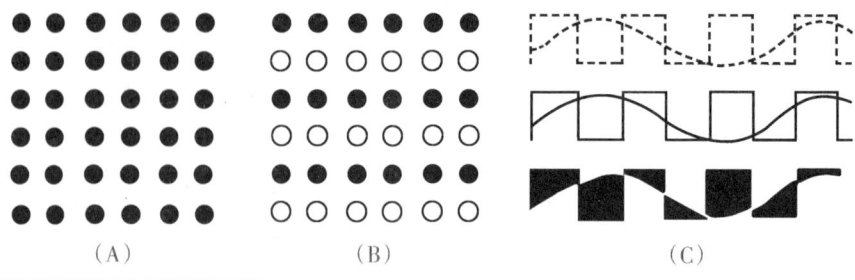

图1-20 格式塔定律的图解。

直线的话,那么我们看到的不是横线就是竖线,而不会是对角线,因为对角线的相邻点之间的距离要比竖线或横线相邻点之间的距离大,这就是邻近定律。图1-20(B)则表示"相似性定律",在这张图中我们看到的总是横线,而不会是竖线,因为横线都是由颜色相同的元素组成的。图1-20(C)表示"连续性定律",我们总是把上图这些点组成尽可能少的线条,因此我们看到的是中图所示的一条正弦曲线和一串方波,而不会看成下图这样的不规则图形。

神经振荡与同步现象

格式塔学派虽然提出了一些原则来解释人是怎样把局部的元素组织成知觉上的整体的,但是这些都是一些经验规律,丝毫没有涉及脑内的机制是什么。1981年,德国科学家冯·德·马尔斯伯格(C. von der Malsburg)提出了一种理论,认为同一个对象的各种特性所诱发的相应神经活动可能是通过在时间上同步来和同时也有活动的其他神经元区分开的。在他之前,也有人也提出过类似的思想,不过产生的影响没有他大。尽管如此,冯·德·马尔斯伯格的理论仍是一种假设,没有实验根据。直到20世纪80年代末,德国神经科学家辛格(Wolf Singer)才从实验上支持了这种可能性。

1986年,辛格在清醒的可以自由行动的幼猫视皮层里埋置了多个电极,当时他的目的是想看看幼猫在受到短时期单眼剥夺①后皮层神经元感受野有什么变化。但是正如俗语所说:"有意栽花花不发,无心插柳柳成荫。"在实验过程中他们发现:当用移动的方波光栅(即黑白相间的条纹图形)作刺激时,在皮层上分布很远的一些神经元作同步的振荡活动,其振荡频率约为40赫兹,和光栅中的条纹的频率无关。也就是说,这些振荡及其同步性是由内在的神经相互作用引起的。同步振荡现象率先表明了大脑皮层有可能利用时间线索来进行编码。几个月后,格雷(Charles Gray)从美国到辛格的实验室做博士后,本来他是来参与实验室一直从事的有关发育问题的研究的,但因为这一偶然发现而改变初衷。他与辛格实验室的同事们一致认为这一研究更有新意,值得进一步探索。

他们首先通过一系列的实验来重复类似现象,最终发现空间上分离开的神经元发放是否同步取决于光刺激的构型。也就是说,只有当这些神经元受到同一条边界线的刺激,或是光刺激以相同速度和相同方向协调一致地移动时,即刺激来源于同一个整体时,这些神经元的发放才同步。于是,他们提出下列假设:大脑皮层可能是以毫秒级精度利用神经元发放的同步性来把对同一对象起反应的不同神经元的活动"绑定"在一起,以便进一步做后续处理,从而第一次为格式塔学派的知觉组织问题提供了可能的神经生理机制。在一次内部报告会上,辛格实验室向大家报告了他们的研究结果,来自马尔堡大学的埃克霍恩(Reinhard Eckhorn)正是听众之一,他回去后

① 所谓单眼剥夺就是把动物的一只眼睛的眼睑缝合起来让它不能看到东西。

立刻重复了辛格实验室的结果,并且在没有通知辛格实验室的情况下将其抢先发表了。不过现在大家还是普遍承认辛格实验室才是这些结果的发现者,公道自在人心。

后期的研究进一步发现,在相距很远的脑区,甚至在不同的半球之间也能记录到这样的同步活动(但是如果把联系两半球的胼胝体切断了,那么分布在不同半球上的脑区的活动的同步性就消失了)。尽管如此,20世纪90年代初,科学家们在是否存在同步振荡,以及空间上分隔开来的神经元发放的精确同步是否具有功能意义方面仍争论不断。有研究表明同步活动不仅可能由刺激引起,还可能同注意、觉知、认知和执行功能有关。辛格认为,人们之所以对用单细胞记录技术得到的结果争论不休,可能是因为其检测的细胞数太少,从单个细胞上难于检测到瞬息万变而非平稳①的振荡模式。因此许多实验室改用脑电图记录和脑磁图记录的方法,结果发现在β频率和γ频率②的同步振荡活动同诸如知觉组织、集中注意力、工作记忆、多感觉整合、形成联想记忆和感觉运动协调等认知能力密切相关。但我们对这些振荡活动和有关的同步现象的含义仍了解尚浅。

视知觉是如何构建的

早在100多年以前,德国物理学家和生理学家亥姆霍兹在他的《生理光学》(*Treatise on Physiological Optics*)一书中就指出过,知觉的形成牵涉基于感觉进行归纳推理所产生的某些下意识假设,这些假设是根据个体甚至

① 指统计规律性随时间不断改变的性质。
② β频率指频率在13—30赫兹的脑电;γ频率指频率在30—70赫兹的脑电,也就是一般所说的40赫兹振荡。

种系过去的经验形成的。人们通过一系列的错觉现象来论证亥姆霍兹的这一论断。这样的例子举不胜举，下面我们以三个例子为代表。

图1-21 卡尼萨三角错觉图。

请看图1-21，图中有三个黑色的缺角圆盘，它们的圆心位置正好处在一个正三角形的三个顶点上，而每个圆盘都缺掉60°的一块扇形区域，而每块这样的区域又正好就覆盖了三角形的三个角。这样人为的安排在自然界中自发出现的概率几乎为零，按照亥姆霍兹的思想，这时脑只能假设有一个白色的正三角形正好遮挡住了这三个圆盘的三块扇形区域。因此，人们就会产生看到了一个白色三角形的错觉，甚至好像还看到了这个三角形的三条完整的边呢。这一错觉按其发明者的名字被命名为卡尼萨三角错觉。

图1-22所示的错觉以其发明人印度裔美国神经科学家拉马钱德兰（V. S. Ramachandran）的名字命名为拉马钱德兰错觉，它甚至比卡尼萨三角错觉更能说明亥姆霍兹的假设。这是一些圆盘，不过左侧9个圆盘的上半部比较亮，而下半部比较暗；右侧9个圆盘则正好相反。当您看这幅图时，您会不由自主地觉得左侧的圆盘向外突起，而右侧的圆盘则下陷。有趣的是，如果您把书颠倒过来看，那么这时左侧的圆盘变成下陷，而右侧的圆盘则成了上凸。为什

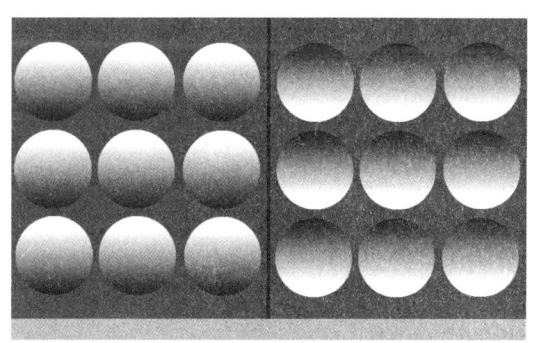

图1-22 拉马钱德兰错觉图。

么会出现这种情况呢?拉马钱德兰的解释是:我们这个世界的自然光源——太阳——在绝大多数时候都高悬头顶,光是从上面照下来的,在这种条件下,凸起物是顶部受到光照,因此发亮,而底部则照不到光,因此发暗;下陷的情况则正好相反。所以,我们总是把上亮下暗的圆盘看成是上凸的,而把上暗下亮的圆盘看成是下陷的。这里面隐含了一条假设:光是从上面照下来的。如果您把图1-22转过90°来看,凹凸就不那么明显了。

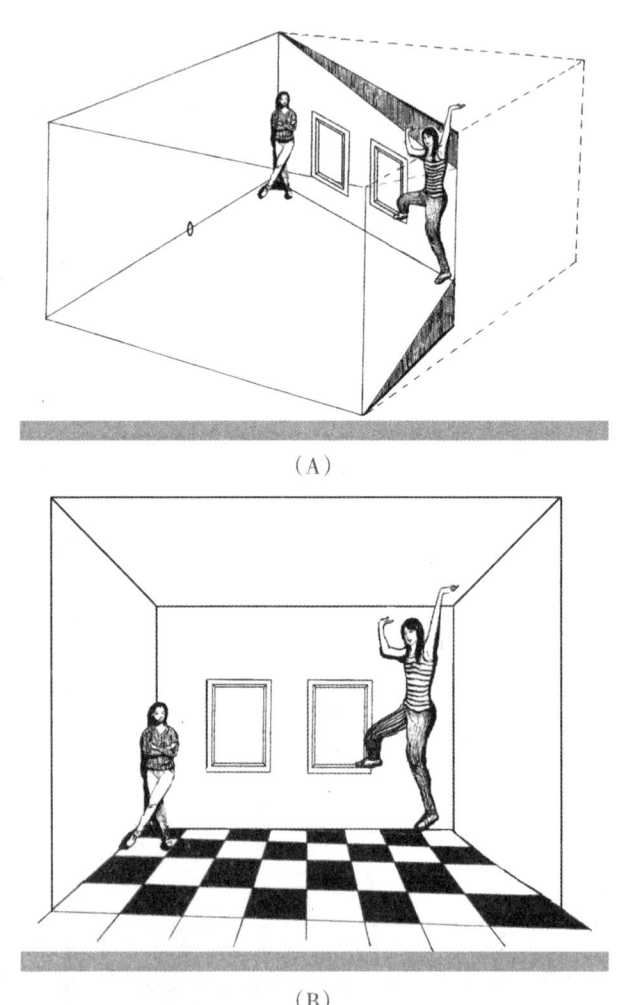

(A)

(B)

图1-23 埃姆斯魔屋。

图1-23中所示的建筑设计会使您产生一种更奇怪的错觉。图1-23(A)的实线画的是一间形状奇怪的屋子。屋子的前壁和左壁都是正常的长方形,但是后壁和右壁呈直角梯形,而不是像图中用虚线表示的那样为正常的长方形。在前壁的中心有一个小孔,正好能让观察者用一只眼观看屋内的景象。小屋后壁和右壁上的镜框形状都设计得使它们落在视网膜上时正好和虚线所表示的正常墙壁上的长方形镜框落在视网膜上的像一样。由于观察者只能用一只眼睛往里面看,因此就没有双眼视差,观察者也就没有深度感。根据经验,观察者下意识地会假设这是一间正常的屋子。这时如果让两个女孩分别站在屋子的左后角和右后角,由于右后角要比左后角离观察者近得多,因此在那儿的人在视网膜上的投影要大得多。由于观察者下意识地假设了这间屋子是正常的,因此就下意识地推论这两个人和他的距离是相同的。由于右面的人在视网膜上的投影要比左面的人大得多,那么一个下意识的推论就是右面的人要比左面的人高大得多,观察者看到的是如图1-23(B)所示的景象。这个屋子也以其发明者的名字埃姆斯(Adelbert Ames)命名为埃姆斯魔屋。①

以上这些错觉②的产生都是脑根据个体或种系以往的经验推理的结果,但是在脑作这样的推理时,我们并没有意识到,它就这样自然而然地发生了,这些都支持了亥姆霍兹的理论。格林(I. Glynn)说道:"虽然这类解释并没有告诉我们脑究竟是怎样推理的,但是它们给了我们

① 在澳大利亚墨尔本博物馆中就有一间这样的埃姆斯魔屋。笔者在到墨尔本旅游时专程去亲历了这一奇境,其后壁上涂有像图1-23(B)地板上那样的黑白相间的方块。这些方块从室外的小窗口看进去大小是一样的,但是走到室内一看,离前壁远的那端的方块要比近处的方块大。如果读者有机会去那里旅游的话,这个机会千万不能错过。

② 关于错觉的更多的例子,请参看拙作《脑科学的故事》。

一些有关脑中所进行的信息处理的可能线索。"克里克（Francis Crick）在他的名著《惊人的假说》（*The Astonishing Hypothesis*）里有一段非常精辟的论断："看是一个主动的建构过程。你的大脑可根据先前的经验和眼睛提供的有限而又模糊的信息作出最好的解释。进化可以确保大脑在通常的情况下非常成功地完成这类任务，但情况并非总是如此。心理学家之所以热衷于研究视错觉，就是因为视觉系统的部分功能缺陷恰恰能为揭示该系统的组织方式提供某些有用线索。"[①]这段话非常清楚地解释了上面所叙述的一切。坎德尔说了同样意思的话："错觉告诉我们，知觉是脑在解释视觉素材时根据所用的许多假设，下意识地猜测的一种创造性构建的结果。"这一结论虽然已为绝大多数人所承认，但是有关脑是怎么样把输入进来的视觉素材下意识地进行创造性的构建，依然很不清楚。所以在一般人认为十分简单的"看"，其实却非常复杂！克里克晚年的长期合作者科赫（Christof Koch）的话可以作为本章的一个最简要的总结："我们并不是用眼睛来看的，而完全是用脑来看的。"其实不光是视知觉，其他感知觉又何尝不是如此呢！

[①] 译文引自：克里克著，汪云九等译，《惊人的假说》，湖南科学技术出版社，1998。

02

声响、气味和听到颜色

听觉、嗅觉和联觉探秘

在出现脑之前，宇宙中既没有颜色，也没有声响，更没有味道或是气味，大概也不会有感觉、感受或情绪。

——斯佩里（Roger W. Sperry）
美国神经科学家，由于对分裂脑所做的开创性研究获得了1981年诺贝尔生理学或医学奖。

02 / 声响、气味和听到颜色

感觉器官是脑的入口,若没有感觉也就不会有心智。在第一章中笔者介绍了最重要的感觉之一——视觉——的探索史,从中读者可以获悉:"我们并不是用眼睛来看的,而完全是用脑来看的。"(Koch,2004)在本章中我还要介绍另外两种感觉——听觉和嗅觉,再次说明所有的感知觉是客观事物在脑中的反映,强调各种感知觉之间有着相互联系。如今人们已发现,有些人在产生一种感觉的同时也会有另一种感觉,例如听乐曲的时候也会看到颜色,这就是所谓的联觉。若这一切不发生在脑中,且不存在某种共同机制的话,那我们该如何理解联觉的现象呢?这是一个非常有趣的问题,让我们开启探秘之旅吧!①

耳朵是怎么听见声音的

耳朵的结构

古希腊人早就知道空气和其他媒质在传播声音中的

---

① 限于篇幅,本书将不再介绍体感(触觉、痛觉、温度觉)、味觉、平衡觉和本体感觉的相关内容,有兴趣的读者可参阅拙作《脑科学的新故事》(上海科学技术出版社,2017)。

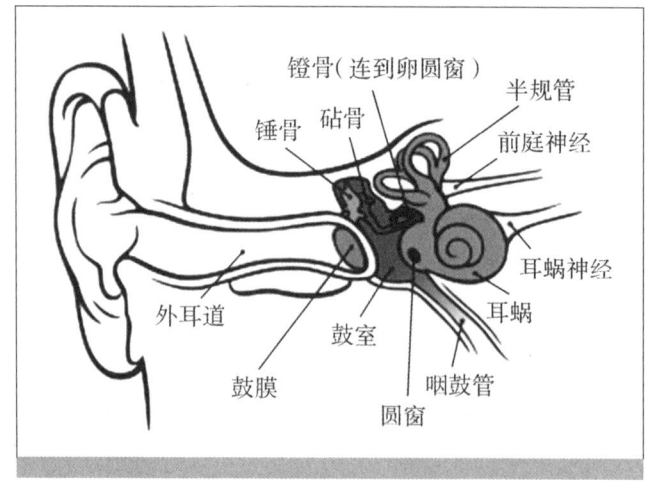

图2-1　耳的解剖图。锤骨附着在鼓膜上,并和砧骨相连。当鼓膜为声音振动时,砧骨推动镫骨前后移动。镫骨又推动了它连接的卵圆窗上的膜发生振动。

重要作用,也知道声音和空气振动有关,还知道鼓膜后面的中耳内充满了空气,不过当时人们认为这种空气和我们呼吸的空气是不一样的,认为它对听觉起着非常重要的作用。

到了公元初,罗马人对外耳、中耳和内耳的形态有了初步认识,一些人开始相信声音是一种波。但是这一切都进展得很慢,直到文艺复兴时期的维萨里才画出了中耳中的锤骨和砧骨(并在1543年对它们定名),以及它们和鼓膜之间的联系。1546年,西西里的解剖学家因格拉西亚(Giovanni Filippo Ingrassia)正确地将镫骨描绘出来,他指出镫骨终止于卵圆窗,并描述了圆窗。至此,人们对到中耳为止的解剖结构算是有了基本的认识。

科伊特(Volcher Coiter)首先认识到外耳和中耳的功能,他指出声音被外耳的耳廓收集起来,然后在外耳道中得到增强,再传到鼓膜,随之带动中耳中听小骨(锤骨、砧骨和镫骨)的运动,最后推动耳蜗上卵圆窗的运动。他还发现了当吞咽时联结中耳和咽喉的咽鼓管是打开的,因此中耳中的空气和普通的空气并没有什么不同。

耳蜗的功能

17世纪虽然已经有人对耳蜗进行了研究,发现它的内部有膜隔开且含有液体,不过依然有很多人相信在耳蜗内部的某些地方有空气存在。一直到1704年瓦尔萨瓦(Antonio Maria Valsalva)在解剖了1000个以上的人头以后,发现耳蜗内部的膜越靠近顶部越宽,因此他一反前人的错误认识,断言耳蜗的顶部检测低音,而基部则检测高音。也是瓦尔萨瓦把耳蜗管道的上半部定名为"前庭阶",而把其下半部定名为"鼓阶"。

那不勒斯解剖学家科图尼奥(Domenico Cotugno)总结了前人的结果,并亲自动手在新鲜尸体上进行解剖,他发现听觉的感受层是在耳蜗中间的膜上面,并且越往顶端越宽。另外他还发现耳蜗中充满了液体,在这之后再也没有多少人相信耳蜗中有空气存在的说法了。1851年韦伯(Ernst Weber)终于得出了下列结论:

> 空气中的振动粒子推动了鼓膜的振动,这一振动通过这个杠杆系统[①]传到连到镫骨的杠杆臂上,镫骨的底部连在卵圆窗上,并因之随鼓膜的振动而往复运动。然而充满骨迷路中的不可压缩的流体要是没有其他出路的话,这种运动就不可能发生。因此在骨迷路中有另外一个出口,这就是覆盖着一层柔软薄膜的圆窗……如果镫骨压向卵圆窗,甚至用肉眼也能看到圆窗膜的运动。镫骨的这种运动

① 指由锤骨、砧骨和镫骨所构成的力学系统。

从卵圆窗传向圆窗，整个迷路中的流体也必定要参与其中。流体的振动又使悬在其中的膜运动，而神经就埋在这个结构中。耳蜗中的螺旋板就延伸在卵圆窗和圆窗之间的迷路流体之中，通向圆窗的振动必然要跨越螺旋板膜，因此要碰到埋藏在其中的神经末梢。

韦伯的这段话和我们今天的认识已经非常接近了。同一年拉脱维亚的解剖学家赖斯纳（Ernst Reissner）发现耳蜗的管道并不完全像前人所说的那样分成上下两部分，而是分成三个部分，除了以前就知道的前庭阶和鼓阶之外，中间还有一个中阶。隔开前庭阶和中阶的膜以其发现者赖斯纳的名字命名为"赖斯纳膜"，隔开中阶和鼓阶的膜称为"基底膜"。也是在那一年，科尔蒂（Alphonso Giocomo Corti）对包括人在内的各种动物的200多个标本进行了研究，他发现了毛细胞、科尔蒂器和盖膜。科尔蒂器在基底膜上，听神经的末梢进入科尔蒂器和听感受器——毛细胞——形成突触联系。覆盖在毛细胞上面的是一个可以活动的盖膜，当振动

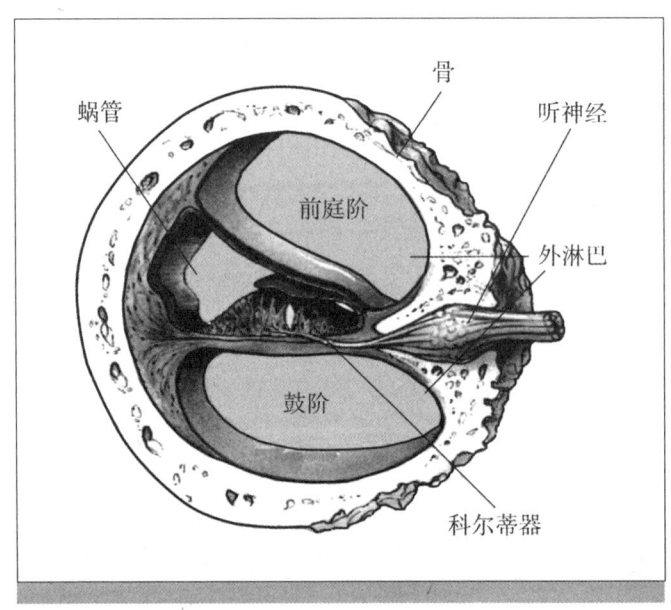

图2-2　耳蜗管道的截面图。

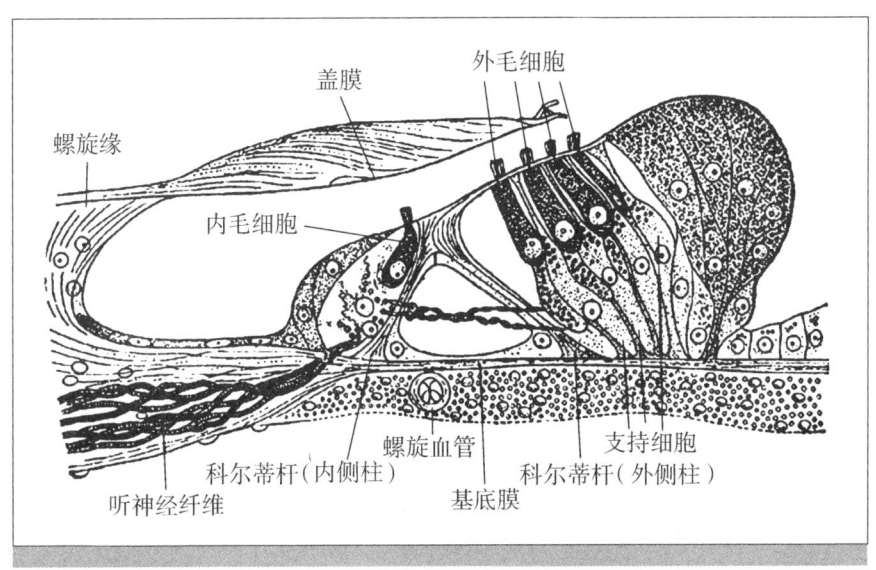

图2-3 科尔蒂器。

越过基底膜时,盖膜和毛细胞上的纤毛之间的相对运动就刺激了毛细胞,使它产生电位变化,最终产生神经脉冲通过听神经向脑传送。不过,科尔蒂的标本做得并不是太好,现在我们所知道的以其名字命名的器官的许多细节都是后来其他人的贡献。

怎样识别音高?

我们知道,声音不仅有轻响之分(强度在知觉上的反映),还有高低之分(其对应的物理参数就是声音的频率),这是靠什么机制来区分的呢?本节就先来解决这一问题。

亥姆霍兹的共振理论

受韦伯的思想和科尔蒂的解剖发现的启发,亥姆霍兹在傅里叶(Jean Baptiste Joseph Fourier)关于周期函数可以分解成正弦函数之和的数学理论及欧姆(Georg

Simon Ohm)把复杂声分解成纯音之和的基础上,于1863年正式提出了他的共振理论。他认为:耳蜗是由一些在空间上分开的调谐分析器构成的,每个分析器都是一根纤维;科尔蒂杆就是这样的共振器,高频音作用于耳蜗的基部,而低频音则作用于耳蜗的顶部;不同位置的科尔蒂杆的刚度也不同,而每个共振器都有自己的神经传向脑。

不过亥姆霍兹的理论很快就受到了批评。1863年亨森(Victor Hensen)指出,科尔蒂杆的长度差别不大,不足以在整个可听声的频率范围里起作用。反倒是长达30毫米的基底膜上的横向纤维在基部的宽度只有0.04毫米,而在顶部则宽0.50毫米。因此他认为基底膜上的横向纤维才是共振器。他还指出进行频率分辨的是毛细胞,因为听神经终止于毛细胞,而非科尔蒂杆。后来亥姆霍兹部分接受了他的批评,承认共振器可能是横向纤维而非科尔蒂杆,不过他仍坚持认为科尔蒂杆对毛细胞也有影响。即使在亥姆霍兹作了这样的修正之后,他的理论还是受到了质疑。首先,科尔蒂杆太短,人们觉得它不足以对很长的声波发生共振;其次,人们认为耳蜗中存有紧绷的弦是一件非常荒唐的事;再次,由于存在阻尼,共振器也不可能调谐得很精细。亥姆霍兹虽然继续努力作了种种修正,力图捍卫他自己心爱的理论,但是最终还是徒劳无功。

"谋杀嫌犯"的新发现

在众多对亥姆霍兹的共振理论进行挑战的人中,匈牙利科学家(后来移居美国)冯·贝凯希(Georg von Békésy)最后胜出。冯·贝凯希在大学里学的是物理学,毕业以后在一个通信实验室里当工程师。为了提高通信质量,所有的技术改进最后都要靠人耳来鉴定。冯·贝凯希发现在长途电话系统中影响通话质量最严重的一个因素是电话机振动膜的振动和人的鼓膜的振动相去甚远,因此改进通话质量的首要工作就是使电话机振动膜的振动尽可能接近鼓膜的振动方式。这也是他在通信领域解决的第一个问题。

在这之后，冯·贝凯希获得了足够的资金来研究耳朵的机械性质。为了获取人耳以研究中耳的力学性质，他向解剖学研究所的专家虚心请教，但是并没有得到回应，因为在一些解剖学家看来，一个通信工程师想研究解剖学上的问题未免太荒唐，所以他们不让他参加尸体的解剖工作。冯·贝凯希只能通过研究所的后门带出一些头颅骨，不过为此他得冒很大的风险，因为如果碰到警察检查，他很难证明他所带的人头骨完全是用于科学研究的目的，而不涉及谋杀之类的犯罪行为。事实上确实有一位警官在某一天告诉过他，可以在任何时候以涉嫌谋杀的罪名逮捕他，因为在他的手提包中藏有人头。不过警官还是放了他一马，他为此感激不尽。他对研究的执着最后也感动了解剖学研究所的教授，允许他得到他所需要的材料并从不太陈旧的尸体上解剖内耳。

图2-4　冯·贝凯希。

耳蜗包裹在颞骨之中，而颞骨可以说是人骨头中最坚硬的一块，幸运的是，冯·贝凯希是位工程师，因此他并不是用解剖刀来取耳蜗，而是用实验室附属车间里的钻床！不过这使工人大为不悦，清理钻床上的血和人骨屑并不是件令人愉快的事。为了避免这种麻烦，他发明了一种装置，把标本放在水或生理盐水中进行加工，这样还可避免一旦耳蜗打开后，里面的液体外流而使里面的结构干燥变形的问题。另外，水流在这个装置里慢慢地自右向左流出，这样正好把钻下来的骨屑带走，使视野始终清晰。他是用高速钻床分离出耳蜗并进行研究的第一人。

人们在质疑亥姆霍兹的共振理论之后提出过几种行波理论，但是没有任何人真正观察到人耳蜗中真正有行波在传播。现在有了耳蜗标本，冯·贝凯希就可以对其做实验了。在频闪光的照明之下，他观察到了基底膜的运动。他用各种频率的纯音作刺激，并把观察到的基底膜波动的包络线画出来，结果发现，刺激频率越低，波动传得越远，其最大波幅也越靠近基底膜的顶端。不过要说明的是，基底膜特定部位对刺激纯音频率的调谐只有在刺激声强很低时才十分尖锐，因此冯·贝凯希后来警告人们，把耳蜗当作傅里叶分析器的说法可能是一种误导。

对于冯·贝凯希的发现当时也有人提出疑问，因为人死后基底膜的弹性可能和活着的时候很不一样。总不能在活人的头上钻个孔吧！然而这并没有难倒冯·贝凯希，他对麻醉活猫的基底膜和其死后的基底膜进行了对照研究，结果发现两者在弹性方面没有多大差别，特别当环境温度较低时更是如此。

别忘了冯·贝凯希是一位工程师，既然耳蜗太小不易看清，他很自然地就想到自己造些各种各样的、大一些的、基本结构和耳朵类似的模型来进行研究。其中有一个模型是用黄铜和玻璃做的盒子，上面还有用橡皮做的"卵圆窗"和"圆窗"。模型中间有一个在顶端开口（"蜗孔"）的橡皮隔层（"基底膜"），盒子内部充满液体，并悬有煤灰和金屑以便于观察。当冯·贝凯希用一根短棍（"镫骨"）刺激橡皮（"卵圆窗"）时，他观察到液体中的悬浮物呈现波状运动并传向"蜗孔"。他还观察到波峰并不在他那人造基底膜的末端。当他用不同频率的声音刺激时，基底膜发生最大位移的位置也在变化。频率越高，越靠近"卵圆窗"。尽管冯·贝凯希并没有通过这一模型发现什么新现象，不过他已向世人形象生动地展示了自己理论的基本思想。

不期而遇的诺贝尔奖

由于冯·贝凯希对听觉机制研究作出的杰出贡献，时隔30多年之后，美国耳聋研究基金会决定授予他成就奖。授奖仪式于1961年10月19日在阿斯托里亚饭店举行。那天饭店大厅内挤满了新闻记者，他们纷纷把相机对准了冯·贝凯希，请他发表获奖感言。冯·贝凯希弄不明白，这又不是诺贝尔奖，为什么会引起媒体那么大的关注？谜底很快就揭开了，原来正好在这一天，瑞典皇家科学院宣布授予他1961年诺贝尔生理学或医学奖！这个意外的喜讯真令他有点不知所措，他连声说道："我还不知道这件事，太好了！"

1972年6月13日，冯·贝凯希在美国夏威夷首府檀香山去世，终年73岁。虽然冯·贝凯希逝世至今已40多年，但他在晚年写的一些回忆录文章中对年轻一代的忠告至今读来依然发人深省。令人感到遗憾的是，许多人至今还没有认识到他在半个多世纪前就已经深刻认识到的经验教训。在此笔者将照录他的某些忠告，以飨读者。

> 罗列事实没有多大重要性，我倾向于认为教师应该做的是指明某些方向，让学生由此得以开动自己的脑筋。因此教师用不着一股劲地向学生灌输知识，教师真正应该做的是教会学生热爱工作，并启发学生保持对某些领域的兴趣。我想要学会的是他们的工作方法。如果教师，特别是大学教师，不能教给学生研究方法，他就不能给学生有益的思想。因为学生将来在自己的工作中要用到的具体知识一般说来和他们在学校里学到的知识很不一样。学生在走出校门之后终身受用的是工作方法。这就是为什么我只对方法感兴趣。当然教方法会有许多困难，并且很难检查学生是否懂得了这些方法。考学生知识很容易，也容易打分。现在的考试系统有一个大问题，因为和20年前相比它充斥着数量更多的没有多少价值的知识。当然有些基本知识每

个人都还是必须要学习和知道的。

我一生中最重要的经验是我发现犯错误,甚至是很大的错误,并不总是毫无用处。如果人聪明一点,那么当他犯错误的时候,他总可以从错误中学会改进自己的工作方法。当然错误本身并没有多大用,但是我在犯错误时并不像许多人那样垂头丧气。

学数学越早越好。数学和几何学依旧是学习高水准逻辑思维的例行工具。数学也是一种语言。如果我们不在早年学习数学,那么永远不能正确地学会它。因此,我们必须从小就学数学。许多人不喜欢数学是因为他们开始学得太迟了。到年纪大了才开始学数学会很困难。我们不能很好地集中注意力。如果我们在早年就开始学语言,那么这种语言就会相伴我们一生。同样地,我们必须要学的并不是数学公式的具体知识,要知道我们有许多现成的公式表,我们必须要学会的是如何提出问题和解决问题的能力。数学是所有学科(包括医学、普通哲学、化学、物理学甚至社会科学)的最佳哲学。

音高识别问题并没有完全解决

无论是亥姆霍兹的共振理论还是冯·贝凯希的行波理论都认为耳蜗对声音频率的辨认和耳蜗中受到兴奋的基底膜的位置有关,因此它们都是一种位置理论。

其实这一理论早在19世纪80年代就已经有了病理学上的证据。1883年巴金斯基(B. Baginsky)切除狗耳蜗的顶圈,结果这条狗丧失了对低频音的知觉。1890年哈伯曼(J. Habermann)研究了25位制造锅炉的工匠,他们因为长久暴露在高强度的噪音下,而丧失了高频听觉。在一位工匠死后,哈伯曼对其进行了尸检,发现他的科尔蒂器的基部有了退行性病变。这一发现又为后续的许多研究所证实。1907年维特马克(Karl Wittmaack)让豚鼠暴露在各种尖音的强噪声之下,结果发现其耳蜗的基部受损。

之后其他人用各种音高的噪音对许多动物的研究都表明,刺激音的频率和基底膜受损的部位有一定的对应关系,然而这只是一种大致的对应关系,其在基底膜上的部位并不非常精确,而有一定的范围。特别是当用低频音作刺激时,所造成的损害不很明显。

因此看来,光凭位置还不能完全解决音高的辨别问题,特别对音高很低的声音更是如此。后来人们虽然也提出了许多学说试图解决这个问题,例如认为听觉神经元只在刺激音的一定相位处才有可能发放,这虽然也有一定的实验证据,不过还是不能完全解释。也就是说,即使像音高识别这样在听觉研究中研究得最多和最深入的问题,至今离彻底解决也还有很长的路要走。

听觉中枢之争

声音传入耳朵后,耳蜗会将声波的振动转换为神经冲动,由听神经传送至脑内,形成听觉。于是,人们就把脑内与听觉相关的部分称为听觉中枢。那么,听觉中枢究竟位于脑内什么部位呢?

一个实验引发的争议

第一个把上颞叶和听觉中枢联系起来的人是费里尔,以前人们曾经错误地把小脑当成了听觉中枢。1876年费里尔在他的一篇论文中报道说,当他用电流刺激猴颞叶的上部时,猴竖起对侧耳朵,并把头和目光转向对侧,瞳孔也扩大了,就像猴突然听到了声音似的。同一年,他从脑的不同部位受到毁损的25只猴中挑出5只切除了颞上回(其中的两只仅受到单侧毁损,而其余3只则双侧都被毁损了),然后观察当他叫它们时这些猴是否有反应。结果发现那3只双侧都受到毁损的猴对声音毫无反应,而两只单侧毁损的猴则仅有一只耳朵聋了。据此他认为颞上回在听觉中起到关键作用。不过他的工作引起了一系列的争论,最后形成了三种不同的意见:

1. 毁损颞上回导致全聋，因此颞上回是听觉的唯一中枢；

2. 毁损颞上回皮层对听觉全无影响，或者只暂时有影响，因此它并非听觉中枢；

3. 毁损颞上回确实对听觉有所影响，但是不会造成全聋，因此颞上回仅仅是听觉重要功能区之一。

19世纪末，持上述不同意见的人们仍争论不休，并且从实验室研究人员一直扩展到临床医生。一些医生发现某些癫痫病人在癫痫发作时丧失听觉，而有些病人则在癫痫发作之前有听觉方面的先兆：例如听到像"雷声"、"嗡嗡声"、"铃声"、"口哨声"之类的声音，甚至还有听到说话声或音乐声的。1885年，高尔斯（William Gowers）对一位在癫痫发作前听到铃声的病人进行尸检，结果表明其脑中有肿瘤已发展到了丘脑和上颞蝶回之间。1891年，米尔斯（Charles K. Mills）发现一位耳聋长达30年的人其双侧颞上回严重萎缩，并且还发现一位女病人因连续发生脑卒中，颞上回严重受损，最终她完全聋了。1927年布拉姆韦尔（E. Bramwell）报道说：

> 有一位62岁二尖瓣狭窄的右利手妇女突然发作感觉性失语症和言语错乱，12天之后她又发生脑梗。在获准住院以后，这位病人完全聋了。对其进行检查的结果是鼓膜完好无损，但双侧颞叶栓塞软化。病人的姐妹说她在发病以前听觉灵敏，而且在她头两次发病期间多次为她治疗的科克兰（A. Y. Cockrane）医生也说她在那段时间里完全不聋。在她去世后，尸检结果发现软化已延伸到脑左半球，包括很大一部分颞上回，脑右半球软化的范围要小一些，包括缘上回以及左颞上回的上部和后部。

这些临床证据都支持在灵长类中颞上回对听觉起着重要的作用，但是仍不能

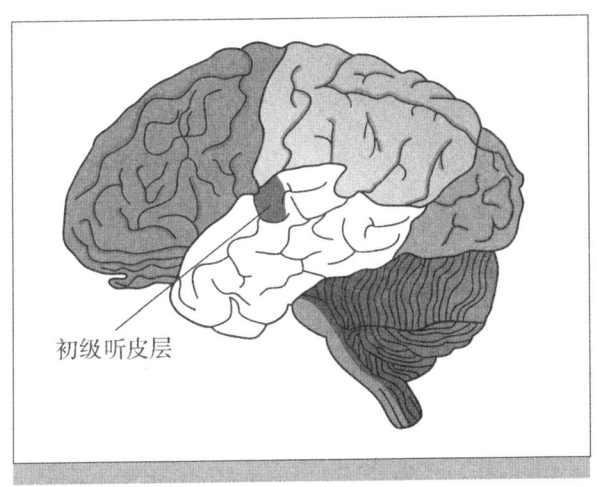

图2-5 初级听皮层。

排除脑的其他部位也可能对听觉有作用。因为自然病变很难仅局限于双侧颞上回;有许多病例并未做尸检,且有些病人存活时间太短,不能判断如果能活得更为长久的话,其听觉功能是否有恢复的可能。

听觉中枢可能不止一个

后期,人们对猴继续做实验,结果表明颞上回双侧毁损确实可以使猴全聋,但是几个星期以后猴的听觉便会有所恢复,特别是对低频音恢复程度最好。值得注意的是,这些猴从未能恢复到正常水平,仍然表现出有显著的听觉缺陷。同样,对病人的研究也表明,这种损伤对病人辨认频率和强度都产生了长期的影响,在辨识听觉的序列模式(如语言)方面也造成了长期缺陷。因此,费里尔指出灵长类的颞上回对听觉有重要作用这一点上是对的,但是他说这是灵长类的唯一听觉中枢,损坏这一区域就会造成永久性的全聋则是错的。

20世纪40年代初,伍尔西(C. N. Woolsey)等人通过用很小的电极刺激耳蜗不同部位,同时在颞叶皮层的不同部位进行记录的方法发现了两者之间存在对应关系，就像耳蜗上对不同频率的声音刺激的敏感部位从基部到顶部由高而低地按序分布类似，这些皮层区上对不同频率声音敏感的区域也作有序分布，而且这样的区域还不止一处。

嗅觉通路的发现

说完听觉，我们再来说说嗅觉。公元前5世纪，阿尔克迈翁最先猜测嗅觉是通过鼻子将带有气味的粒子吸入大脑而引起的。盖仑最早认为，有气味的粒子进入鼻子中的嗅觉区，然后通过筛板小孔进入中空的嗅球，最后到达侧脑室，进而使人闻到气味。直到文艺复兴时期，维萨里指出嗅觉中枢在脑本身，而非脑室。

但论及真正推翻盖仑错误观点的人则应是施奈德（Conrad Victor Schneider）。1655年，施奈德指出分泌黏液的是鼻腔中的黏膜，而不是脑室，也不是脑。他还引用了博洛尼亚的解剖学家鲁迪奥（Eustachio Rudio）的一个发现：有一位青年没有嗅觉，尸检的结果发现他没有嗅神经。

嗅觉感受器和嗅球

虽然自古以来，人们都同意鼻子是嗅觉器官，但是对于嗅觉感受器究竟在鼻子的什么部位却在很长的时期里都不知道。最初人们以为沿着整个鼻腔都有嗅觉感受器。直到19世纪中叶，这种"全鼻"理论才为新的解剖发

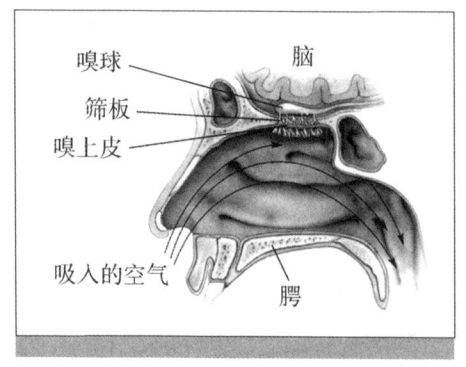

图2-6 嗅觉的外周通路。

现所推翻。1856年,舒尔策发现嗅觉感受器集中在鼻腔深部上鼻甲骨处的一小块组织里,此处有些带有纤毛的细胞和其他两种类型的细胞,但是他并不知道前者才是嗅觉感受器。直到后来人们有了更好的染色技术,才发现在嗅黏膜中有梭状细胞体并带有纤毛的双极细胞才是嗅觉感受器,这些细胞的轴突形成嗅束穿过筛板进入嗅球。

1839年浦肯野(Jan Evangelista Purkyně)的学生瓦伦丁(Gabriel Valentin)切断了一只兔子的嗅神经,在其他正常的兔子去嗅同类尸体时,它就不会去。1859年希夫(Moritz Schiff)从一窝的5只小狗中选了4只,并切断了它们的嗅神经,之后它们就找不到母狗的乳头了,而这对另外的那只小狗则毫无困难。

20世纪末,高尔基和卡哈尔用高尔基染色法对嗅球染色,发现了其中的嗅神经末梢、颗粒细胞和僧帽细胞。由于嗅球中的神经纤维既纤细又脆弱,所以直到20世纪中期,阿德里安才首先记录到了其中的单细胞活动,并发现这些细胞对刺激气味的选择性不强。彭菲尔德(Wilder Graves Penfield)电刺激癫痫病人的嗅球,病人报告说嗅到了气味,通常是像烧焦的皮革一类的强烈臭味。

图2-7 高尔基。

嗅觉皮层与嗅觉通路

对嗅觉中枢所在部位的认识来自临床癫痫、肿瘤或脑卒中病人。1870年奥格尔(William Ogle)发现,许多有失嗅症（即没有嗅觉的症状）的脑卒中病人都在腹侧颞叶或其邻近区域有损伤。1890年英国神经病学家约翰·休林斯·杰克逊报道了一例53岁的癫痫病人，她似乎闻到类似烧垃圾这样的臭味，尸检的结果发现在她的脑右半球有一个橘子般大的肿瘤，并且这个肿瘤已侵入到海马小叶和杏仁体。同样，约翰·休林斯·杰克逊的另一位癫痫病人在发作以前总会闻到一股难闻的气味，后来经证实这位病人的颞蝶叶上有一半区域已长满肿瘤。后来又有许多人都发现了某些癫痫病人在发作之前会闻到像臭鸡蛋之类的臭味的事实，这些发现在之后也得到了动物皮层毁损实验的支持。

至于从嗅球出发的嗅觉通路，一开始人们曾经以为是兵分三路，但是到20世纪人们逐渐认识到实际上只有两支：其中一支是侧嗅束（有时也被简称为嗅束），它从僧帽细胞出发，终止于颞叶的前梨状皮层（temporal prepyriform cortex）和杏仁体的皮层内侧核（corticomedial nuclei）；第二支则从刷形细胞出发，经过前联合的前支到达中央杏仁核和对侧嗅球深层。

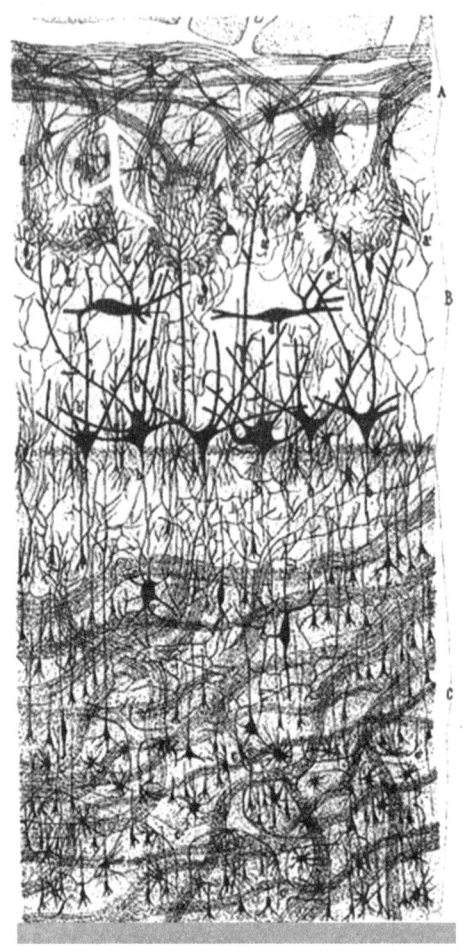

图2-8 高尔基早期所画的一张嗅球的组织结构图。从图中可以看到从一些细胞体上向一端发出许多像树枝一样的细枝（树突），而向另一端则发出单根长长的细枝（轴突），但是这些细枝互相纠缠在一起，它们究竟是彼此分开的，还是互相连成一体并不能看清楚。

怎样闻到成千上万种不同的气味？

知道嗅觉通路并不等于就认识了嗅觉的机制。我们究竟怎么会闻到那么多种不同的气味？其中既有令人心醉的玫瑰芬芳，也有使人掩鼻而逃的恶臭。另外，有没有数目很少的基本气味，而其他一切气味都是它们的组合？这些问题困扰了一代又一代人。目前这些谜题正在逐步被解开。

有没有基本的气味？

早在公元前就有学者把气味分成"香"和"臭"两种，并企图用气体粒子的不同形状来解释这一现象。当然也有学者把气味分成更多种。不过这些都是一些猜测和直觉的想法而已。

气味分类一直是嗅觉研究中一个令人感兴趣的问题。人们曾经希望找到一些"基本"气味，然后把所有复杂的气味看成这些基本气味的不同组合。例如，18世纪瑞典植物学家林奈（Carolus Linnaeus）就把气味分成7类：樟脑、麝香、花香、薄荷、刺鼻的气味、腐臭味和乙醚。一个多世纪以后，德国心理学家亨宁（Hans Henning）认为有6种最基本的气味：花香、水果香味、香料、恶臭、烧焦味和树脂味。亨宁持有此观点是因为他做了如下试验：他让受试者嗅闻各种各样的气味，要求他们在嗅闻的同时把这些气味用语言描述出来，然后请他们根据这些气味的相似程度将其排列起来。亨宁一共试了400多种不同的气味，最后他认为可以把上述6种气味作为基本气味放在一块三棱镜的6个顶端上，构成一个"气味三棱镜"。三棱镜的每个面都反映人们对气味相似程度的判断，每种气味都对应这种三棱镜某个面上的一个点，类似的气味在三棱镜面上也靠得近。

不过这显然带有很大的任意性，经不起仔细推敲。例如，把三棱镜顶点的"基本气味"按比例混合后并不能得出他置于这一点上的气味。甚至是否只有6种基本气味这一点都没有可靠的根据。他的分类只是基于日常经验或者研究者的主观想象,既没有通过对照试验去识别混合气味,也没有考虑具有不同气味的物质的化学成分。而且即使考虑了气味分子的大小和形状,问题也依然得不到解决。哪怕是同一种物质,如果浓度不同,气味也会不同。例如少量的吲哚(indole)有一股花香,然而当它浓度很高时就会有一股腐臭味。

虽然不同的研究者对气味的分类有某些共识,但是在许多方面却争论不休。美国心理学家铁钦纳(Edward Bradford Titchener)在1915年说道:

> 气味……比我们能列举或命名的要多得多,由此引起的感觉也许要比我们所有的其他感觉还要多……如果你添加某种气味,不同的气味会混合成新的气味,你就会懂得闻到的气味数目是极大的。

后来人们发现,在嗅觉感受器细胞的纤毛上有某种受体,每个细胞都只有一种受体。对人来说,大约有千把种受体。当受体和合适的气味分子结合以后就会引起脉冲发放,然而绝大多数受体都可以和好几种不同气味的分子结合,而同一种气味分子又可以和若干种不同的受体结合。因此从单个嗅觉感受器来说,它对气味的选择性并不强。因此大概并不存在什么基本气味。

弗里曼的卓越贡献

单个嗅觉神经元并不能表达某种气味,因此一个合理的推测就应该是:气味由一大群神经元活动的时空分布来表达。正因为这个理由,美国神经科学家弗里曼把几十个电极(例如把64个电极排成格阵)同时安置在要研究的特定脑区(例如嗅球)的表面。这些电极的分布占据了该脑区相当大的部分,记录了所在部位的局部场电位。而这些电位表示的是电极下面的神经元群体活动的兴奋程度。

弗里曼通过建立条件反射,对实验动物(例如兔子)进行训练,使它学会识别某种气味。他在开始实验之前,有一段时间不给兔子水喝。然后他选用两种气味

图2-9 2013年弗里曼教授(左)和笔者(右)在瑞典举行的第4届国际认知神经动力学大会会场上。

作为刺激,例如香蕉水和酪酸,其中香蕉水是条件刺激,酪酸是无关刺激。给水则是无条件刺激,并引起舔舌反应。给予香蕉水刺激的同时给水,多次以后即使光给香蕉水不给水也能引起兔子的舔舌反应,这就表明此时兔子已经学会识别香蕉水了。反之,因为在给酪酸作为刺激的同时,从来也不给水作为奖励,所以兔子对它只有嗅的反应,而不会舔舌。另外,弗里曼还用空气作为对照。每次实验都记录6秒钟的64导脑电[1],每导脑电都包括一段对照期和一段试验期,试验期中吸进什么气味是随机安排的。记录试验期中的脑电100毫秒。

弗里曼发现,所记录到的脑电是非常不规则的,即使在同样的实验条件下重复记录,每次记录所得的波形也

[1] 脑电图机根据其导程(脑电图记录笔)数目不同,分为8、16、32、64、128导等多个类别。

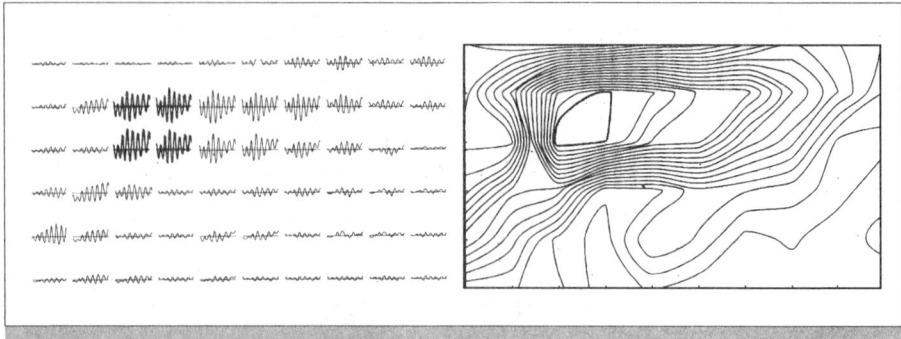

图2-10 兔子识别气味时在嗅球上记录到的脑电和等高线图。(左图)当兔子在识别一种气味时,从其嗅觉皮层上同时记录到的64导脑电中的γ波;(右图)按照左图中各段脑电的平均幅度画在脑区表面所得的等高线图。(引自Freeman,1991)

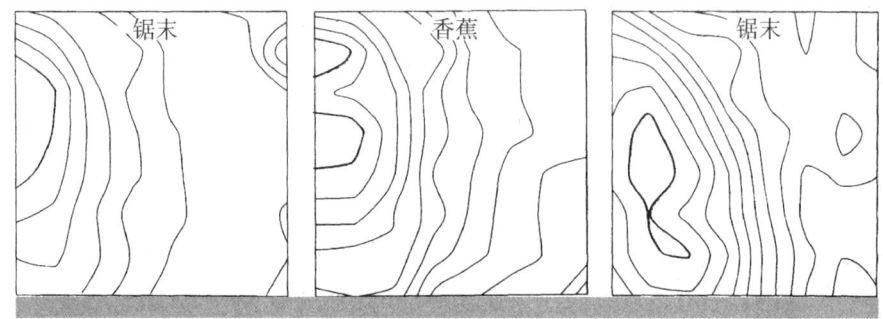

图2-11 兔子识别不同气味时嗅球脑电等高线图的动态变化。(左图)当兔子学会识别锯末味后,在其嗅球上记录到的嗅锯末味时的脑电调幅模式;(中图)改用香蕉味作为条件刺激进行训练,兔子学会识别后,在其嗅球上记录到的嗅香蕉味时的脑电调幅模式;(右图)重新再用锯末味作为条件刺激进行训练后在其嗅球上记录到的嗅锯末味时的脑电调幅模式。注意,虽然刺激和左图一样都是锯末味,但是脑电的调幅空间模式却发生了根本的变化。(引自Freeman,1991)

各不相同。在吸进熟识的气味时,脑电突然变得规则一些,其幅度和频率也变高,其频率范围落在20—80赫兹(也就是γ波),形成所谓的"簇发发放"(burst)。在同一次记录中,同时记录到的这64段脑电中的γ波的载波波形都是相同的,只是幅度不同。如果把这些波形的平均幅度标在脑区表面,用等值线把相同幅度的点联结起来,画成等高线图,就可发现脑电γ成分幅度的空间分布模式(表现为等高线图)在吸同一种气味时是可以重复再现的,尽管每次的载波波形都不一样。这就是说，关于某种气味的嗅觉信息就携带在脑电γ成分幅度的空间分布模式之中。单个嗅觉神经元不能辨别特定的气味，只有一大群神经元的共同活动才能识别。所以，弗里曼说："简而言之，感觉到一种有气味的物体只需要有少量神经元的网络，而要知觉到一种气味则需要嗅球中所有的神经元。"

弗里曼还发现了一个非常有趣的现象，这就是当在实验计划中添加某种新的气味时，所有早先已经存在的调幅模式都会发生变化。甚至当按次序用几种气味对兔子进行训练，然后再回到第一种气味进行训练时，出现的也不再是原来的模式，而是一种新的模式。因此，只要气味环境有了变化，实验对象能够识别的所有气味的调幅模式都要跟着发生变化。弗里曼由此得出结论："嗅觉的调幅模式并不和刺激直接相关，而是和刺激的含义相关。"

分子神经生物学家解开嗅觉之谜

幸运的午夜电话

如果说弗里曼从宏观层次上说明了嗅觉是由神经集群来编码的话，那么2004年诺贝尔生理学或医学奖得主、美国科学家阿克塞尔（Richard Axel）和巴克（Linda Buck）则发现了微观机制。他们发现能和嗅质分子结合的受体一共大约有1000种，而对人来说，真正能起作用的只有350种左右，但是人能区别的气味则在1万种以上，这该如何解释呢？

阿克塞尔原来是一位分子生物学家，但是和克里克一样，他觉得分子生物学已经成熟了，要做的是向已经建立起来的大框架里面添砖加瓦，他渴望的是新的挑战，而脑科学正是这样一个充满了挑战的领域。因此1977年在哥伦比亚大学的一次校内会议上，当阿克塞尔碰到著名的神经科学家坎德尔时，他就对坎德尔说："对基因克隆这一套我已经感到厌倦了，我想做些和神经系统有关的工作。我们俩应该讨论讨论，也许能从分子生物学的角度探讨一下人是怎样走路的。"坎德尔

虽然觉得现在就从分子生物学研究这样高层次的问题还不到时候,但是用分子生物学的方法研究像海兔缩腮反射这样的问题却正是他所希望的,所以他们一拍即合,成了好朋友。阿克塞尔把他的研究方向转到了用分子生物学方法研究神经科学的问题上来,并由此建立了一个新的科学领域:分子神经生物学。他的兴趣转向了研究如何用基因技术来认识脑是如何知觉到颜色、形状、质地、声音、气味和味道的。他认为研究嗅觉是研究知觉和行为的合适途径,因为当时对嗅觉还了解得很少。以后的发展充分证明了他的这一预见的准确性。

和克里克的另一个相似之处是,阿克塞尔也是一位求知欲极强、对学术问题一丝不苟的人。他的一位朋友是这样描写他的:"每遇学术报告会,他总是坐在第一排,细听报告人的每一句话。在报告人讲完后,他总是字斟句酌、慢条斯理地提出许多尖锐的问题。他的问题往往直指问题的核心,毫不留情地道出其中的问题。这往往让某些报告人觉得下不来台。"

阿克塞尔和坎德尔的合作可以说是彼此取长补短的强强联合。在4年的时间里,他们两人相继获得了诺贝尔奖。就在公布2004年诺贝尔生理学或医学奖得主名单的那一天,阿克塞尔正在旧金山帮他的女友、神经科学家巴格曼(Cornelia Bargmann)移居纽约。当地时间凌晨2点3刻,一阵电话铃声把他从梦中惊醒。打电话来的人自称是诺贝尔奖委员会主席,通知他得奖了。阿克塞尔以为这可能是某个朋友给他开的玩笑,于是请对方稍等一下,他立刻上网去查。他先查了雅虎,果然有这样一条新闻,不过他还是不放心,认为也可能是他的朋友老谋深算预先在雅虎上做了手脚,于是他再去查诺贝尔奖的官方网站,这下再无怀疑了,他确实和他以前的博士后巴克一起分享了这一殊荣。不过他觉得这一切似乎仍在梦中,于是他煮了一杯咖啡使自己清醒一下,和巴格曼拥抱起来。后来他说道:"这真是幸运的一周,我得了诺贝尔奖,而我深爱的女人又到纽约和我待在一起。"

在极度兴奋之余,他的思想立刻转到了他自己实验室中现在和过去的同事和学生,他知道没有他们的辛勤工作,他可能就享受不到这一殊荣。他由衷地说道:

"科学家并不是在真空中工作的。我们有一群人一起工作,怀有共同的目标和热情去从事科研工作。这么多年来,我真是太幸运了,我有一群卓越的学生和同事,他们做了许许多多的工作。我真不知道该怎么感谢他们才好。我非常高兴他们的工作最后以这种形式得到了高度的认可。"

荣获诺贝尔奖可以说是每一个科学家的梦想,但是阿克塞尔在这样的荣誉面前仍旧保持低调。他说得奖并非科学研究的目的。他和他实验室里的人每天都要在实验室里工作10—12小时,这只是出于他们对研究和发现过程的热爱,甚至在受到挫折和失败的时候也依然如此。他说道:"研究科学就像是创作精美绝伦的艺术作品和天籁之音,数据可以极为美丽。我坐在办公室里时,我的思想常常陶醉于某个巧妙的实验或者某个出色的结果。""得奖只是表彰某个实验所得到的结果。得了诺贝尔奖以后,我和我的学生就得以更大的努力回到实验室工作了。"

阿克塞尔是一位理想的科研带头人,他不仅自身学识丰富、拥有远见卓识,还给自己的研究人员以充分的独立自主权,允许他们去做一些有高风险的研究,这充分调动了他们的积极性和聪明才智。阿克塞尔常常说:"如果你不知道,那么你就得去想象。"当然,这不是说任何人都可以没有任何根据地胡思乱想。他的大胆想象源于他雄厚的学术根底和对新鲜想法的开放态度和判断力。

巴克的诺奖之路

和阿克塞尔分享诺贝尔奖的巴克是阿克塞尔的博士后,在他的实验室里工作了十年之久,而他们因其获奖的寻找嗅质受体的关键性研究也正是在这一段时间里合作完成的。

巴克有一位在家里的地下室搞创造发明的工程师父亲和一位好解字谜的母亲,也许他们对智力活动的热爱有形无形地在她幼小的心灵里播下了好奇的种子,使巴克长大后决心献身科学。她最初学的是免疫学,她很快就明白为了搞清楚生物系统的分子机制,她必须学习当时新发展起来的分子生物学技术,于是她就到阿克塞尔的实验室里做博士后。当时阿克塞尔正和坎德尔合作研究海兔神经系统的分子机制。她从这些大师那儿获益良多。阿克塞尔对研究人员的宽容和支持,使她有可能去做这样或那样的探索。另外,实验室中浓厚的学术氛围和自由讨论也给了她很大的帮助。

1985年她读到斯奈德(Sol Snyder)等人写的一篇有关气味检测的可能机制的论文,这改变了她的整个人生。动物怎么能辨别超过1万种以上的不同气味?为什么一些化学性质非常类似的物质会产生不同的气味?这些谜题迷住了她。她觉得如果要想解开这些谜题,第一步就是要弄清楚鼻子一开始是如何检测这些气味的。也就是说,要找到嗅质的受体。从1988年开始,她就把她的研究方向转到这个问题上来了。功夫不负有心人,她发现大鼠有100余种不同的嗅质受体,它们彼此有关,但是又都是独一无二的。这种多样性解释了哺乳动物为什么能辨别那么多不同的气味。1991年,她和阿克塞尔把这一结果公布于众。

1991年,巴克来到哈佛医学院任教。她前面的工作已经说明了嗅觉系统是怎样检测气味的,那么接下来要解决的问题是:脑怎样把来自这些受体的信号组织成各种各样气味知觉?为此,她首先要弄清楚的是:嗅质受体(odorant receptors)在鼻子的嗅上皮中是如何组织的?经过研究,巴克发现每种嗅质受体基因都只在大约千分之一的嗅觉神经元中有表达,每个嗅觉神经元可能只表达其中的一种。嗅上皮中有许多空间区域在其中表达一些互不交叠的嗅质受体基因集合,而有同样嗅质受体的神经元则随机地散布在这个区域中。这说明不同的嗅觉神经元传送不同嗅质受体产生的信号到脑,在嗅上皮中检测同样气味的神经元散布各处,而检测不同气味的神经元则杂布各处。

接下来就要问这些信息在嗅球中是如何组织的了。在嗅球中,来自嗅觉神经元的轴突终止在大约2000个被称为小球(glomerulus)的球形结构中。令人称奇的是,到达同一个小球的嗅神经都来自有同样嗅质受体的嗅觉神经元。尽管几千个表达同样嗅质受体的神经元散布在上皮各处,它们的轴突却会聚在几个特异的嗅球小球中。阿克塞尔的实验室差不多在同时也得出了同样的发现。

20世纪90年代末,佐藤(Takaaki Sato)访问了巴克的实验室,与他们分享了自己用钙成像技术研究嗅上皮对嗅质反应的成果。接着巴克实验室便开始研究嗅质受体如何在嗅觉皮层中组织的问题。巴克的一个研究生霍罗威茨(Lisa Horowitz)在嗅球的背侧和腹侧注射不同的示踪剂,结果发现这些区域神经元的轴突都投射到皮层的同一区域。之后的研究表明,在皮层中来自不同嗅质受体的信号形成很复杂的区域,它们有部分交叠,单个皮层神经元可以接收来自不同嗅质受体组合的信号。这表明某种嗅质受体代码的各个成分可以在单个神经元层次上整合起来。

巴克及其同事在小鼠的嗅觉神经元上用荧光染色,如果有嗅质激活某个神经元,那么上面的颜料就会变色。结果发现不同的嗅质会激活不同的受体组合。这样,脑就是根据嗅觉神经元集群的发放模式来分辨气味的。这些模式形状复杂且分布很广,在脑中形成了"气味图"(odor map)。某种气味在嗅皮层上是由散布在不同脑区的神经元群体活动来表征的。不同的气味产生不同的气味图,但是这些气味图可以有交叠之处。如果某种气味的浓度增大,气味图也会扩大而引起新的神经元参加活动。化学性质类似的气味图也类似。不同气味混合在一起时,其气味图和其中的任何一种都不一样。因此脑是按这种气味图的模式来辨别气味的。就像用26个字母可以拼写出上百万个单词,用350个不同受体的不同组合来辨认上万种不同的气味也就不足为奇了。美国科学家弗里德里希(Jane Friedrich)总结说:"我们可以说当你闻纯的茉莉香精时,你是根据一小群嗅觉受体蛋白质的组合来嗅到它的。你的脑辨认的是这些蛋白质所产生的模式。"嗅觉识别是群体编码的一个典型例子。

看到五彩缤纷的交响乐——认识联觉

正如在本章卷首的引文中诺贝尔奖得主斯佩里所说,无论颜色、声响,还是味道或是气味,所有这一切都是发生在脑中的主观感受。而这一切在脑中都表达为特定脑区中分布的特定神经脉冲时空模式。因此在特殊的情况下,如果有某种物理刺激(例如声音)所引起的神经脉冲同时也传播到了通常产生色觉的脑区,那么主体就会在听到声音的同时也"看到"颜色。类似上述所讲的现象被称为"联觉",这在历史上曾被认为是精神不正常所致,或者甚至是一种超自然现象,但是现在我们已经知道事情并非如此。

联觉现象初探

虽然现在已经无从考证,究竟是在什么时候人们最早发现了联觉这一现象,但是有蛛丝马迹表明,牛顿可能就体验到过这种感觉。牛顿认识到音高和声音的波长有关,他发明了一种玩具——"音乐键盘",当人们弹出不同的音符时,屏幕上就会闪现不同的颜色。这样每支歌曲都伴有光怪陆离的色彩,这可能和一位有联觉的人所感受到的差不多,我们现在不能确定牛顿是不是因为自己有联觉才想出这样的发明,也不知道是否出于同样的原因才使他提出了颜色的波长理论。

现在有史可查的对联觉的最早研究者是19世纪末达尔文的表兄弟高尔顿(Francis Galton)。1892年他在英国的《自然》(Nature)杂志上发表了一篇有关联觉的论文,在这篇论文里他提到了两种最常见的联觉:"听—视联觉"(auditory-visual synesthesia),即由听觉引起色觉的联觉;"字素—颜色联觉"(grapheme-color synesthesia),即印刷出来的数字总是有它固有的颜色。他还指出,尽管对同一位有"字素—颜色联觉"的人来说,某个特定的数字总是有同一种颜色,但是对另一位有这种联觉的人来说,这个数字的颜色却可能是另一种颜色。令人感到遗憾的是,他的工作在当时并没有引起科学家的严肃对待。因为这听上去太荒唐了,这是不是疯子的胡言乱语,或者某种哗众取宠的伪科学,就像"耳朵听字"或者"X光眼睛"一样?所以在差不多100年的时间里没有什么人认真地研究这一问题。曾经有一个女孩,因为有联觉而被医生误诊为精神分裂症,进而服用了抗精神病药物。幸而后来她的父母读到了一篇有关联觉的文章,在询问医生之后,这才让他们的女儿停药。

拉马钱德兰对联觉真实性的实验

当1997年印度裔美国神经科学家拉马钱德兰第一次接触到联觉问题时,连这位一向以解决疑难问题高手著称的科学家也觉得有些束手无策了。他的第一个想法是:要确认一下联觉是客观存在的,还是自称有联觉的人编造出来的骗人故事。

1997年拉马钱德兰和他当时的博士生哈巴德(Edward M. Hubbard)决心对这个问题进行研究,但是该如何着手呢?首先要找到有联觉的人似乎就是一件可遇而不可求的事,据说其概率在万分之一到千分之一之间。幸运的是,这年秋季他们在拉马钱德兰任教的300名学生的一个大班上找到了两位这样的学生——苏珊(Susan)和贝姬(Becky)。

在苏珊到他办公室里坐下以后,拉马钱德兰问她:"你有这种感觉有多长时候了?"

"从小就如此。不过当时我没有太在意,后来才逐渐明白了这是件怪事,不过我没有和任何人说起这件事……我不想让人以为我疯了,或是诸如此类。直到您在课堂上讲到这种现象,之前我并不知道这还有个名称呢。您叫它什么来着?懒什么……听上去像是懒觉什么的。"

拉马钱德兰说:"是联觉。苏珊,我要你详细告诉我你的感觉。我们实验室对此特别感兴趣。你的感觉究竟是什么样的?"

"当我看到某个数字时,我总是看到其有特定的颜色。数字5总是暗红色的,3是蓝色的,7是鲜艳的血红色,8是黄色,而9则是苹果绿色的。"

拉马钱德兰从桌子上抓起一支黑色的白板笔在纸上写了个大大的7字并问她:"你看到了什么?"

"呃,这是个有些模糊的7字,不过它看上去发红……我告诉过您的。"

"好吧!请你在回答下面这个问题之前仔细想清楚了。你是真的看到了红色,还是它只是让你想到红色,或像是在你的记忆中记起的红色?譬如说吧,当我听到'灰姑娘'这个词的时候,我会想到一个女孩或是南瓜或是马车①。你是不是也是这样?还是你真的就是看到了红色?"

"这个问题有点难,这也是我常常自己问自己的问题。我想我真的看到了颜色。您写的数字在我看来确实是红色的。但是我也明白这是黑色的,或者我应该这么说吧,我知道它是黑的。因此,从某种意义上来说,它像是那类记忆中的像……我一定是用我心灵之眼之类的东西看到的。但是从感觉上来说它绝非如此。从感觉上来说,我确实看到了颜色。老师,这真的很难讲清楚。"

"苏珊,你做得很好。你是一位出色的观察者,你讲的一切都很有价值。"

"嗯,我可以确切地告诉您的是,这绝不像是当我看着灰姑娘的图片或是听到'灰姑娘'这个词时想象中的南瓜。我确实看到了颜色。"

拉马钱德兰进一步想确定:究竟是数字的形状还是数字概念引起颜色?如果是后者的话,那么给她看罗马数字时她是不是也能看到颜色呢?还是一定要看阿拉伯数字时才会如此?于是他在纸上写了个大大的Ⅶ字给她看。"你看到了什么?"

"我看到罗马数字Ⅶ,不过它是黑的,没有一丝红色。我早就知道这一点了。我对罗马数字没有色彩感。嗨,博士,这是不是说明这并不是由于记忆的缘故?因为

---

① 在童话故事《灰姑娘》里,仙女把一只南瓜变成了一辆马车,让灰姑娘坐上去赴皇宫里举行的舞会。

我确实知道这是七字,但是它就不是红的。"

这样,他们的初步结论是:联觉确实是一种真实的感觉现象,是由数字的视觉形象产生的,而不是由数字概念引起的。不过要下结论,证据可能略有不足。这会不会是由于她小时候总是看到红色的7字冰箱贴引起的呢?如果给她看水果和蔬菜的黑白照片她会有什么感觉呢?要知道我们绝大多数人对这些东西都和颜色有很强的联想。所以拉马钱德兰画了些胡萝卜、番茄、南瓜和香蕉给她看,并问她:"你看到了什么?"

"嗯,如果您问我的意思是我有没有看到什么颜色的话,那么我没有看到任何颜色。我知道胡萝卜是橘红色的,也能想象得出它的颜色。但是不像您给我看7字时看到了红色那样,我并没有真正看到橘红色。老师,这很难说清楚,但是事情就像这样:当我看胡萝卜的黑白画时,我知道胡萝卜是橘红色的,不过我也可以把它想象成任何一种古里古怪的颜色,譬如说一根蓝的胡萝卜。但是要我对7字也这样想象就难了,对我说来它就是红色的!所有这一切对诸位确实有意义吗?"

拉马钱德兰又想出了一个新的试验。他对她说:"好吧!闭上你的眼睛,把手伸给我。"她看上去对拉马钱德兰的要求茫然不解,不过还是照着做了。于是拉马钱德兰在她的手掌上写了一个7字。"我画的是什么呀?让我再来一次吧!"

"这是个7字。"

"它有颜色吗?"

"没有,一丁点儿都没有。嗯,让我换一种说法来说吧。在开始时尽管我'感觉'到这是个7字,但是我并没有看到红色。然后我在脑中想象这个7字,而它带有点红色了。"

"好吧,苏珊,如果我说'七'怎么样?让我们来试试看吧,七、七、七。"

"开始时并没有红色,不过后来开始体验到有那么点红色了……一旦我开始想象7字的形状,我就看到了红色。但是之前并不如此。"

拉马钱德兰一时心血来潮,连续数数:"七、五、三、二、八。苏珊,你看到了什么?"

"天哪!真好玩。我看到了一条彩虹!"

"你这是什么意思?"

"呃,我看到在我面前展布着相应的颜色,就像是一条彩虹,其颜色正好和你朗读的数字序列相对应。这是一条非常漂亮的彩虹。"

"还有一个问题,苏珊。这里是刚才写的那个7字。你看到的颜色是直接就在字上呢?还是在它周围?"

"我看到的就直接在数字上面。"

"白数字写在黑纸上又怎么样呢?这里就是。你看到了什么?"

"和黑字比起来,红得更鲜明了。我也不知道为什么。"

"那么两位数看起来怎么样?"

拉马钱德兰写了个75给她看。她的脑会不会把一些颜色混在一起?或者完全成了一种新颜色?

"我看到每个数字就是它自己的颜色。我早就注意到了这一点。除非数字靠得太近。"

"好吧!试试看吧!你看这里7和5靠得很近。你看到了什么?"

"我看到的还是它们自己的颜色,不过好像有点'冲突'或者说互相有点抵消,看上去淡了些。"

"那么如果让我用颜色不一样的墨水来写的话会怎么样?"拉马钱德兰写了个绿色的7字给她看。

"哇!看上去很怪。怪怪的,总有点不对劲。我并没有把真正的颜色和脑子里的颜色混在一起。我同时看到了所有这两种颜色,但是看上去很怪。"

这时响起了一声轻轻的敲门声。拉马钱德兰和苏珊丝毫没有觉得已经过了一个小时,另一个名叫贝姬的女生还在门外等着呢。还好,她尽管等了那么长时间,还是高高兴兴的。拉马钱德兰要苏珊下星期再来。贝姬也有联觉。他们对她进行了同样的试验,除了稍有不同之外,她的回答和苏珊非常类似。不过她看到的数字颜色和苏珊不一样。对贝姬来说,7是蓝色的,而5是绿色的。还有一点和苏珊相同的是,她看到的字母也有鲜明的颜色。然而写在手上的数字并没有颜色,这再次说明引起色觉的是数字的形状,而不是数字概念。最后,念给她听一连串随机的数字,她也看到了类似的"彩虹"。

拉马钱德兰最初的怀疑被一扫而光了,因为她们两人以前并不相识,她们报告出来的高度相似性不可能仅仅是一种巧合(后来他们才知道他们真是碰巧了,因为联觉有种种变种)。不过作为科学家,拉马钱德兰知道口头报告和内省并不总是可靠的,何况苏珊的有些叙述还有点混乱,例如她说过:"我真的看到了红色,但是我也知道事情并非如此,因此我猜想一定是我的心灵之眼看到了它。"这究竟是什么意思呢?所以要肯定联觉是一种真正的感觉还需要进一步做实验来证实。

他们的实验是这样的:让另一位有联觉的名为米拉贝尔(Mirabelle)的人看黑色屏幕上白色的数字5。在她看来这个数字是鲜红色的。他们要她注视屏幕中央的一个小白点,然后逐渐把数字从中央往边上移动,这时她发现数字的颜色也随之逐渐变得不那么鲜艳了,最后变成了淡粉红色。这个实验虽然简单,但是至少说明联觉并不是儿时记忆留下的痕迹,也不是某种隐喻式的联想。如果数字的颜色只是想象的产物,那么这种颜色和把数字放在视野中的什么地方有什么关系呢?

一个更有说服力的实验是"跳出(popout)试验",它可以进一步解决上述问题。所谓跳出就是在一片由类似元素组成的图案中,如果其中有少数元素在某些基本特性,例如颜色、线条的朝向等方面和其他元素不同时,那么你不需要逐个去找,就能一下子发现它们,它们就像是从周围的环境中自动跳了出来一样。然而如果这些元素是由许多基本特性组合而成的图形,但是其中不同的只是其中的某一个基本特性,那么这种不同的对象就不会跳出来,而需要观察者逐个去找。科学家早就知道了真正的颜色是导致跳出的一种基本特性。那么对有联觉的人来说,他所感觉到的颜色是不是也能起到同样的作用呢？如果是的话,那么这就说明了他确实看到了颜色。

拉马钱德兰设计了这样一个实验,他在一大群均匀分布的5字中间,镶嵌了5个2字组成某个几何图形,而且所有数字的颜色都是相同的,并且这些数字都是采取电子表上的那种字形,因此5和2正好成镜面对称,都是有三横两竖构成的(见彩图2左图)。拉马钱德兰首先对20个正常大学生做试验,他让他们看屏幕上显示的类似于彩图2左图那样的图,不过有一点不同的是,这些图中有的2字构成一个三角形,而有的2字则构成一个圆形。每幅图都只显示半秒钟,并且两种不同的图是随机显示的,因此学生没有时间逐个去找图中的2字,也无从猜测什么时候可能出现哪一种图。拉马钱德兰要求受试者通过按两个不同的按钮告知他们看到的究竟是三角形还是圆形,结果其准确率在50%左右,这说明实际上他们根本就没有看到这些图形,只是瞎猜而已。然后让米拉贝尔做同样的测试,她的准确率却达到了80%—90%。然后让正常人用类似于彩图2右图那样的彩色图做类似的实验,此时他们的准确率也达到了80%—90%。这说明在米拉贝尔看来,彩图2中的左图确实就像是右图一样。

联觉产生的机制

就这样,拉马钱德兰及其同事说明了联觉确实是一种真正的感觉。接下来的一个问题是,联觉的脑机制如何？拉马钱德兰注意到最普遍的一种联觉现象是数字—颜色联觉,而脑中的色觉中心在V4,另外脑中有关数字辨识的中心就在这附近,因为破坏了这部分脑区,病人就丧失了进行算术运算的能力。因此一个合理的猜测是:产生联觉可能是因为这两部分脑区中有些神经通路串了起来。拉马钱德兰建议从脑的解剖图谱上看一下这两个区域究竟有多接近。这时哈巴德叫了起来:"嗨！可能我们可以请教一下蒂姆(Tim)。"因为他们的同事蒂姆·理查德(Tim Richard)是一位脑成像技术的专家,他用功能性磁共振成像确定当看数字的时候脑中的活动区。结果他们发现数字区和V4在梭状回中正好比邻而居。

至于听音乐会看到颜色的联觉,拉马钱德兰认为其可能与颞叶中的听觉中枢和脑中接受来自V4的高级色觉中枢接近有关。当然,要想一下子全部揭开联觉这样一个从发现至今近百年内都无人解决的问题是不现实的,但是拉马钱德兰及其同事的工作已经掀起了蒙在它上面的神秘面纱,开辟了用科学研究这一过去认为近乎超自然现象秘密的途径。

03

留住岁月的痕迹

记忆探秘

我们之所以是我们而不是别的什么人，就取决于所有我们学到的东西和记忆到的一切。

——坎德尔(Eric R. Kandel)
奥地利裔美国神经科学家，2000年诺贝尔生理学或医学奖得主。

记忆一直引起人们的好奇，人们一直想搞清楚记忆究竟是怎么回事。当代记忆研究的领军人物坎德尔说过："记忆总是让我觉得不可思议。试想一下，你可以随意回想起在遥远的过去所发生的事情，例如，你中学或者大学生活的第一天，你的第一次约会，或是你的初恋。在回忆的过程中，你并不仅仅是记起某件事情，同时也在重新体验这件事情发生时你的所见所闻所感，当时的情景氛围、具体的时间地点、聊天的内容，甚至是你的情绪状态。回忆也可能是对过去某段记忆的重新塑造，有时记忆也会被歪曲。回想过去的某段经历恰如一种精神之旅，它使我们穿越时空限制，并且能够在完全不同的维度之间来去自如。"[1]

与此同时，一般人有时把记忆想象得太简单了。有一次，《科学美国人心智》（Scientific American Mind）的一位记者问了坎德尔一个问题："我们常常会以为记忆就像是某种图书馆，在里面储藏了许多有关境遇和事实的记

---

[1] 译文引自：罗跃嘉等译校，《追寻记忆的痕迹》，中国轻工业出版社，2007。

录,而当需要的时候就可以把它们调出来。这样的比喻是否恰当?"他的回答是:

> 不对!记忆根本就不像这样。人的记忆总是在变。每次当你回忆某件事的时候,你总是部分地按照你回忆时的境遇而稍有改变。这是因为脑中储藏的东西并不完全像书面文字材料。它总是由过去经历的许许多多方面混合而成,其中包括:形象、感受、话语、事实和凭空想象。"记忆"确实是一种"重组"。①

记忆比一般人想象的要复杂得多。尽管经过几代科学家的艰苦努力,现在我们对记忆之谜已经有了许多了解,但是依然存在大量未解之谜。本章的内容就是要介绍人们对这个千古之谜的上下求索。

对记忆痕迹的早期探索

在记忆研究中的一个重要问题是,存储某个特定记忆的物理基质究竟是什么?1904年德国进化生物学家塞蒙(Richard Semon)创造了一个术语"记忆痕迹"(engram),以此称呼某个特定记忆的物理基质,用他自己的话来说,也就是"由某个刺激所产生的永久性变化"。造出这样一个术语相对说来还是比较容易的,但是真要找到这种记忆痕迹就难了。

---

① 坎德尔的原话是:"a 'recollection' in the true sense"。在英语里 recollection 有"回忆"和"重组"两种不同的意思。

拉什利的先驱性工作

美国心理学家拉什利(Karl Lashley)是记忆研究的先驱,他试图在大鼠的脑中找到是哪个部位存储记忆。拉什利的实验大概是这样的:首先训练实验动物做一些典型的记忆任务(例如穿越迷宫获取食物),然后小心地损毁动物的一小块脑区,看这会对完成同样的任务产生什么影响。他发现一小块损伤对动物的行为并无多大影响,甚至切除两到三小块也影响不大。他所能得到的、可以多次重复得出的结果是:动物的总记忆能力的受损伤程度和受到损伤的神经元数目成比例。

1950年,拉什利把他历时30多年做了几百次实验的研究结果总结在《寻找记忆痕迹》(In Search of the Engram)的著名论文里,提出了两条有关记忆的基本原理:"总量作用原理"和"等势原理"。前者认为对多种学习来说,大脑皮层都是作为一个整体起作用的;而后者则认为如果脑的局部受到损伤,脑的其他部位可以取代受损部位的作用。他的大量实验都表明动物整个记忆能力的损失程度和受到毁损的神经元的数目成正比。他由此得出结论:

> 脑中所有的细胞的作用都是相同的,并且以某种取代数和的方式参与所有的活动。对特定的记忆来说并不需要特定的细胞。对学习和记忆某种特定的活动来说,有些脑区可能至关紧要,但是对每一个这样的脑区来说,其内部的各个部分在功能上都是等价的。记忆痕迹遍布在这样的区域上。

记忆是有局域性的

拉什利的观点在统治了记忆研究30多年之后遇到了挑战。1984年美国心理学家汤普森(Richard Frederick Thompson)发表了一篇里程碑式的论文。他利用兔子的眨眼反射来研究记忆痕迹。他用气吹兔子的角膜,同时发出一个纯音。当兔子的眼睛受到气吹时就要自动地眨眼,这样经过若干次训练以后,即使不用气吹,兔子只要一听到这种纯音也会眨眼。汤普森的目的就是要找这种记忆痕迹到底储存在脑的什么地方。结果他发现,如果用化学方法使小脑的外侧层间核(lateral interpositus nucleus)失活,甚至只要损及几百个神经元,兔子的这种条件反射就建立不起来了。之后再使这一核团恢复功能,条件反射就又能建立起来。这说明外侧层间核确实是眨眼反射记忆痕迹的关键部位。这一结果与拉什利的理论是不相容的。汤普森指出:"其意义在于说明了记忆是有局域性的,眨眼条件反射就存储在小脑特定区域中的一小群细胞中。"

拉什利的错误是让动物去做一种过于复杂的任务(如在迷宫中找目标),这牵涉许许多多记忆形式(如空间知觉、视觉、嗅觉等),这些记忆可能分布在许多脑区,但是其中的某一种记忆可能只限于某个特定的脑区。毁损了其中的一种,其他感觉模态的记忆依然使动物还能完成这种任务(虽然程度上可能有差别)。这种假象使他得出了错误的结论。

拉什利的另一个错误是选错了实验动物,要知道大鼠的脑相对于更高等的动物来说,体积要小得多。随着脑体积的扩大,其中的神经元数目增多了,神经元之间的联结增多了。如果这时依然要求每个神经元都和脑中尽可能多的神经元有联系的话,那么脑中将充斥联结各个神经元的树突和轴突。有人计算过,如果人脑中的每个神经元都得和所有其他的神经元有联系的话,那么假定人脑是球形的,其直径将达到20千米!显然这是不可能的。因此进化采取了另一条道路,它发展出许多局部回路,在这些局部回路内部的神经元之间才有广泛的联系,而局部回路和局部回路之间只通过少量神经元有联结。这样脑比较大的动物的脑内就有了许多高度特异化的局部回路,它们各自独立工作,而后才通过远程联系整合起来。如果拉什利选用猴做实验的话,他就不会得出他的那两条"定律"。从另一方面来说,由于眨眼反射是一种简单的防御反射,那么更为复杂的记忆形式是不是也有局域性的"记忆痕迹"呢?另外,知道了记忆痕迹所在的部位不等于说就解决了记忆的机制问题,记忆又是怎样形成的呢?

记忆存储理论之争

1894年卡哈尔在英国皇家学会的演讲中说过:"……智力活动会增强脑中活动部分的原生质器官和神经侧枝的发育。就这样,原生质附器末枝和神经侧枝的增多致使早就存在着的神经元群体之间的联结得到加强。"但是卡哈尔的这一先见之明并未被普遍接受。相反,一些神经科学家不时提出一些不同的理论。

就在卡哈尔提出上述见解20年之后,美国生理学家福布斯(Alexander Forbes)认为卡哈尔的想法是不对的,他认为记忆是由能自我兴奋的神经元所构成的环路中的回响活动产生的动态变化引起的。连卡哈尔的学生洛伦特·德·诺(Rafael Lorente de Nó)都认为他和他的老师都发现过有相互连接的神经元构成的环路,这可以支持回响活动,而为记忆存储提供一种动态的机制。

1949年加拿大心理学家赫布(Donald Olding Hebb)在他声名远扬的《行为的组织》(The Organization of Behavior)一书中提出如果两个神经元总是同时活动,就会长出新的突触联结而成为长时记忆的部分机制,不过对短时记忆来说,他也赞同回响环路的说法:

> 如果要永久保持的话,某种结构变化可能是必要的,但是要在结构上长出些什么,大概需要相当长的时间。如果能找到证据说明回响活动可以和结构变化同时起作用,并在生长变化完成以前先把记忆保持一段时间,我们就应该承认其理论价值,这种活动不必是全部记忆。因此某种瞬时的、非稳态的回响活动是有用的。很可能,也有更持久的结构变化会加强其作用。

一直到20世纪五六十年代,还有人以类似的理由质疑记忆的突触可塑性假说。这一争论一直要到坎德尔以无可辩驳的实验证明了后一假说之后才逐渐平息下来。

工作记忆的瓶颈

我们往往会感叹自己记性不佳,不能做到过目不忘。可是你考虑过只看一眼,一般说来究竟能记住多少东西吗?这也就是所谓的"工作记忆"的容量。最先在做其他实验时涉及这个问题的是德国哲学家艾宾浩斯(Hermann Ebbinghaus),19世纪末,他为了研究记忆的规律,特意到巴黎租了一间顶楼,从那里可以俯瞰巴黎的美景。为了避免已有知识对记忆新事物的影响,他发明了一种巧妙的方法,即用两个子音和一个母音造一个我们从来不用的假词,就像dux、zaj、fiz,等等。他一共造了2000多个这样的假词,每个假词都写在一张卡片上,然后进行洗牌,从中随机抽取出7—36张牌构成一个词汇表。他以每分钟50个假词的速度大声朗读这些词汇表,看能记住多少个,这真是一项非常枯燥乏味的实验,所以后来丹尼斯(Denise)感慨地说:"也只有在巴黎才能完成这样枯燥的实验。"他的发现之一是:如果词汇表中只有6—7个假词时,那么只要朗读一次就能记住,而更长的词汇表则要反复学习才能记住。这也许是历史上第一次对工作记忆容量大小的研究。不过艾宾浩斯实验的主要目的并不在此,对工作记忆容量进行系统研究的是时隔半个多世纪之后的美国认知心理学家乔治·米勒。

"魔数"7±2

1956年乔治·米勒发表了一篇题为《魔数7±2:我们处理信息能力的极限》(The Magical Number Seven, Plus or Minus Two: Some Limits on Our Capacity for Processing Information)的论文。在这篇论文里他提出了一个问题,这就是当让受试者一次性地接受一串不同元素(例如数字、字母、单词等)的刺激后,他最多能正确地回忆起多少个元素?

为了回答这个问题,他先总结了前人的一些实验结果。1952年海斯(Hayes)

用5种不同的材料进行实验：二进制数字、十进制数字、英文字母、英文字母加上十进制数字和1000个单音节的英文单词。受试者每秒读一个，而对其后的回忆时间不加限制。结果对二进制数字来说能记住9个数字，而对单音节英文字母来讲能记住5个。平均说来也就是7±2个。他指出这里的情况比较复杂，我们可以把一些元素组合成一个单元，例如我们可能把字母组合成单词，单词有可能组合成片语。最后记住的是这些单元。例如下表中最顶上一行的18个二进制数字，如果把每两个二进制数组合成一个四进制数，那就只剩下9个单元了；如果把每3个二进制数组合成一个8进制数，那就只剩6个单元而很容易记得了。

二进制	1 0 1 0 0 0 1 0 0 1 1 1 0 0 1 1 1 0
四进制	10 10 00 10 01 11 00 11 10
	2 2 0 2 1 3 0 3 2
八进制	101 000 100 111 001 110
	5 0 4 7 1 6

让受试者学习这种方法改进对二进制数的记忆虽然有些成效，但是不如理想的那样好，因为受试者在把一种进制转换成另一种进制时，除非他已熟练到能自动进行了，否则在转换一组数时就会忘了下一组数。当然所谓的单元和受试者的知识背景有关系，英文单词对于一个熟知此词的人是一个单元，而对于一个除了字母以外一无所知的初学者来说就是一串单元。由于一个人能在接触一次以后就能正确地重复出来的单元平均数是7，而在西方有所谓的7宗罪、一星期有7天等巧合，乔治·米勒就开玩笑地把7这个数称为"魔数"。

试试你的短时记忆

如果你想知道你自己的短时记忆一下子可以记住多少数，你可以试试朗读下面的数行,每读完一行,就闭上你的眼睛复述这个数。这样一行行读下去,一直到连续两行都读错为止,最后读对的那一行中的字数就是你的短时记忆的容量。

8704

2193

3172

57301

02943

73619

659420

402586

542173

6849173

7931684

3617458

27631508

81042963

07239861

578149306

293486701

721540683

5762083941

4093067215

9261835740

后来发现情况并非如此简单,例如当你用中文读上面的数行时比用英文来读能记住的数目要多。一般说来,记住的词的数目和朗读其内容的时间有关。通常人能记住2秒钟内读出的数字,当用英文读数字时,2秒钟大概能读出7±2个数字,而用中文来读就能读出更多个数字。这可能是因为用汉语读数字时,每个数字都只有一个音节,而英语读数字有的就不止一个音节,例如seven(7)就有两个音节,读的时间自然要长了。

在读单音节词和多音节词时也会表现出同样的情况,请看下面的词表:

one cat card harm add

bank lift list benk mark

sit able inch view bar

kind held act fact few

look mean what time sum

---

ability basically encountered laboratory commitment

particular yesterday government acceptable minority

mathematical department financial university battery

categories satisfied absolutely meaningful opportunity

inadequate beautiful together carefully accidental

虚线以上的是单音节词,一般很容易记住5个;虚线下面则是多音节词,在朗读一遍后能记住的词就少了。

乔治·米勒的工作说明虽然一下子可以有大量的信息进入我们的感觉器官,但是真正能作为工作记忆存储一小段时间以便后续处理的却很少,这是人在进行信息处理时的一个瓶颈。

在记忆中"永葆青春"

科学家将记忆分为两大类:陈述性记忆和非陈述性记忆(程序记忆)。

陈述性记忆指的是,可以用语言表达出来的有关自己的亲身经历的记忆(即情景记忆,例如记得今天的早餐喝的是牛奶,自己不小心把面包掉在了地上等)或者关于某个知识的记忆(即语义记忆,例如知道我国的首都是北京)。后来,人们终于发现,脑深部的一个结构——海马——对把刚得到的所谓的陈述性记忆转换成长时记忆至关紧要。但是海马和建立长期的程序记忆(即学会某种运动技巧的记忆,例如学会骑自行车或游泳)并没有关系。这一发现颠覆了拉什利统治了半个世纪之久的有关记忆的总量作用原理和等势原理。这个发现堪称记忆机制研究中一个里程碑发现,但它的发现事出偶然。这既是因为出现了一位堪称神经科学史上最重要的病人,也是因为研究这位病人的,是一位好奇心和执著精神兼具的女科学家——布伦达·米尔纳(Brenda Milner)。

布伦达·米尔纳的成才之路

布伦达·米尔纳从事记忆研究并非从小刻意为之,甚至她走上科学之路,也诚如她在其自传中的第一句话所说:"从我的背景来看,没有哪怕一丁点儿迹象可以预言我会以科学作为自己的毕生事业。"在她成长过程中的一连串偶然事件影响了她的整个人生轨迹。就像混沌动力学里所说的那样,开始时的一小点变化会引起未来极大的变化。很难通过"人生的起跑线"预测将来的成就!

1918年,布伦达·米尔纳出生于英国曼彻斯特一个艺术氛围浓厚的家庭里,父亲是《曼彻斯特卫报》(*The Manchester Guardian*)的一位音乐评论作家,业余酷爱园艺,他们家的房子就矗立在一大片花圃之中。布伦达·米尔纳的父亲还为教堂演奏管风琴,由于才艺出众而得到资助赴德深造4年。除了音乐训练之外,他大部分都是自学成才,他认为当时的正规教育扼杀了创造精神。布伦达·米尔纳的母亲原本是父亲的一位学生,跟着他学习歌唱。就在这么一个艺术家庭里,令父母失望的是,他们的独生女儿却毫无"艺术细胞"。不过他们还是接受了这个事实,并不硬逼她学习琴棋书画,参加什么钢琴班或舞蹈班。父亲教她算术、莎士比亚的作品和德语。家里有一间藏书室,里面摆满了散文和诗集,小米尔纳沉醉其中,但是里面没有一本书和科学有关。

她8岁那年父亲突然过世,母亲送她到一所女子学校求学,父亲传授给她的自学能力使她在许多科目上都名列前茅并且跳了一级。当时的英国中学是文理分科的,所以在她15岁那年,布伦达·米尔纳就得决定自己是选文科还是理科。这是一个两难的选择。当时她非常喜爱拉丁文,如果学校里开设有希腊文或其他古典课程,她很有可能就选文科了,但是令人遗憾的是,学校并没有这些课程;此外,她觉得外语和文学,如果需要,以后任何时候都可以再学,但是如果在年轻时不学科学,以后再想学可能就晚了,因此她最终选了理科。她的班主任对此大为恼火,因为她觉得米尔纳这样做,以后要想申请牛津或剑桥的奖学金就难了。母亲虽然也希望她念文科,但是还是一如既往地支持女儿的志愿,而没有把自己的愿望强加给女儿。这是对初始条件的又一次扰动。布伦达·米尔纳确实是搏了一次,结果她赢了,1936年她拿到了奖学金进入剑桥大学。

世事从来也不是一帆风顺的,在读了一年数学之后,她发现自己不大可能在数学上取得杰出成就,于是考虑转行,不过她喜欢逻辑推理,因此考虑转到哲学和逻辑方面。但是同校的高年级学生劝告她说很难靠哲学谋生,建议她转到心理学方面。当时她所在学院的一名教授巴特利特(F. C. Bartlett)已经因对记忆的研究而声名大噪,他的妻子又是该学院的心理学系主任,她对布伦达·米尔纳表示欢迎,还送给了她一本《实验心理学手册》(*Handbook of Experimental Psychology*),让她在暑假好好读一下,以便进入这一新的领域。这是她人生的又一次转折。

对她来说,实验心理学真是一个幸运的选择,这满足了她对动物行为越来越大的好奇心,而且在巴特利特的领导之下,剑桥大学的心理学系和生理学的关系越来越紧密，而诺贝尔生理学或医学奖得主阿德利安的生理学实验室和他们系又在同一栋楼里。对她影响最大的是她的导师赞格威尔(Oliver Zangwill)，他强调对脑功能失常的分析，认为由此可以一窥正常脑的功能机制。这一正确的观点无疑对她以后的事业起到了很大的作用。多年以后她回忆起剑桥大学心理学专业对脑机制的强调使她受益终生。

1939年她大学毕业并留校做研究工作，但是第二次世界大战爆发了，实验室不得不把工作重心转向和战争有关的课题，例如在挑选飞行员时应该做什么样的测试。后来她又到克赖斯特彻奇从事评估雷达操作员的工作。正是在那里她遇到了后来的丈夫彼得·米尔纳(Peter Milner)，一位在雷达部门工作的电气工程师。1944年战争已经胜利在望，就在她开始考虑战后的前程时，彼得受邀到加拿大的蒙特利尔从事原子能研究，这时他们刚结婚，因此她也随夫去了蒙特利尔。又一个人生转折。在那儿她在蒙特利尔大学心理学系找到了一份教职。她也常到当地的另一所大学麦克吉尔大学去参加科学讨论会。当时后来因为提出学习机制的突触可塑性假设的赫布也刚应聘到麦克吉尔大学任教。讨论会逐章讨论赫布那本后来名满天下的巨著《行为的组织》的草稿。布伦达·米尔纳对此深感兴趣。由于在北美要想以科研为生一定得有博士学位，因此她决心到麦克吉尔大学攻读博士学位。1949年她终于说服赫布接受她做他的研究生。人生的一个新篇章开始了。

和失忆症结缘

赫布知道布伦达·米尔纳对思维过程很感兴趣，所以给她的论文课题是"研究颞叶损伤所造成的后果"。因为蒙特利尔神经病学研究所的彭菲尔德答应过赫布可以派一名研究生到他的所里去研究因治疗癫痫而动过脑手术的病人（众所周知，在癫痫病人中颞叶癫痫占了很大的比例），所以赫布派布伦达·米尔纳去蒙特利尔神经病学研究所也就是顺理顺章的事情了。临行前，赫布嘱咐道："努力工作,不要打扰别人。"

布伦达·米尔纳在那里集中精力研究颞叶皮层切除的后果,刚开始她并没有认识到颞叶皮层和记忆会有那么大的关系,不过和病人接触多了,她常听到左侧颞叶损伤的病人抱怨记性不好,如果问他们是哪方面记性不好,他们举的例子总是有关可以用话语表达的记忆,例如他们常忘记听到过的事儿和读到过的东西。在这以后她又看到两例因单侧前颞叶皮层切除而造成严重失忆的病例。这些事实使布伦达·米尔纳坚信有关记忆还有许多亟待解决的问题。

在做颞叶皮层手术时,彭菲尔德早期通常只切除前部新皮层,但是这对治疗癫痫效果往往很不理想,有些病人在做了单侧切除后癫痫仍然发作。这时往往不得不再做第二次手术,切除包括海马前部、旁海马回和杏仁体的颞叶内侧面。一般说来,手术后病人在行为上并没有多大的变化,但是有一位工程师(姑隐其名,就称他为 P. B. 吧)在做了这样的第二次手术以后,虽然智力没有受到什么损害,自身却患有了严重的顺行性失忆症。也就是说,随便什么事,只要他的注意力一转移就会完全忘掉。另外对手术前几个月内的事,他也忘得一干二净(逆行性失忆症)。在当时谁也搞不清楚这究竟是怎么回事。1952年11月又有一位28岁的病人F. C.在切除左颞叶杏仁体、海马前部和旁海马回之后,也表现出类似的失

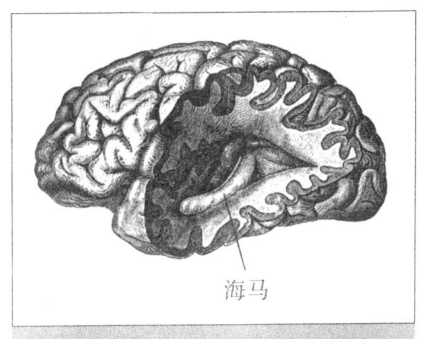

图3-1　海马。

忆症状。不过他的逆行性失忆症更为严重,他对手术前4年里发生的事情都失去了记忆。

为什么以前的许多病人在单侧颞叶皮层被切除以后并没有表现出这样严重的失忆症,而这两个病人竟如此例外呢?这可是从来没有发生过的事情。他们猜想很可能这两位病人在手术前其对侧的内侧颞叶皮层早就有损伤,只不过事先没有检查出来罢了。所以当彭菲尔德切除了病人左半球的海马和旁海马回的时候,实质上病人的两侧海马都丧失了作用。这一猜想一直到9年后P. B.去世,对其进行尸检时才得到了证实。确实,他的右海马萎缩,而做手术的左侧则还有22毫米的海马看上去尚属正常。

记忆研究中最重要的病人

1995年,彭菲尔德和布伦达·米尔纳在美国神经病学学会年会上对上述两个病例作了报告。美国神经外科医生斯科维尔(William Scoville)读到了他们的摘要后,他立刻告诉彭菲尔德,自己有一位名叫H. M.的病人(当时为了保护病人隐私,只用H. M.来称呼他)在做完双侧内侧颞叶切除后,也出现了类似的记忆缺损。共同的兴趣使他们相见恨晚,结果布伦达·米尔纳应邀到斯科维尔那儿研究H. M.以及其他类似的病人。

H. M.儿时在家附近被一辆自行车撞倒,头部受到重击,在这次车祸之后,他就得了癫痫。长大后他在一条装配线上工作,但是他的癫痫越来越严重,由于癫痫频繁发作无法工作,甚至无法正常生活,每过几分钟就会发作一次抽搐和丧失意识,抗癫痫的药物对他完全没有作用,于是斯科维尔不得不决定对他进行手术治疗。经过检查发现他的癫痫病灶在双侧海马。由于以前在医学上单侧切除内侧颞叶,并没有明显的副作用(当时彭菲尔德和布伦达·米尔纳还没有报道过P. B.和F. C.的病例呢),所以1953年9月1日,在H. M. 27岁时,医生斯科维尔就对他做了双侧切除部分内侧颞叶皮层(主要是海马)手术,其部位大致在耳朵的上方向

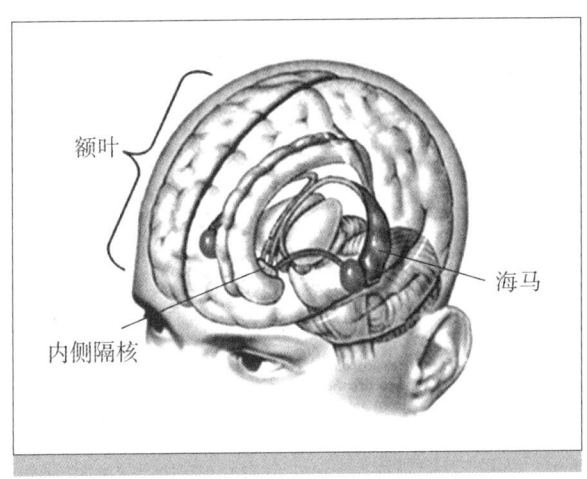

图3-2　H. M.被切除了两侧海马体的大部分。

里伸进去5厘米处。手术以后，H. M.言语正常，行为得体，智商也正常；他能帮家里平整草地，收拾枯叶，摆放餐具，铺床叠被；其癫痫被有效地控制住了，每年大概只有一次大的发作。但就在术后的最初几天里，H. M.明显表现出记忆缺损。在医院里他总是迷路，他记不得自己是否用过早餐，除了斯科维尔医生之外，他对其他医生和护士一个也认不出来，至于他能认出斯科维尔医生也只是因为他已经为自己看病多年的缘故。他对术前3年内的往事也几乎记不起来了，但是对比这更早的事情却都还记得。比如，他知道自己的名字和父母来自何方，他记得第二次世界大战前大萧条时期和第二次世界大战期间的事情。

1955年4月布伦达·米尔纳第一次见到H. M.，发现他的情形比前面所讲的两个病人还要严重，尽管他在智力上并没有什么问题，事实上，他手术后的智商为117，甚至比手术前的104还高一些呢。这可能是因为他基本上不再有癫痫发作，也不用服药了。他也有正常人的情感，有一次有位医生和布伦达·米尔纳一起去访问他，医生在检视以后转身对布伦达·米尔纳说这真是一个有意思的病例。后来布伦达·米尔纳告诉别人："H. M.当时就站在那儿，他脸红了，并且喃喃地说他并不觉得这有什么有意思的地方,然后转身就走开了。"他确实还有短时记忆,如果让他不断地重复584这个数,那么他至少能记住15分钟以上,但是只要中间一打岔,他立刻就把这个数忘得干干净净,甚至连前面医生叫他记这个数这回事都已经茫无印象了。这似乎说明只要不转移他的注意力,并且让他不断复述的话,那么他可以一直记住某句话。

有一次,布伦达·米尔纳的研究生要H.M.看一幅图,然后稍过一段时间再给他看那张图,并问他前面看到过没有。只要中间的间隔超过三四十秒钟,他就完全回答不上了。1955年4月26日对H.M.进行心理检查时,医生问他当时是何年何月,他几岁了。他的回答是1953年3月,他的年龄还是27岁。他认不出自己的近照,他记得的自己的形象永远是他手术前的样子。让他照镜子,他会吃惊地发现镜子里的自己已经成了一位垂垂老者,进而伤感不已。不过"幸运"的是要不了一会,他就会把这件伤心事忘得一干二净。他会谈起亡故多年的年轻时的亲朋好友,好像他们依然健在一样。如果有人来探望他,只要客人一走,他不仅记不起客人的名字,连这位客人来探望过他这件事也忘得一干二净。布伦达·米尔纳尽管追踪研究了H.M.近50年,但是他还是不知道她是谁,所以当布伦达·米尔纳去看他时,不得不每次都要自我介绍一番。对于H.M.这种既有短时记忆,也有长时记忆,却丧失了把短时记忆转化为长时记忆的能力的情况,布伦达·米尔纳博士总结说:"他不能学习一丁点儿新知识。他生活在过去小时候的世界里。你可以说他的个人历史停止在了动手术的那个时间点上了。"为了让读者有更直观的印象,下面我们照抄布伦达·米尔纳和他之间的一段对话:

"通常每天您都干些什么呀?"

"哎呀,这正是我回答不了的,我记不住事。"

"嗯,那么现在的美国总统是谁呀?"

"我答不了,我一点都记不住。"

"总统是男的还是女的？"

"我想是位男士吧。"

"他的第一个字母是G. B.①，这能帮你想起点什么吗？"

"没用，还是想不起来。"

"你知道你昨天都做了些什么吗？"

"不，我不知道。"

"那么今天早上你做些什么呀？"

"我连这个也记不住。"

"你能告诉我你今天午餐都吃了些什么吗？"

"老实告诉你，我真的不知道。"

"1929年发生了什么大事？"

"股市大崩盘。"

"没错。"

布伦达·米尔纳给H. M.一张画有五角星的图片，五角星的边由相隔很近的两条线组成，米尔纳要他在这两条线之间把五角星描一遍。困难的是，H. M.要照着镜子里的像描，既不许直接看图，也不许看自己的手。在3天的时间里，H. M.做了30次练习，他越做越好，已经能够很精确地把五角星描出来了，虽然他并不记得以前他已做过多次练习。最后他甚至对布伦达·米尔纳说："这比我想象的要容易多了！"这一事实让布伦达·米尔纳大为惊奇，也令她第一次认识到脑里面不止有一种记忆系统。H. M.记不住的是有关自己的经历这样的情景记忆

① 指乔治·布什。

图3-3 H.M.照着镜子里的像描出的五角星。左图是第一天的描图结果,右图是第三天在经过30次练习以后的结果。

和有关知识的语义性记忆(统称陈述性记忆),然而对于改进运动技巧这样的所谓程序性记忆却没有问题。这些病例说明,海马及其周围的内侧颞叶皮层对把陈述性记忆从短时记忆转换成长时记忆有关键性作用,但是对程序性记忆来说却并非如此。此外,H.M.的病例还说明:获得新的记忆是和其他知觉及认知不同的一种皮层功能;内侧颞叶皮层对即时记忆并非必需;这个区域也不是长时记忆的最终储存处。

1968年沃林顿(Warrington)和魏斯克朗茨让失忆症病人学看碎块图。所谓碎块图,就是一张初看起来只有许多碎块而没有什么意义的对象的图,但是只要有人指明以后就能看到其中的一些碎块组成了一个有意义的对象。并且一旦认出,以后任何时候看都能认出。如图3-4所示,请先看图(A),如果你以前从未看到过它的话,你大概很难看出这是什么。然后请看图(B),很清楚这是两个人在一起跳舞。然后请再看图(A),这次你一定也能看出这张原来看不懂的图其实也是两个跳舞的人。这就是启动效应。一开始时,沃林顿和魏斯克朗茨让失忆症病人看相当清楚的图,只是偶然有些不连贯的地方,慢慢难度一点点加大,虽然他们不记得以前他们经过这样的训练,但是他们还是学会了。米尔纳对H.M.也做了同样的试验,结果她发现H.M.也能看碎块图。这说明先前的视觉经验对记忆也有长期

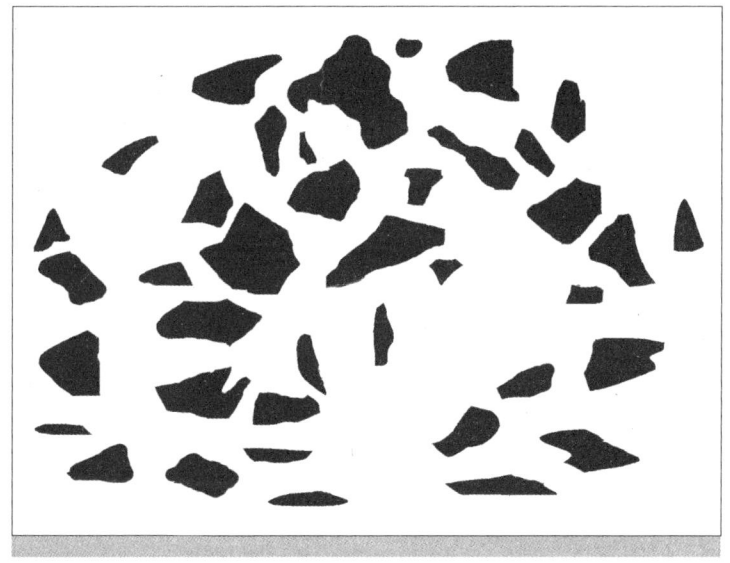

（A）

（B）

图3-4 碎块图。

的效应。这是一种和运动技巧不同的学习,在这种情形下,把短时记忆转换成长时记忆似乎和海马无关,而可能发生在视觉皮层。

1997年布伦达·米尔纳的同事苏珊·科金(Suzanne Corkin)等人对H. M.做了磁共振成像,发现他被切除的双侧内侧颞叶区基本上如斯科维尔所描述的那样,不过并没有他说的毁损范围那么广泛。双侧的毁损呈对称形式,包括杏仁体、旁嗅皮层、内嗅皮层以及5厘米长的海马结构。和其他有选择性海马毁损的病人比较起来,H. M.的这种症状很可能主要是破坏了后3个结构。科金从她做博士论文时就认识H. M.了,之后跟踪研究了他40多年,但是直到H. M.过世时,他都不认得她。

失忆症患者也有可能学会新东西

尽管从H. M.的病例中我们已经前所未有地获取了有关记忆机制的大量线索,但是也还留下了某些未解之谜。尽管H. M.的失忆症非常严重,但是他偶尔还能学会一点有关公众人物(这些人可是在他手术之后才成名的)的片段语义性信息,这使研究人员大跌眼镜。下面就是布伦达·米尔纳和H. M.之间有关上述内容的一段对话:

> "1963年发生了件什么大事,哪个人被人暗杀了?"
> "一位前总统。"
> "对!"
> "他被暗杀了。"
> "那么他的名字是什么呢?"
> "正如你所说,他做过总统。"
> "他名字的缩写是JFK。"
> "肯尼迪。"

"对！那么他的名字叫什么呢？"

"约翰。"

这究竟是怎么一回事？谁也不知道。后来科金在一次对H. M.的公开采访会上回忆和评论说：

> 有一天我在他的养老院里和一位护士讲话，我正在问她一些和他有关的问题。就在我们谈话结束后，她到他房间里去告诉他她刚和来自波士顿的一位他的朋友科金博士说过话。H.M.问道："是苏珊吗？"
>
> 这真是令人吃惊。他根本不知道我是谁。他不知道我是做什么的，也不知道我和他有什么关系。但是他能把我的名字和我的姓联系起来。这使我们所有人都大吃一惊。

一位不能形成新记忆的人不知用什么方法居然能学会某些新东西。这真是一个新发现，它颠覆了我们对学习和记忆的传统认识。在研究H. M.以前，科学家认为记忆都存储在一起，所有的记忆都是在那个地方存取和处理的。但是对H. M.的研究告诉我们记忆要复杂得多，脑中有若干记忆系统。当我们说我们记得某件事时，我们用的是陈述性记忆。还有其他种类型的记忆，就是系鞋带、骑自行车的那种非陈述性记忆。科金认为当你记起某件事时"你是在根据储存在你脑中许多不同部位的信息创造出一个记忆来，我们知道在脑中有多个长时记忆系统，它们有不同的地址。我想这一病例鼓舞了全世界的临床医生和科学家去寻找他们自己的H. M.，并作出令人惊奇的发现。因此这是某种对人心智和人脑正在进行的探索"。但是科学家对于脑是怎样从不同的部位把其中存储的信息挑选出来并融为一体依然不清楚。

在某种意义上，我们倒是可以把这次访问最后科金和H. M.之间的一段对话当作一个很好的总结①：

"你明天想做些什么？"

"什么好就做什么。"

"回答得好！你幸福吗？"

"是的。嗯，我这么想是因为他们从我身上取得的发现将会对他们帮助别人有所帮助。"

虽然斯科维尔医好了他的癫痫，甚至是救了他的命，但是由于看到他得了这样严重的后遗症，斯科维尔到处宣传不能再做这样的手术，因此H. M.到他死前就成了硕果仅存的一位动过这样手术的病人了。有关不能形成新记忆的人如何学会某些新东西的谜题很可能随着他的死，彻底成为不解之谜。尽管以后由于自然原因造成失忆症的病人还有很多，但是很难再有损伤和他一模一样的病人了。

2008年12月，H. M.终于由于呼吸衰竭而撒手人寰，享年82岁。但是在他看来，他依然只有27岁，真可谓"青春常驻"了，这对他来说真不知道应该说是"幸运"呢，还是天大的不幸！在他手术后的这50多年中，他被科学家研究了成百次；在他死后仅仅几个小时，科学家们立即就对他的脑做了详尽的脑成像，以确定他的脑损伤的确切部位，并把这些部位同他的遗忘症症状联系起来；他的脑现在已经被永久保存起来了，作为神经科学史上最重要的物证之一，供后人继续研究。这一切打开了记忆研究

---

① 如果你想亲耳听一下H. M.自己说的话，那么你可以上网，自己听一下。网址是：http://www.npr.org/templates/story/story.php?storyId=7584970。

的大门，H. M.成为对科学贡献最大的病人之一。在他去世当天，一位长期照料他的医生公布了他的全名亨利·莫莱逊（Henry Molaison），以感谢他一生为神经科学研究所作的奉献。科金深情地回忆道："他对我来说就像是一个家人。您可能会认为不可能和一个不认识您的人建立起如此密切的关系，但是我确实做到了这一点。"

对科学的热爱和难以满足的好奇心

布伦达·米尔纳对H. M.的研究引起了人们对记忆研究的极大兴趣，其中包括后来因在记忆研究方面作出杰出贡献并荣获诺贝尔奖的奥地利裔美国神经科学家坎德尔。坎德尔是这样评论这一工作的："米尔纳对H. M.的研究是近代神经科学史上的丰碑之一，它开辟了研究脑中两种记忆系统（外显记忆[①]和内隐记忆[②]）的途径，也为以后对人类记忆及其异常的一切研究打下了基础。"

布伦达·米尔纳在回顾自己的一生时写道："回顾过去50年，我好像一直运气很好，我总在恰当的时候出现在恰当的地方，另一方面，我又对目标非常执着，而不为面临的艰难困苦所吓倒，就像我在蒙特利尔神经病学研究所初期所经常遇到的情况那样。我也得益于我的好奇心，正是好奇心使我总想深入到吸引我眼球的表面现象的深处，一直到现在依然如此。"这可以说是她对自己的很公正的评介。她在另一场合说道："从我的本性来说，我是一个很好的观察者。我会在某个病人身上发现某种怪事，并且会想：'这非常有意思，病人为什么会这个样子

[①] 指陈述性记忆。
[②] 指程序性记忆。

呢?'然后我就力图进一步找出其原因,并用科学的方法加以检验。"在一次回答记者关于"您要求您的研究生有些什么品质?"的问题时,她的答复是:"他们必须要有很强的好奇心。……他们对科学必须不抱任何不切实际的幻想。他们不要幻想每年甚或每个月都会作出重大的发现。在任何工作中都会有许多平凡的日常工作。……如果你不端正态度的话,这会显得非常枯燥。"

在攀登科学高峰的崎岖路径上,运气和机遇常常也会起很大的作用。有的人抓住了机遇,百折不回向上攀登,终于到达了光辉的顶点;也有人像手抓水银那样让机遇溜走,或者一遇困难就打退堂鼓,蹉跎终生。布伦达·米尔纳无疑属于前者。正如英国生物学家贝弗里奇(W. I. B. Beveridge)在其名著《科学研究的艺术》(*The Art of Scientific Investigation*)一书中所说:"也许,对于研究人员来说,最基本的两个品格是对科学的热爱和难以满足的好奇心。"布伦达·米尔纳正是以她的事迹为这一论述作了最好的注解。

追寻记忆的痕迹

坎德尔走上记忆研究之路

正如坎德尔所说,布伦达·米尔纳通过对 H. M.的研究,开辟了记忆研究的道路。但是有关记忆存储机制的问题,依然悬而未决。尽管卡哈尔在1894年就猜想过记忆存储在神经元之间新长出的联结之中,但是因受当时技术条件的限制,他无法证明这种突触变化,也没法进一步研究这种记忆突触假说。直到20世纪60年代,有关记忆存储机制才为坎德尔所证实。

坎德尔1929年出生于奥地利首都维也纳的一个犹太人家庭。9岁生日后的第2天,父亲送给他一辆崭新的蓝色玩具汽车作为生日礼物,他甚是喜欢。正在一家人其乐融融之时,一阵急促的"咣咣咣"敲门声打断了这宁静欢乐的气氛,一群纳粹警察冲了进来,把他们从家里扫地出门。等大约一星期后终于得到允许回家一看时，家里已经一片狼藉，他心爱的玩具汽车和其他值钱的东西都早已不翼而飞。只要一提起这段痛苦的经历，当时的情景就栩栩如生地在他的脑际浮现，就好像只是昨天发生的事情。这也许是他对记忆产生好奇的开端吧！

10岁那年，为躲避纳粹的迫害，坎德尔随父母从奥地利迁居美国，成为了一名犹太移民。在哈佛大学时，坎德尔主修欧洲史和欧洲文学专业。当时他有一位也是从奥地利移民到美国的好朋友，其父母和弗洛伊德过往甚密，他们对坎德尔影响颇深，令他对精神分析产生了强烈的兴趣。所以大学毕业后坎德尔来到纽约大学医学院转读医学。通过对神经生理的系统学习，他不再停留在一名业余爱好者对"自我"这类脑的最玄妙问题的空想，而开始考虑可以用实验进行研究的课题。就在这段时间里他读到了库夫勒有关龙虾和螯虾感觉神经元细胞体和树突中的兴奋和抑制的三篇论文。库夫勒在文中写的一段话给了他极深的印象：

> 我们所用的标本的最大优点就是容易操作，因为所有的细胞成分都能加以孤立，而且看得到。此外，根据这些标本的牵张感受器特性，我们可以控制和测量这些结构的兴奋度。特别有意思的是，甲壳纲动物的感觉细胞的许多解剖学性质和脊椎动物的中枢神经系统中的细胞惊人地相似。

这段话使他领会到应该怎样进行科学研究，也让他意识到选择适合于所研究问题的标本是何等的重要，必须认真看待无脊椎动物对科学研究的重要性。

当时，布伦达·米尔纳关于失忆症病人的工作使他十分兴奋，他想也许研究记忆的生理基础会有助于理解更高级的心理功能。

一开始，他想知道对记忆有重要作用的海马神经细胞和当时已经研究得比较透彻的脊髓运动神经元究竟有什么不同。他也确实成功地记录到了猫海马神经细胞的电活动，并发现两者在活动方式上稍有不同。但是他很快意识到，尽管这个研究很有意思，却正在引导他偏离研究记忆的初衷。因为直到此时，他才意识到海马神经元和脊髓运动神经元性质上的这些不同对解释前者在记忆中的作用并没有什么帮助。他意识到对记忆起重要作用的是神经元和神经元之间的联系，而不是神经细胞本身的特性。

那么如何来研究在学习和记忆过程中神经元相互之间的突触联系的变化呢？坎德尔明白要在脊椎动物的海马甚至是脊椎中进行研究十分困难。这时他想到了库夫勒、霍奇金、哈特兰等先驱者的经验：在一开始的时候研究尽可能简单的基本形式，并且要找有尽可能简单的神经系统的动物作为标本来进行研究。这样坎德尔就给自己定下了下列目标：要找一种低等动物，它只有数量比较少的神经元（但是这些神经元本身需要比较大，而且要易于在标本中辨认出来），并构成结构固定的神经回路，这个回路要比较容易定位，并且这种回路所控制的简单反射可以随着学习而变化。条件确实相当苛刻，幸而他工作的美国国家卫生研究院是国际上脑研究的一个中心，不断有一流的脑科学家到院里来作报告，他们使用了各种各样的实验动物，让他可以比较衡量。其中有两位法国科学家介绍了一种名为海兔的动物。他们报告说：海兔的神经系统一共只有2万个左右的神经元（想一想人脑中有上千亿个神经元），它们大体上组织成了9个神经节。这些神经元还很大（它们比哺乳动物中比较大的神经元还要大上约50倍），几乎用肉眼就可以看到。另外，其中一些细胞还很容易辨认，这样就大大地方便了研究者确定神经回路的"线路图"。这正是坎德尔所要寻找的理想动物！不过当他去向一些权威征求意见时，却被兜头泼了一盆冷水，他们怀疑用这样低等的动物来研究像人的记忆这样复杂的过程会有什么用。但是坎德尔依旧坚信像海兔这样简单的动物也会有"所有动物都共有的基本学习形式"。

现在的问题是怎样用海兔来研究记忆和学习的机制。坎德尔是一位勤奋的科研人员，整天泡在实验室里，这终于使他的妻子怒火万丈。在一个星期天的下午，她抱着儿子冲到了他的实验室里，冲着他尖声叫道："你不能再这样下去了。你只想到你自己和你的工作，你一点也不关心我们俩！"坎德尔感到非常意外和委屈。过了好几天他的心情才平静下来，并且想清楚了工作和家庭的关系，他确实应该多花一点时间在家里。让坎德尔没有想到的是，不在实验室里整天忙于实验却使他有时间来考虑怎样用海兔来研究记忆和学习机制的问题。他后来回忆说：

> 德国作曲家施特劳斯（Richard Strauss）认为他经常是在和妻子争吵以后写出最好的曲子。对我说来并非如此，但是丹尼丝（Denise）①要我多花一点时间陪她和保罗（Paul）②，实际上真的是让我停下来进行思考。……实际上，思考比只是更多地做实验更有价值。③

短时非陈述性记忆的形成机制

就在坎德尔在家里陪伴家人的时候，他想起了巴甫洛夫（Иван Петрович Павлов）的包括条件反射在内的三种学习形式（习惯化、敏感化和经典条件反射），以及卡哈尔有关突触变化可能对学习有重要作用的思想。也是在这段时间，坎德尔读到了美国密歇根大学的多迪（Robert Doty）的一篇报告。这篇报告记述了，多迪用弱电刺激狗的视觉皮层并不引起狗的运动，而刺激狗的运动皮层则引起狗爪运动，然后他同时多次施加这两种刺激，结果发现，以后即使单单只在视觉皮层上施加弱电刺激也会引起狗爪的运动。这个工作说明建立经典条件反射并

① 坎德尔的妻子。
② 坎德尔的儿子。
③ 无独有偶，另一位诺贝尔奖得主克里克也说过类似意思的话。他是这么说的："甚至有的科学家工作过分努力，以至没有时间进行认真的思考。他们应该注意这个谚语——'过分忙碌的一生是虚度的一生'。"

不需要像动机之类的复杂的精神活动,而只要有两个配对的刺激就可以了。其实,在更早的时候,坎德尔就读过斯金纳(B. F. Skinner)的名著《生物体的行为》(*The Behavior of Organism*)一书,这本书里详细介绍了习惯化、敏感化、经典条件反射和操作条件反射等最简单的学习形式,不过这些工作都是针对动物整体的,用来观察其行为变化的,并没有牵涉其内部机制问题。坎德尔突然想到他也可以把同样的方法应用到孤立的海兔神经节上。当他记录神经节中的单个细胞时,他可以用弱电流刺激到神经节去的一条轴突通路作为条件刺激,而把刺激另一条通路作为无条件刺激,这样他就可以看到对这些刺激模式起反应时突触是否会发生系统性的变化,如果有变化的话,那么这种突触变化是不是和整个动物的整体行为一致。这样就有可能开辟一条研究这些最基本的学习记忆形式的神经机制的途径。不过当时各方面的条件还没有成熟,他把这些思想暂存脑中。

1965年坎德尔应邀到纽约大学医学院从事行为神经生物学工作。这样他就

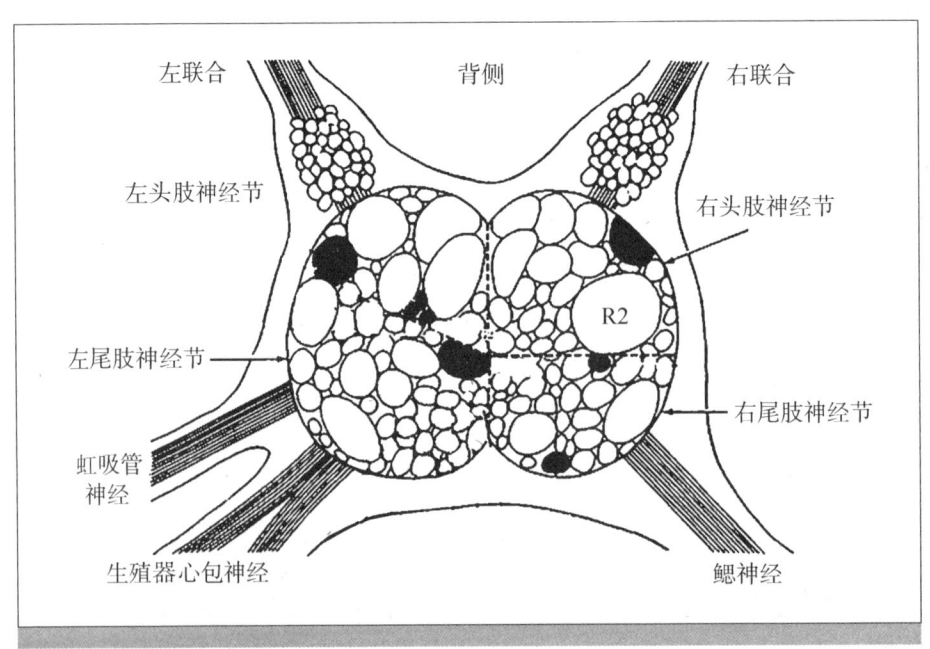

图3-5 海兔的腹神经节。

可以全力以赴地把他脑中积累起来的思想付之实践了。坎德尔从海兔的神经系统中分离出一个只有2000个神经细胞的腹神经节，把它放在一个不断通气的海水槽中。然后他把一根微电极插到了一个他命名为R2的神经元中，记录它对各种刺激的反应。实验模仿了巴甫洛夫对狗所做的习惯化、敏感化和经典条件反射这三种不同形式的学习方式。不过他比巴甫洛夫进一步的地方是，他并不只限于观察行为，而且还深究引起这些行为的神经回路。他的第一个大的发现是，虽然海兔学习有快有慢，但是它们用到的都是同一条只有30个神经元的回路，这里并没有发现以前盛行的回响假说中的环路，并且这些回路是生而有之，只是其中神经元之间的联结强度可以随经验而变化，这说明这种记忆只能是通过突触的变化引起的。关于这一结论的实验证据我们将放在下面再来详细介绍。

对一种无害的刺激，如果多次施加，那么动物的反应会越来越小，这种现象就称为习惯化。也就是说，动物学会不理会经常发生的无害刺激。坎德尔在一束通向R2细胞的神经纤维上施加弱电流刺激，并重复10次。结果发现随着刺激次数的增多，细胞上的突触电位越来越小，最后减弱到第一次时的二十分之一。

和习惯化相反，在给动物施加强刺激以后，再施加一个原来只引起很小反应的刺激也会引起大得多的反应。"一朝被蛇咬，十年怕井绳"说的正是这个意思。这就是所谓的"敏感化"。坎德尔在海兔上也建立起一个敏感化的模型。他先在通向R2细胞的一条神经通道上施加一两个弱的电刺激，把由此产生的突触电位作为基准。然后他向通向R2细胞的另一条神经通道上施加一个强刺激，在这以后再用同样的弱电流刺激第一条通道，结果发现此时产生的突触电位有了大幅度的提高。这说明这条通路的突触联系大大加强了。

关于巴甫洛夫经典条件反射，狗听到饲养员的脚步声就会分泌唾液的例子，这是大家耳熟能详的，这里不再赘述。与此相应，坎德尔在一条神经通道上先施加一个弱刺激，然后在另一个通道上施加一个强刺激。如此结合多次，以后只要加上那个弱刺激，即使其后不施加强刺激，依然会引起强烈的反应。

坎德尔对上面的实验结果总结说：

> 通过一个模仿行为学条件范式的实验流程，改变了神经细胞之间的联系强度，这种改变可以持续半小时以上。这说明和突触强度有关的一系列变化可能是动物中某些简单信息储存形式的基础。

在坎德尔之前，绝大多数神经科学家认为动物的行为和细胞机制跨距太大，因此很少从细胞水平去研究行为机制。坎德尔第一个打破了这一禁忌，在20世纪60年代中，他率先在纽约大学建立了一个实验室，专门研究行为的产生和学习调控行为的细胞机制。

为了在在体条件下取得学习能改变突触联系效能的直接证据，坎德尔把他的研究集中到海兔的一个简单反射——缩腮反射。腮是海兔的呼吸器官，位于由外套膜围成的外套腔内。外套腔终止于虹吸管。如果轻轻地触摸一下虹吸管，就会引起一个快速的防御反射，虹吸管和腮都迅速地缩到外套膜里面，以防止受到伤害。对这样一个简单的反射，也可以建立起习惯化和条件反射。反复触摸虹吸管，会使缩腮反射越来越弱。如果在触摸虹吸管之后，在海兔的尾部施加一个强烈的电刺激，就会引起强烈的缩腮反射。如此结合数次以后，即使不再施加强刺激，只要触摸虹吸管也会引起强烈的缩腮反射，这一效果可以维持一段时间，也就是说，形成了记忆。下一步的工作就是要确定负责缩腮反射的神经回路。幸运的是，海兔神经节中的有些神经细胞很容易辨认，它们有自己固定的位置、颜色和大小。为了要确定神经细胞和神经细胞之间的联系，坎德尔在一个细胞里面插上微电极，然后对其他细胞施加刺激，每次只刺激一个，观察它们对插有微电极的细胞的影响，这样就可以确定哪些细胞之间有联系，这种联系是兴奋性的还是抑制性的。通过艰苦、细致的长期工作，他们终于画出了缩腮反射的"线路图"。

根据这个线路图，坎德尔实验室发现，触摸海兔的虹吸管会激活感觉神经元，

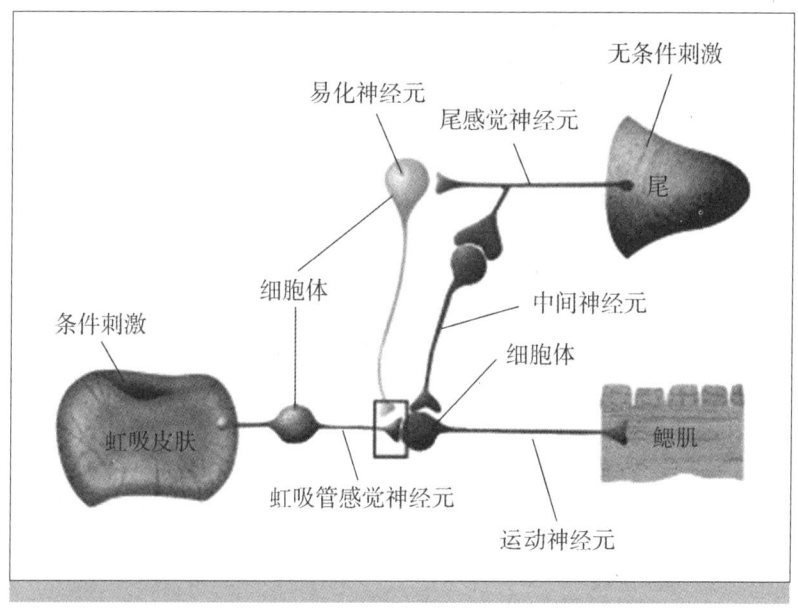

图3-6 缩腮反射的"线路图"。（引自 http://www.ncbi.nlm.nih.gov/books/NBK21648/）

感觉神经元的动作电位又在运动神经元中诱发出一个突触电位,导致后者发放神经脉冲,最终引起缩腮反射。记录这个突触电位,他们发现在习惯化和敏感化的过程中,这个电位大小的变化和动物的行为变化是完全一致的。因此,他们的工作表明:学习和记忆的神经基础不仅有先天决定的神经回路,而且还和后天由经验所引起的神经细胞突触联系效能的变化有关。

坎德尔对长时记忆形成机制的探索

在这以后,他们进一步发现短时记忆是突触联系强度变化的结果,而长时记忆则还需要结构的变化,有的突触会消失,但也会产生新的突触,前者对应于遗忘,而后者则对应于巩固短时记忆（固化）；此外把短时记忆固化为长时记忆甚至还需要合成新的蛋白质和改变基因表达,这是形成新的突触所必需的。有一种蛋白质——"环腺苷酸(cAMP)应答元件结合蛋白质"(cAMP response elementbinding protein，简称CREB蛋白质）可能在把短时记忆突触变化转化为长时记忆突触变化中起到关键作用。一个关键证据是当他们阻断了感觉细胞核内CREB蛋白质的作用后，突触联系的长时强化被阻断，而短时强化则不受影响。他们还发现了存在两种CREB蛋白质亚型，其中一种易化基因表达，而另一种则抑制基因表达，前者促使短时记忆向长时记忆转化，而后者则阻断这种转化。因此，只有当给予一次很强的刺激或者反复给予刺激，使后者的作用受到遏制，而前者的作用超过了某个阈值时，这种事件才能进入长时记忆。至今人们对"9·11"事件仍记忆犹新，而为了记住一个外语单词则需要反复背诵或是反复查词典才行，正是这样的例子。就这样，坎德尔决定把对学习和记忆的研究进一步深入到分子和基因的水平，为此他不得不学习他原来并不熟悉的分子生物学技术。如果要讲清楚这些问题，就需要从头介绍分子生物学的基本知识，限于篇幅和本书的主题，我们将不再讲下去。想对这个问题有深入了解的读者，以及对坎德尔的工作有强烈兴趣的读者，笔者建议读一下坎德尔的自传性作品——《追寻记忆的痕迹》(*In Search of Memory*)[①]。

对于坎德尔的贡献，美国著名激素研究领军科学家巴查斯（Jack Barchas）是这样评价的："坎德尔是真正的天才表现在他一直勇于改变、不断前进并不懈地追问新问题。科学上我们总是在爬一条滑溜溜的绳索。每过一会总有人在上面打个结，从而使别人能站在上面继续往上爬，坎德尔在绳上打了许多这样的结。"

---

① 中译本：罗跃嘉等译校，《追寻记忆的痕迹》，中国轻工业出版社，2007。

寻找记忆痕迹的新进展

顺便说一句,最近在寻找记忆痕迹,即某种特定记忆在脑内的物质基质方面,又有了新的突破性进展。席尔瓦(Alcino Silva)是坎德尔的好朋友、另一位诺贝尔奖得主利根川进(Susumu Tonegawa)的博士后。席尔瓦认识到激活 CREB 蛋白质在长时记忆的形成和保持中扮演着重要的作用。1994年,席尔瓦对他培育出的无 CREB 蛋白质功能的小鼠做了一个水迷宫实验,第一天席尔瓦教这只小鼠在水池中找到隐藏在混浊水面下的平台,到了第二天再把它放到这种"水迷宫"中,它就完全不记得昨天刚学到的一切了,就像是初生的幼鼠。席尔瓦的这一发现吸引了许多科学家,其中包括他后来的合作者乔斯林(Sheena Josselyn)。乔斯林向大鼠脑中的外侧杏仁体(恐惧中枢)添加额外的 CREB 蛋白质。她对这些大鼠和另一组正常大鼠的对照组做巴甫洛夫的经典条件反射实验,实验中用的无条件刺激是中等强度的电击,而条件刺激则是给光。一旦完成训练之后,有额外 CREB 蛋白质的大鼠一见到光跳起的高度是对照组的5倍。由此她意识到 CREB 蛋白质不仅对形成正常的长时记忆是必需的,而且还是某种"记忆增强剂"。

2001年,席尔瓦邀请乔斯林和她的丈夫(也是一位神经科学的博士后)到他那儿工作。他们把细胞内有能发荧光的 CREB 蛋白质的小鼠放到一个笼子中,在给它们听某个纯音时给予电击,以后即使不给电击,小鼠只要一听到这个纯音就会由于恐惧而木僵不动。

2003年,乔斯林夫妇去多伦多工作,他们推测如果富含 CREB 蛋白质的神经元确实对维持记忆很重要的话,那么杀死这些细胞就应该会使相应的记忆被消除。事情果然如此,他们再次训练小鼠听觉恐惧条件反射,那些有富含 CREB 蛋白质的神经元的动物对声音表现出更大的恐惧感,而在选择性地杀死这些细胞之后,这些动物对声音就一无所惧了。就这样,他们似乎终于找到了恐惧的记忆痕迹。当然一只小鼠对单个引起恐惧的事件的记忆是一回事,而在人记忆中复杂的联想,可能要牵涉许许多多神经联结的网络,这又是另一回事。所以,不能说他们的工作彻底解决了记忆痕迹究竟在哪里的问题。乔斯林自己也说道:"我们研究的是记忆的一种非常简单的基本类型。对一只老鼠,您不可能问它:'你还记得昨天把你放进去的那个笼子吗?'我们所能做的仅仅是观察它们的行为,以确定它们有没有学到了些什么。像您在回想您经历过的某个事件这样的复杂的回忆储存在许许多多不同的脑区中。"

长时程增强的发现

1964年,挪威科学家洛莫(Terje Lømo)刚刚离开挪威海军要找工作,有一天他在奥斯陆的大街上偶遇挪威神经科学家安德松(Per Andersen),后者刚从澳大利亚埃克尔斯实验室回到挪威筹建自己的实验室,因此正需要人,于是洛莫就到了安德松的实验室工作,并在一年多以后开始攻读博士学位。洛莫在和安德松讨论之后,确定了自己的论文方向

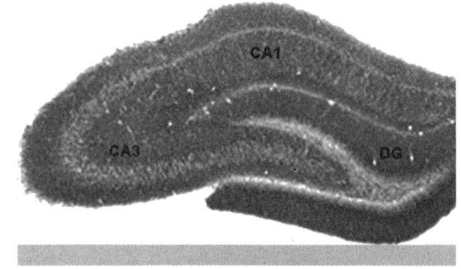

图3-7 海马内部的解剖结构。 DG为齿状回,其通过前穿质通路接受来自内嗅皮层的输入,而齿状回神经元的轴突与CA3神经元形成突触。CA3神经元的轴突分成两分支,一支经穹窿离开海马;另一支经谢弗侧支,与CA1神经元形成突触。

将集中在安德松研究过的"频率增强"(frequency potentiation)现象上。安德松从海马齿状回的前穿质通路(perforant path)给予颗粒细胞强直刺激(tetanic stimulation,即一连串很密集的电震),他发现在刺激停止之后,颗粒细胞的兴奋性还会持续增大数秒甚至半分钟。1969年,洛莫对博士论文《海马结构齿状回的突触机制和组织》(Synaptic Mechanisms and Organization in the Dentate

Area of the Hippocampalformation)进行了答辩。

在洛莫的论文中,他记录了当在前穿质通路加一连串刺激时齿状回中细胞体层和树突层的场电位。他特别注意这种刺激的后效应,以前人们报道过这种后效应类似于强直后增强(posttetanic potentiation,简称PTP),一般只持续几分钟。之前虽然也观察到过在脊髓中有长达数小时的PTP,但是只有在长期给予高频刺激之后才能观察到。人们一般认为这种后效应只是突触可塑性的一种表现,但并不是学习的可能机制。例如,埃克尔斯就曾这样说过:"要想用所显示的突触效能的这种变化[①]来解释学习和建立条件反射的最不能令人满意的一个特点就是,为了产生能检测得出的突触变化需要长时间的过度刺激。"

1966年洛莫用麻醉兔作为实验材料,他通过前穿质通路给海马齿状回颗粒细胞一短串刺激,结果发现此处的突触效能提高并能维持几个小时。在做实验的时候,一如他所能预见的那样,当给前穿质通路单个脉冲电刺激时,在齿状回细胞中诱发出兴奋性突触后电位(excitatory postsynaptic potential,简称EPSP)。但是出乎他的意料之外的是:如果他先在突触前纤维上加上高频刺激串,在接下来的时间里即使只加单脉冲刺激也能引起更强的EPSP,而且这种效应能持续很长时间。这种现象就被称为长时程增强(long-term potentiation,简称LTP)。洛莫的这一工作也就成了LTP研究的发轫之作。由于海马结构简单,同时,离体的海马切片可以在合适的灌流条件

---

① 这里指的就是强直后增强。

下存活数小时,使实验者便于精确给刺激和记录,因此以后许多对LTP的实验都是在海马切片上进行的。

自从洛莫发现LTP以后,人们普遍认为LTP是海马中学习记忆的重要机制,并发表了上千篇论文。人们假定在海马中产生LTP是学习的结果,但是在此后的30多年中一直没有找到决定性的证据。1986年,莫里斯(Richard Morris)从动物的在体实验中首先提示LTP可能是形成记忆所必需的。他通过用药物改变大鼠海马的方法来测试它们的空间记忆。他把大鼠放到一个池水极度混浊的水池中,池壁垂直而无法攀缘,只有在水面下某处才有一个看不见的平台可供它歇脚。对正常大鼠来说,它们能把看不见的平台位置和周围环境中的显著标志联系起来。因此在经过训练之后,正常大鼠再被丢进水池时,它们能立即游向平台。然而用NMDA的阻断剂APV处理过海马的大鼠再被丢进去时,它们就会在池中乱游一气,好像以前从来也没有在池中训练过一样。这就是莫里斯水迷宫实验。他们然后把这两组大鼠的海马切片,结果发现对照组很容易诱发LTP,而用APV处理过的鼠则很难诱发LTP,这表明NMDA受体至少对某些类型的学习记忆是必需的,也间接提示LTP可能也是这些类型的学习记忆所必需的。然而应该指出的是,这个实验只是说明了LTP和这些类型的学习记忆之间存在相关性,还不能证明这两者之间存在因果关系。尽管以往此类实验都是对动物的习惯化、敏感化和条件反射,特别是恐惧条件反射做的,这些记忆都属于非陈述性记忆,其结论对于陈述性记忆是否也适用并没有证据,但此实验间接提示了这种可能性,因此还是很有意义的。

2006年,美国神经科学家贝尔(Mark F. Bear)等人让大鼠在一个两室的盒子里通过在暗处受到电击的方法学会避免待在暗处而只待在亮处,由此发现学习确实在海马的突触之间诱发LTP。贝尔说道:"我们证明了所有人都相信的一个信念:当学习时在海马中确实诱发出了LTP。这对神经科学家来说是一个很大的成绩,因为自我们知道LTP之后的30多年来一直未能得到这样的证据。"由于他们的研究比较专业，这并非一本科学普及图书所能详述的，有兴趣的读者可以参看相关文献。①

空间记忆溯源

位置细胞的发现

早在200多年之前，德国哲学家康德（Immanuel Kant）就认为空间概念属于心智的一种内在特性，是一种先验知识，和经验无关。20世纪40年代，美国心理学家托尔曼（Edward Tolman）做大鼠的迷宫实验，发现大鼠能学会在迷宫中找路，于是他认为大鼠脑中有某种"认知地图"（cognitive map），使得它们能确定自己在环境中所处的位置和确定到别处去的路径（导航）。但是关于这种"地图"是怎样在脑中得到表征的问题并没有解决。

布伦达·米尔纳对记忆、大脑半球特异化和额叶功能的神经心理学研究工作具有开创性意义，其影响既广泛又深远，启发坎德尔对记忆进一步深入研究的同时，也着实吸引了英国神经科学家奥基夫（John O'Keefe）。20世纪60年代，奥基夫想通过神经生理学的方法来研究困扰哲学家和科学家的有关位置感的谜题。

奥基夫运用1971年他所开发的多通道在体记录技术在大鼠海马内CA1区域里埋藏多根电极，然后让大鼠可以在一个方形的箱子里自由活动，观察并记录它在自然行为下的单细胞活动，这是奥基夫的首创之处，结果发现海马中有些神经元只在大鼠跑到特定的地点时才有很

① Whitlock J, Heynen A, Shuler M, Bear M (2006). Learning induces long-term potentiation in the ippocampus. *Science*, 313 (5790):1093—7.

高的发放率,也就是说这些特定的神经元仅仅当大鼠处在特定位置时才被激活,因此奥基夫将其命名为"位置细胞"(place cell)。

奥基夫还发现,当大鼠处于环境空间的每一个位置时都会引起一群位置细胞的发放,由此奥基夫认为海马中所有的位置细胞组合在一起,可能就构成了大脑里关于外界环境的某种"认知地图"。这也就是说,对于某个环境的记忆就存储在特定的一群位置细胞之中,而另一个环境则由另一群活动的位置细胞所表征。这也是动物有"位置感"的来源。

接下来的一个问题是,这些位置细胞是根据什么来判断自身所在的空间部位的?视觉线索是一种可能的因素,例如我们往往根据某些地标来判断自己所在的位置,不过这种线索也不一定完全可靠。有一个笑话,说有一位外宾在上海旅游,为了记住他所住的宾馆位置,他就依葫芦画瓢地把宾馆边上墙上的一段大字标记抄在一张纸上,当他后来迷路以后,他拿出这张纸问人,结果没有人能帮助他,因为他抄在纸上的标记是:"此处不准停车!"但是后来的研究发现,当把大鼠放到它熟悉的黑暗环境中时,特定的位置细胞依然会在特定的位置有发放,这就意味着位置细胞建立了有关环境的某种内在的地图。因此奥基夫认为,当大鼠在不同的环境中时,海马中激活起来的位置细胞的群体活动就产生了许多这样的地图,有关环境的记忆就储存在海马中位置细胞活动的特定组合之中。

"认知地图"是如何绘出的

判断自身所在的位置如果不完全依赖视觉线索的话,那么又是靠什么产生的呢?一直到20世纪末和21世纪初的世纪之交,关于脑中内在的位置信号是怎样产生的依然是一个谜团。回答这一问题的是在奥基夫实验室当过访问学者的挪威神经科学家爱德华·莫泽(Edvard Moser)和迈-布利特·莫泽(May-Britt Moser)夫妇。

如果从现在社会上流行的"起跑线"的说法来看,莫泽夫妇必"输"无疑。他们是在挪威西海岸城市卑尔根之北好几百千米之外孤悬海外的一个小岛上长大的,他们的父母也都没有受过很好的教育。当他们首次在奥斯陆大学的心理学课上相遇时,他们对自己的前途也并没有什么清晰的计划。不过心理学引起了他们对脑的兴趣,他们都想进一步学习有关行为的神经机制问题。但当时奥斯陆大学并没有什么神经科学课程,于是他们就去听一门有关行为分析的课程,老师给了他们一份《科学美国人》(Scientific American)①1979年出版的有关脑的专刊。这份杂志给了他们极大的影响,后来他们回忆说:"正当我们在荒原中彷徨无依时,这份杂志就像上天的恩赐,它传播出的有关脑研究的热情深深地把我们吸引到这一不断变化着的学科。"

在对神经科学有了进一步了解和初步做了些研究之后,他们决定师从挪威著名神经生理学家安德松,他们坐在安德松的办公室里好几个小时不走,竭力说服他把他们招为研究生,安德松无法把他们赶走,而他们则不达目的决不罢休。最后他为他们强烈的好奇心和坚强意志所感动,终于答应了下来。正是通过安德松,他们结识了莫里斯和奥基夫,并数次到莫里斯那里参加海马长时程增强的研究。1995年在他们取得博士学位之后,他们又一起到奥基夫那儿工作了一段时间。正是在奥基夫实验室里,他们掌握了他开发的多通道在体记录技术。1996年回国以后,莫泽夫妇也建立了自己的实验室,继续用这项技术研究海马及其周围脑区的神经元活动。他们的创业是艰苦的,他们的实验室是一间地下防空洞,既没有动物房,也没有车间,甚至连技术员都没有一个,一切都得自

① 该刊的中文版曾数易其名,现在称为《环球科学》。

己动手。他们自己清扫动物的笼子，自己做脑切片，设备有问题还得自己修理。不过也正因为一切都得自己动手，使得实验室完全符合自己的需要。幸运的是，他们开始工作时获得了欧盟一项有关海马记忆的合作研究计划的资助。

为了回答脑中内在位置信号如何产生这一问题，他们选择从分析位置细胞的输入入手。因为海马CA1区接受输入的一个主要区域是海马CA3区，有很多实验室早就发现在CA3区也有位置细胞，但数量远较CA1区低。在他们之前，主流观点认为位置感和导航的神经基质都在海马中，但是莫泽夫妇并不迷信这一论断，因为人们在此前就发现了当实验条件发生很小的变化时，位置野可以有很大的改变，旧的位置野可能消失不见或者移到了意想不到之处，也可能产生新的位置野，这就提示位置细胞有可能并不只是在海马中进行计算的。他们试图寻找除了CA3区之外，CA1区是否还有别的输入来源。他们用药物学方法损毁了整个CA3区的神经元，而让CA1区仍保持完好，结果发现CA1区位置细胞的功能仍很正常。这只有两种可能性：或者是CA1内部富有计算位置的回路，但是由于CA1内部很少有相互联结的回路，这种可能性自然被排除了；剩下的可能性就是CA1的位置细胞另有重要的输入来源。问题是这些输入来自何方？

当时早就有人报道过，在内嗅皮层上有一群细胞把神经纤维直接投射到CA1区，于是莫泽夫妇从2004年开始把电极直接植入到内嗅皮层中。结果发现，大鼠在空间环境中跑动时，内嗅皮层的细胞也对位置信息有反应，但与海马位置细胞不同的是，它们不是仅对某一个地点位置有反应，而是在环境空间中的多个不同的位置地点上都有反应。在2004年神经科学年会的一次早餐会上，有人向他们指出这些位置似乎表现出六角形的结构，但是由于数据不足，难于下结论。会后他们构建了一个直径2米的圆形箱子作为大鼠可以自由跑动的环境，获得了大量的数据。

使某个网格细胞发放的空间位置所表现出来的规律性隐藏在很大的变差之中，如果不进行适当的数据处理，就很难得到明确的规律。幸运的是，爱德华·莫泽在念大学时学了多种学科：数学、统计学、编程和神经生物学，所以他很熟悉如

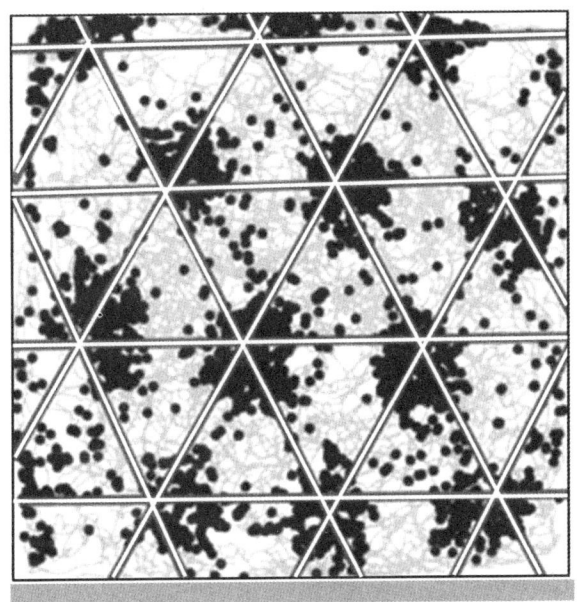

图3-8 大鼠网格细胞有强烈发放的位置中心点互相连接起来得到了一系列非常规整的正三角形结构。

何进行数据处理。结果表明,如果把大鼠有强烈发放的位置中心点互相连接,就得到了一系列非常规整的正三角形结构。每当大鼠处于这些三角形的顶点位置时,相应的神经元就会放电,而所有这些三角形合在一起就构成了一张铺满环境二维平面的网格,这就好像在内嗅皮层中存在一张外部世界的空间地图。随着跑动范围的扩展,网格也会随之扩展。莫泽夫妇就将这些细胞命名为"网格细胞"(grid cell)。网格细胞并不一定得依赖于视觉信息传入:无论在黑暗中还是在光亮的条件下,网格细胞的反应特性基本上没有多大变化。这样网格细胞似乎就给出了大鼠所在环境的一个坐标系。

此外,网格细胞还可能在路径积分(path integration),即在寻找路径方面起重要作用。比如说大鼠从窝出发,在搜索了一些地方找到了食物之后,并不需要按原路返回,大部分大鼠都会直奔它们的窝。当大鼠的内侧内嗅皮层受到损伤之后,它们就找不到回家的路了。不过对于寻觅路径来说,光有网格细胞所构成的坐标系统还不够,需要知道自身将要运动的方向,1984年,兰克(Ranck)在海马邻区的下脚复合体中发现了"头朝向细胞"(head direction),后来发现在内侧内嗅皮层的中层和深层中也有这种细胞,它们对动物头的朝向非常敏感,当头转向其最优方向时就有发放,而与动物的位置和当前行为状态无关。另外,在内嗅皮层中还有一种对环境边界敏感的细胞和对速度敏感的细胞。速度细胞和头朝向敏感细胞共同作用可能使网格细胞知道应该在什么地方有发放。这样内嗅皮层网格具有有关位置、速度、距离、方向和边界的信息。很可能,正是这些不同类型的细胞构成了位置细胞所需要的神经回路,由此给出了不断变化着的动物位置的精确的度量表征。这样的回路就构成了脑内的定位系统。这一系统就在动物的脑内创立了它所熟悉的环境的一幅"认知地图",动物用它来确定自己当时所处的位置,并且知道怎样从一处跑到另一处去。当然如果有环境中的地标时,动物也会利用地标,这是两种相互独立的定位和导航策略。后者可以对前者的作用进行适当的修正。

就这样,奥基夫和莫泽夫妇发现了动物怎样定位和导航的细胞机制,解决了几个世纪以来科学家争论不休的有关脑如何在自身中创建一个周围空间的地图,并能在复杂的环境中找到路径之谜,他们共同分享了2014年诺贝尔生理学或医学奖。

最近对老年痴呆病人所做的脑成像研究发现,他们的海马和内嗅皮层都受到影响,这些病人往往迷路。而对手术治疗的癫痫病人在术前埋藏电极所得的结果也表明,在人脑的海马中存在位置细胞,而在内嗅皮层则有网格细胞。

那么上述内容和本章的主题"记忆"有什么关系呢?要知道情景记忆包含两个基本要素:地点和事件。而位置细胞和网格细胞所编码的则正是有关位置和空间定位的相关信息,这本身既是一种空间记忆,又是构成情景记忆的要素之一,而这也正是以前的记忆研究中所未能解决的。因此奥基夫与莫泽夫妇这三位诺贝尔奖得主也为记忆研究作出了重要贡献。

04

人有喜怒哀乐

情绪探秘

人们应该认识到所有的快乐、愉悦、欢笑、运动,还有悲伤、忧愁、沮丧和哀伤都来自大脑,而不是来自其他东西。

——希波克拉底(Hippocrates)
古希腊时期著名医生,西方医学奠基人,被西方尊为"医学之父"。

从古希腊时起,无数的哲人贤士就对"情绪"(emotion)感兴趣,并把它和"感受"(feeling)、"欲望"(desire)、"激情"(passion)这类术语联系在一起。亚里士多德和柏拉图一样,曾把情绪和激情相提并论,他认为:所谓激情即包括"欲望、愤怒、恐惧、自信心、妒忌、欢乐、爱、仇恨、渴望、争胜好强、同情心,总的说来就是和愉快及痛苦有关的感受";动物也有激情,只不过仅出于本能自发地表现出激情,而人除了有动物所有的激情之外,还有勇敢、羞怯、文雅、残酷、温和等,并且可以通过意图和谋划来影响情绪。我国古代思想家所说的"喜怒哀乐"或"七情六欲"之类亦都关系到人的情绪问题。然而他们都没有给出"情绪"的定义,也没有正确地说出产生情绪的发源地。事实上,到现在也还没有一个公认的关于"情绪"的确切定义。对于情绪究竟包括哪些基本内容也是众说纷纭。17世纪,法国哲学家笛卡儿认为情绪可分为6种最基本的形式:好奇、爱、仇恨、欲望、愉快和悲伤。无论如何,前人至少给出了有关情绪的一个大致的概念,而这正是我们进一步研究的出发点。

情绪和面部表情

对情绪面部和表情的研究始于1806年英国解剖学家查尔斯·贝尔爵士(Sir Charles Bell)的《图说表情的解剖基础》(*Essays on the Anatomy of Expression in*

图4-1　德·布洛涅。

Painting）一书。在书中他根据对面部在剥去皮肤和脂肪之后所作的精心解剖，画出了支配表情的面部肌肉。

从1850年开始，法国解剖学家德·布洛涅（Duchenne de Boulogne）开始用感应线圈电刺激面部的表情肌。1862年他发表了《人类面部表情机制》（Mécanisme de la Physionomie Humaine）一书的第2版，书中有大量刺激面部肌肉以后产生的表情的图片。德·布洛涅认为每种情绪都有某种特异化的面部肌肉对此负责。他小心地局部电刺激各种面部肌肉，结果发现有些肌肉极富于情绪表达，有些则只是有所表现，还有些则毫无影响。他按肌肉似乎表达出的情绪而对它们进行了分类。当然并非所有科学家都同意他的每种面部表情都由一块肌肉负责的说法，但是无论如何他的工作推动科学家以更为科学的方法去研究情绪。在他以后许多科学家都采用拍照的方法通过记录面部表情来研究情绪。

达尔文的情绪表达理论

大家都知道进化论的奠基者达尔文的不朽名著《物种起源》（On the Origin of the Species），但可能并非所有人都知道他的另一本书《人类和动物的情绪表达》（The Expression of the Emotions in Man and Animals）。在这本书中，达尔文从进化论的观点出发，认为其他高等动物也会有类似于人的某些情绪。例如,达尔文注意到当他注意别的狗时,他的狗会表现出类似于妒忌的情绪,他相信狗也会感到羞耻或骄傲。他认为对于那些最基本的情绪来说,动物与人之间的差别并不在于其本质,而只是在程度上有所不同。他还发表了一些动物和人的表情以资对照。高等动物的面部表情和人何其相似乃尔,这提示我们高等动物也有类似于人的情绪,尽管我们还不能确定是不是所有类似的表情一定就表示它们所代表的情绪也必定是类似的。

图4-2　面露厌恶表情的例子。该图取自达尔文所著的《人类和动物的情绪表达》。

达尔文认为情绪的面部表情有其进化论的根据,例如当因惊奇而睁大眼睛可能是因为要放大瞳孔才能使动物看得更清楚。狂怒时的咆哮和露齿可能是因为它要准备撕咬或者是威胁对手。

达尔文认为人的有些表情可能不再对其生存有多大意义,而要寻找其先祖时代的作用才能理解。人的表情所包含的意义不因种族或文化背景而异,这只有从人类有共同的先祖这一点出发才能理解。

为了理解人的情绪是怎样发展起来的,达尔文开始观察自己的儿子多迪(Doddy),从1840年多迪刚出生观察到他年满37岁。达尔文发现,多迪出生不久就会因听到巨响而嚎啕大哭或是惊跳起来,但是发怒却是在4个月的时候才表现出来,这是因为他觉得给他喝的奶太凉了。达尔文由此认为最重要的情绪是无需学习的,然而有些先天的情绪还需要在后天练习以不断完善,例如用微笑来进行社交活动。

达尔文的工作对后世的情绪研究有很大的影响,他谈到了情绪的起源以及人和动物在情绪方面的相似性,但是他没有涉及情绪的神经回路的机制问题。

面部表情所表示的情绪是举世普适的吗?

按照达尔文的进化论,如果面部表情对我们先祖的生存具有重要意义,例如看到恐惧的表情就知道有危险出现,看到愤怒的表情就要防止对方的攻击……那么我们的面部表情应该是先天遗传下来的,而很少受到后天文化背景的影响。事情是不是这样呢?有着完全不同文化背景的人种是否以同样的面部表情来表示同样的情绪呢?

答案似乎是明显的,我们几乎不会误解西方人或其他和我们不同种族的人的面部表情。如图4-3所示,一般把除轻蔑之外的这6种情绪认为是最基本的情绪。图中有白人、亚裔人和黑人等,但是不管是哪种人种,读者大概都不会搞错他们的表情所表达的是什么情绪。这还不能说明问题吗?但值得注意的是,现在在这个信息交流十分普遍的世界里,不同种族的文化彼此影响,我们看了那么多的美剧、韩剧……非常可能在不经意间就学会或懂得了他们面部表情所表达的情绪。因此要真正说明这个问题,就要设法找出一个与世隔绝的民族,他们中有些

图4-3　面部表情所表达的情绪。

人从来也没见过外族人,更没有看过电影、电视和外族人的照片。不过,现在要想找出这样一个民族还真不容易呢。

幸运的是,埃克曼(Paul Ekman)等人在新几内亚东南的高原地带找到了一个尚处于石器时代的与世隔绝的民族——福尔族,他们中有许多人根本不知道除本族人之外的面部表情是个什么样子。埃克曼等人从这些福尔族人中挑选了189个成年人和130个儿童作为受试者。他们给每个受试者看3张西方人的照片。其中有男有女,有老有少,并且表示6种不同的表情(这些照片之前让有各种不同文化背景的人看过,每张照片都至少有70%的人认出是上面所讲的6种表情中的同一种表情)。实验人员向受试者讲6种不同境遇的故事(故事见下表),然后要受试者从中挑出一张和所讲故事匹配的照片来(福尔人中也有人接触过外界,甚至还在教会学校念过书,因此总可以找到一个翻译来讲这段故事并要求受试者挑照片)。

结果正确率大致都在80%以上,高的甚至超过93%。他们的这一研究雄辩地证明了面部表情所表示的情绪是普适的,而和文化传统没有太大关系。他们也对这些福尔人的6种表情进行录像,并带回美国让大学生猜测其情绪,结果也是类似的。

日裔美国心理学家松本(David Matsumoto)研究了2004年奥运会和残奥会柔道选手的面部表情,其中也包括一些生下来就盲的运动员和后天致盲的运动员。

表4-1 埃克曼等人设计的和6种情绪对应的6个故事

情绪	故事
1. 高兴	有朋友来而高兴不已。
2. 悲伤	孩子死了而伤心。
3. 愤怒	愤怒至极准备大打出手。
4. 惊奇	看到一样新的完全出乎意料的东西。
5. 厌恶	看到不喜欢的东西或是看到闻上去很臭的东西。
6. 恐惧	独自坐在屋子里,村子里别无一人。屋子里也没有刀、斧、弓、箭。一只野猪站在门口不走,心中害怕野猪会冲进来咬人。

结果他发现这三位不同的运动员在赢得一个回合后的面部表情都是一样的——高兴的微笑。因为先天致盲运动员从来也没有看到过别人的微笑,所以他们的这种表情和情绪的关系一定是先天就有的。松本说道:"有关情绪的面部表情具有普适性的证据是确凿无疑的。"

他们的这一工作说明面部表情是天生的,正如达尔文的进化论所主张的,这种天生的面部表情,甚至于是跨物种的面部表情有利于物种的生存,一种恐惧的表情可能是某种无声的符号,警告着危险的迫近。为了证实这种推测,1988年汉森(Hansen)等人把一张愤怒的人脸置于一群欢笑的人脸之中,或是把一张欢笑的人脸置于一群愤怒的人脸之中,要受试者把这唯一不同的脸找出来,结果发现受试者在前一种情况下的反应时间要比在后一种情况下的反应时间明显地短。这说明接受危险信号对物种的生存来说更为重要。还有一些表情的生物学意义则至今还不清楚,或是只有一些假设。另外,人作为一种社会性动物,表情对于人际交流起着很大的作用。从中又发展出许多新的表情,如骄傲和含羞。

在论证表情表达情绪的普适性实验中,仍存在一个问题。实验者通常给出一张不同类型的情绪列表,然后再要求受试者挑出和这些情绪最匹配的照片。事先规定的情绪类型列表可能诱导了受试者。若做实验时没有事先给出情绪类型列表,就要受试者看照片用自己的话来讲他们对照片中人的情绪判断,那么准确率只有50%,而如果事先告诉他们6种基本情绪类型,要他们从中挑一种,那么准确率可以提高到80%。

美国心理学家巴雷特(Lisa Feldman Barrett)认为表情实际上类似于肢体语言,因此尽管有不同文化背景的人有着某种共同性,但是它依然要受到文化的影响。她通过实验说明表情与受试者的经历、环境及所处时代有很大的关系,在现实世界中很少有孤立的表情。例如脸色阴沉一般认为是恼怒,但是如果当事人手持秽物,那么这种表情可能表达嫌恶;如果当事人当时面临危险,那么这种表情表达的可能是恐惧。

巴雷特最喜欢用网球天后小威(Serena Williams)的一张照片来论证她的观点。如果不知就里，您可能认为她怒火满腔或是欲哭无泪。然而如果您能看到她全身的姿势：右手举拍，左手握拳举在脸前，特别是如果您能知道在这一刹那之前她刚刚在2008年全美公开锦标赛的半决赛中击败了她的姐姐大威(Venus Williams)，您就无疑可以肯定这是在表达她大喜若狂的情绪。

英国科学家杰克(Rachale Jack)把4800张西方人的照片给15位欧洲人看，而把另外4800张亚洲人的照片给15位中国人看，要他们分别把这些照片按6大类基本情绪和不能确定这7种情况分类。结果欧洲人的分类相当一致，而中国人的分类则有很多重叠，也就是说意见不那么一致。

这些结果表明文化背景可能对表情在表达情绪方面也有影响。杰克说道："我并非对声称某些面部表情有其生物学根源的人表示异议，但是人类的文明已经有了8万年了。"因此用于社会交流的文化演化对原来固化的表情进行了修饰。

关于表情是否完全是天生的和普适的这一争论也有着现实意义。因为如果答案是肯定的话，那么我们就可以利用仪器识别表情来读取对象的内心情绪。这无疑是司法部门和反恐部门所希望的，反之，则这种技术的应用就受到了很大的限制。

有关争论还在继续之中，不过争论双方有一点共识：有必要做进一步的研究，区分生物学根源和文化在情绪表达中所起的作用。松本指出："人们常常喜欢事情非黑即白，但是实际上决非如此。"

因为伤心才哭泣，还是因为哭泣而感到伤心？

我们是因为伤心才哭泣，还是因为哭泣而感到伤心？对大多数读者来说，这个问题的答案似乎是显然的。然而，这个问题远远比表面上看起来的要复杂得多。

哭泣使我们感到伤心——詹姆斯—朗厄理论

1884年，美国心理学之父詹姆斯(William James)发表了一篇颇具争议性的论文《什么是情绪?》(What is an emotion?)。在这篇文章里，詹姆斯认为神经系统天生就是要对环境中的某些特征以某种方式作出反应。他认为感觉直接触发了某种身体变化，而这种内脏和肌肉的动作最后返回皮层引起知觉。这和一般人认为对情绪的觉知才使我们出汗、发抖、心跳和呼吸发生变化正好相反。用他自己的话来说，就是：

> 通常我们认为，我们因为破财而伤心流泪；我们碰见一头熊，因惊吓而逃跑；我们因受到对手的侮辱而发怒厮打。我在这儿要论证的假说正好与此相反……合理的假说是：因为哭泣我们才感到悲伤，因为打架我们才感到愤怒，因为发抖我们才感到害怕，而并不是因为我们感到悲伤、愤怒或害怕我们才会哭泣、厮打或是发抖。要是在知觉之后没有身体上的变化，那么这种知觉只不过是一种认知形式，而不带任何情绪色彩。我们可能看到了一头熊……但是我们可能并不真正感到害怕。

1885年丹麦病理解剖学家朗厄(Carl Georg Lange)也提出了类似的假说，他和詹姆斯一样也把所讲的情绪限于害怕、愉快、愤怒和悲伤这样的"简单情绪"(simple emotions)，或者像詹姆斯所称的"粗线条情绪"(coarse emotions)。而像爱、恨、轻蔑、钦佩这样的更为复杂的高级情绪则不在他的假说的适用范围之内。

图4-4　詹姆斯。

但是他们的理论都是基于内省和相关的数据，并没有做条件控制得很严格的实验。对此詹姆斯在1884年争辩说：

> 如果让我们想象某种强烈的情绪，并试图从这种有意识的想象中提取出能引起典型的身体变化的感情，我们会发现一无所获，没有任何产生这种情绪的"心智成分"，我们有的只是冷冰冰的不带感情色彩的理性知觉……对我们来说，要把情绪和躯体感情分隔开来是不可想象的。我越是仔细考虑，我越是坚信，我所有的全部心情、喜好和激情都是由通常我们称之为这些情绪的表情或结果的躯体变化造成的。

朗厄也说了同样意思的话：

> 如果让一个吓坏了的人不表现出任何此类表情，让他的脉搏一如往常，看上去冷静如故，面不改色，行动敏捷而稳当，思维清楚，那么还有什么可以说明他害怕了呢？

詹姆斯和朗厄也有某些临床证据支持他们的理论，例如朗厄就举出英国外科医生科珀（Astley Copper）的一个临床观察的例子。科珀观察到有一位颅骨破损的病人，每当他的脑中血流增加时，他就感到烦躁不安。

不过詹姆斯在他的晚年对他的上述思想有所修正。他说他并不是说任何情绪都必须和某种特定的动作联系在一起。他承认奔跑并不一定会使人害怕，流泪有时也可能是和高兴有关，而不是和悲伤有关。但是他还是强调要是没有躯体变化的话，就不可能有"真实的"情绪。

哭并非伤心的原因——对詹姆斯—朗厄理论的批评

詹姆斯和朗厄提出他们的理论后不久，就遭到了许多人的批评，特别是来自实验生理学家和神经病学家的批评。

1921年达纳(Charles L. Dana)发表了一篇严厉批评詹姆斯—朗厄理论的论文。他在论文中说道：

> 我有一位病人……她从马上跌了下来,并摔断了脖子(在第3颈椎和第4颈椎处)。她的四肢完全瘫痪了,也完全丧失了颈部以下的皮肤感觉和深部感觉,也没有了所有的深部反射……她活了差不多有一年,在这段时间里我还是看得到她表现出忧伤、快乐、不悦和喜爱之情。她的性格也没有任何变化……如果从外周理论(peripheral theory)①出发就很难解释为什么对她的情绪毫无影响,尽管她的骨骼系统实际上完全不能动了,她的交感系统也是如此。

20世纪20年代,美国生理学家坎农(Walter Bradford Cannon)用猫做了一系列的实验。他发现,当切断了猫从内脏到中枢神经系统的神经之后,猫依旧表现出愤怒、厌恶、恐惧和欢乐的情绪反应。他还发现内脏反应要慢于有意识的情绪反应。此外,坎农指出伴随着强烈的情绪反应的内脏反应是弥散的和非特异性的,因此看上去都十分类似的心跳加快、消化腺受到抑制、血糖升高、支气管扩张如何能表示各种不同的情绪体验？他还指出有些内脏反应根本就与情绪无关,例如发烧、血糖降低、窒息等。更有甚者,有许多内脏变化根本就意识不到情

---

① 詹姆斯—朗厄理论的另一称法。

绪,因为内脏中很少有感觉神经。

不过也有人立即反驳坎农,他们认为坎农所讲的当猫没有内脏反馈时依旧表现出"发怒"缺少依据,你怎么知道猫确实是真正"发怒"了呢?

坎农的回答是用人作为受试者。例如他对一些大学生注射肾上腺素以后会引起许多和情绪反应相关的内脏变化,如心跳加快,双手发抖,全身打寒颤。然而这些学生虽然都表现出这样的身体变化,但是绝对没有任何情绪感受。

坎农还举出许多病例,这些病人几乎完全麻痹,但是他们依然有和正常人那样的情绪。坎农的这一系列工作使许多人不再相信詹姆斯—朗厄理论。巴德(Philip Bard)在1927年指出:对于詹姆斯—朗厄理论,"至多只能讲躯体反应有可能略微增强产生情绪意识的中枢过程"。

当代情绪研究的领军人物之一、葡萄牙裔美国神经科学家安东尼奥·达马西奥(Antonio Damasio)有一次询问当今最杰出的歌剧演员雷斯尼克(Regina Resnik),她演了几千场像《卡门》(Carmen)和《克吕泰墨斯特拉》(Clytemnestra)这样的歌剧,怎么能忍受得了几千夜的大喜大悲,怎么能让自己不受她所演的角色的激情的影响? 她的回答是,一旦掌握了她演技的秘密就一点也不困难了。没有一位观众在看她演出的时候能猜到她只是表面上表现出如此而已,其实她并不感受到这一切。不过她也承认有一次在演出柴可夫斯基的《黑桃皇后》(The Queen of Spades)①时,当她一个人留在黑暗的舞台

① 根据普希金的同名小说改编而成。内容是老伯爵夫人有每赌必赢的秘诀,一个赌徒晚上闯入伯爵夫人的卧室逼迫伯爵夫人告诉他这个秘诀,伯爵夫人因惊恐致死。赌徒用这个秘诀开始大赢,但是最后一局却在牌中看到了伯爵夫人,并大输特输。

上扮演因惊吓致死的老伯爵夫人时确实感到自己就是伯爵夫人而惊恐万分。但是这最后一种情况除了她的表情之外,是否还有其他因素呢?例如黑暗的舞台,或许还有骇人的音乐。这就不得而知了。

"潜水钟和蝴蝶"

世界著名的法国时尚杂志《世界时装之苑》(*Elle*)的前总编辑博比(Jean-Dominique Bauby)在43岁时得了一次大面积的脑卒中,他从头到脚都动弹不得,尽管他的心智还是正常的。他唯一还能做的运动就是闪动他的左眼皮。这成了他和外界进行沟通的唯一动作。他的做法是这样的:将法文字母按照使用频率从高到低进行排列:ESARINTULOMDPCFBVHGJQZYXKW。当他想告诉别人他的想法时,他就让对方读这列字母表,直到他闪一下左眼皮,让对方停止读下去,停止处的字母就是他想要的字母。然后再重复上述程序,这样就可以得出整个词,最后得出一段多少可以让人读懂的句子。当然这一切无论对他本人还是对和他对话的人都很困难,例如有一次他想要一副眼镜(法文lunettes),对方不解地问他要月亮(法文lune)干什么。但不管怎样,他的毅力是惊人的,竟然在这种情况下"眼述"完成了一本有关病后经历的书《潜水钟和蝴蝶》(*Le Scaphandre et le Papillon*)。书名隐喻着虽然他的整个身体就好像孙行者被压在五指山(沉重的潜水钟)下动弹不得,但是他的思想却还像蝴蝶一样自由飞翔。

他在书中描述了不少自己的心情(情绪),例如在书中有一处,他说道:

> 举例来说,有一天,在我有生45年以来,我第一次为了擦身子,体验护工把我翻身过来。他就像对待新生儿那样给我擦屁股和扎上尿布,这让我感到很有趣。但是第二次,当他再这样做时,我极为悲伤,眼泪流过护工涂在我双颊之上的皂沫。每周一次的沐浴使我既悲伤又高兴。浸入浴缸时的高兴顷刻就使我怀念往日泡澡时的愉悦。那时一杯茶或一杯苏格兰威士忌,一本好

书或是一叠报纸，都可以伴我泡上好几个小时。我常用脚趾去开关水龙头。当我追忆往日的欢乐时，我极度地感到现在的情况对我是多么残酷。

上面的这一段引文清楚地说明了，即使一个人除了只能动一下左眼皮之外，什么动作都不能做，但是他还是可以有丰富的内心世界和感情。

争论并未结束

尽管经过长期争论，詹姆斯—朗厄理论似乎难于成立，但是并未被彻底驳倒。当今情绪研究的领军人物安东尼奥·达马西奥说过：

> 各种情绪就是许许多多动作和运动，其中的许多情绪当表现在脸上、声音中或是特定的行为里时，都是别人看得见的。当然也有些情绪成分是肉眼所看不到的，但是可以通过诸如激素分析和电生理波形模式之类的近代科学测试方法而变得"可见"。另一方面，各种感受则正如所有的心理像（mental images）一样总是隐蔽的，除了产生这些感受的主体之外，任何人都看不到。感受发生在主体的脑中，它是主体所具有的最私密的性质。情绪是在躯体舞台上演出的，而感受则是在心智的舞台上演出。

因此在安东尼奥·达马西奥看来，情绪就是在肉体上所表现出来的情绪反应，两者就是一回事，那也就无所谓什么是原因，什么是结果的问题了。而感受则不是，先有情绪后有感受。事实上，以前在人们的争论中，往往把情绪和感受混为一谈了。然而，即使如此，在笔者看来，问题也还没有完全解决。

虽然由引发情绪的皮层下结构（例如杏仁体）快速产生相应的反应（笔者称之为"情绪反应"），这种反应先于到达皮层产生感受，而要想意识到自己的情绪则只有在从这些皮层下结构发出的信号到达皮层之后才有可能。这从表面上看起来支持了詹姆斯—朗厄理论，但是发生在前的事件并不等于就是原因，相关性不等于因果性。詹姆斯和朗厄的论据有其不足之处。但是从另一方面来讲,如果把动作不只理解为外界观察者仅用肉眼观察到的行为变化,而是主体的身体状态的变化,那么确实也不存在没有身体状态变化的情绪。即使是只能动动眼皮的博比在悲伤时,眼泪也还"流过护工涂在我双颊之上的皂沫"。此外即使不流泪,正如安东尼奥·达马西奥所言,也还可以通过测试其他生理指标发现和情绪有关的身体变化,例如测量皮肤电导。如果真要找只有情绪而没有相应身体变化的例子还真极少可能,因此这两者无疑是紧密相关的。

但是这里还有一个问题:情绪和情绪反应有没有区分呢?当刺激到达情绪中枢之后,将触发一系列身体变化,这些变化无疑是在刺激到达情绪中枢之后,但是先于由情绪中枢发出的信号到达皮层而产生感受之前。因此情绪反应先于感受,情绪反应并非感受的结果。但是,这不等于说它就不是情绪的结果。反过来,情绪反应略滞后于刺激到达情绪中枢,不可能有没有情绪反应的情绪,但是这也不等于说情绪反应才是情绪的原因。问题依然存在。现在还没有一个实验能做到在刺激到达情绪中枢之后,只保留其到达皮层的上行通路,而切断其到达其他皮层下结构和效应结构的通路,因此也无从得知是否有可能有只有情绪(表现为稍后产生感受)而没有情绪反应的情形。如果真能做到这一点,我们才能断然地声称詹姆斯—朗厄理论是错的。

总之,以笔者的管见,当外界刺激到达皮层下情绪中枢(如杏仁体)之后,其信息通路一路上行到皮层产生感受,另一路下行到效应器官产生情绪反应。当然在以后这两路之间还会有相互作用,从而使情况变得更为复杂。在一开始感受和情绪反应是并行的,它们之间密切相关,但是并不存在因果关系,尽管情绪反应在时间上要先于感受。至于在刺激信息到达皮层下情绪中枢之后,如果这些信息既不继续下行到效应器官,也不继续上行到皮层,那么是否还有"情绪",这可能是一个见仁见智的问题。如果把这称为情绪的话,那么无论是情绪反应还是感受的源头都是这种意义下的"情绪"。

基本情绪的藏身之处

安东尼奥·达马西奥继承和发展了古人有关情绪的基本分类,他把情绪分成背景情绪、基本情绪和社会情绪三个层次。背景情绪也就是通常我们所说的"心境",那是在相当长一段时间里所具有的情绪背景;基本情绪就是一般都公认的高兴、悲伤、愤怒、惊奇、厌恶和恐惧;而社会情绪则是如骄傲、忌妒、害羞等更为高层的情绪。本节要讲的是有关对基本情绪的探索。

下丘脑和情绪表达

1892年,戈尔茨(Friedrich Goltz)先切除狗的大脑的左半球,接着又切除其右半球,而只剩下颞叶基部的一小块以保持视束不受损伤。他注意到这些去大脑的动物甚至在被喂食和抚摸时,都会表现出恐惧、攻击和暴怒这样的情绪。他是这样描写的:

> 对于没有做过手术的动物来说,即使其中最愚蠢的也很快就懂得把它从笼子里取出来是要喂它食物了,因此当我小心地把它放到喂食处去时,它会表现得很高兴。但是对于去大脑的动物来说,当我把它捉起来从笼子取出时,它的表现就像是它在几个月前尚未受到训练时一样,又踢、又叫、又咬。一直到把它放到桌子上,才逐渐安静下来。

之后,包括谢灵顿在内的许多人都观察到了同样的"愤怒"现象,这一现象表明脑干上部对情绪表达起到重要的作用。然而坎农等人发现这种动物并不逃跑,也不针对引起它的刺激因素进行攻击,因此和真正的愤怒是不一样的,只是一种"假怒"(sham rage)而已。

为了确定产生假怒的部位,巴德从头部向尾部方向逐渐横断脑干,他发现直

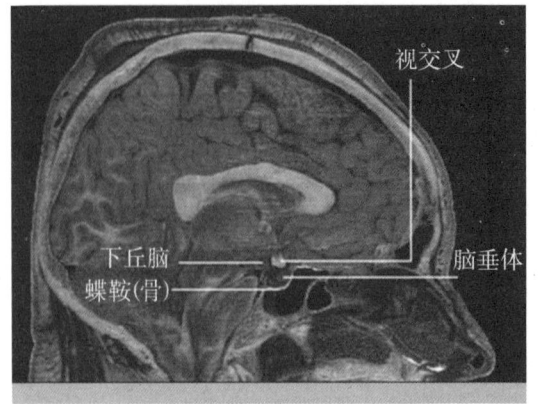

图4-5 人脑的纵断面,其中指出了下丘脑的位置。

到横断到了下丘脑的后部,才不再有假怒现象发生。这说明下丘脑后部在情绪表达中起到重要的作用。20世纪20年代,赫斯(Walter Hess)电刺激可以自由行动的猫的下丘脑后部,发现原来非常温驯的猫发出呼噜声,且瞳孔放大,耳朵向后,毛都竖了起来。但是只要一停止电刺激,猫的这种威胁性动作也立即随之停止。到了20世纪30年代,下丘脑对愤怒的重要性似乎已经很清楚了。那么其他的基本情绪又是如何呢?

20世纪20年代,威尔逊(Samuel Alexander Kinnier Wilson)发现有些脑损伤病人不能随意地运动面部肌肉(这要通过大脑皮层),因此要他们装出一副笑脸就难乎也哉。但是如果他们确实非常高兴或者悲伤,他们却能毫无困难地在面部表情上表现出来。巴德还发现一些麻醉病人(相当于在功能上去大脑)会不自觉地唱歌、呻吟、哭泣和欢笑而不自知。因此威尔逊、巴德和坎农认为快乐、恐惧和悲伤都和脑干有关。不过在正常情况下,它们都受到大脑皮层、特别是额叶皮层的抑制。因此人们认为皮层负责有意识的情绪体验,而下丘脑则控制着基本的情绪表达。美国神经科学家勒杜(Joseph LeDoux)把前者称为感受(feeling),而把后者称为情绪(emotion)①;前者由于牵涉意识而更难研究。坎农认为间脑的神经元负

① 事实上,勒杜把情绪说成神经系统为了帮助动物在危险的环境中存活和繁衍而进化出来的在脑中有回路基础的生物学功能。情绪系统负责恐惧、性和进食行为。而感受则是有意识心智的产物,这是我们给无意识情绪所打上的标记。

责原始的(不需要学习)情绪表达。间脑也负责简单感觉和激活皮层,皮层才有完整的有意识的情绪。皮层中产生的思想也会激活间脑,从而触发自主神经系统的变化。

坎农的理论在20世纪20年代和30年代曾经盛极一时,不过后来其影响逐渐衰落,这倒不是由于他们的理论在新的实验数据面前站不住脚了,而是因为其基本思想融合到了一个在解剖上更确切的新理论中去了。这个新概念说的是情绪是由"边缘系统"介导的,后者是由有关的皮层中枢、皮层下中枢以及和它们相互作用的许多部分组成的一个很大的集合。

边缘系统与情绪

1878年,就在布罗卡去世前两年,他提出了一个"大边缘叶"(great limbic lobe)的概念。这是在大脑皮层内侧面围绕脑干、间脑和胼胝体的一圈皮层结构,它主要包括上面的扣带回和下面的海马回两个部分。当时布罗卡认为这一系统主要是和嗅觉有关。他相信边缘叶在进化上比较原始,因此可能和生存的基本功

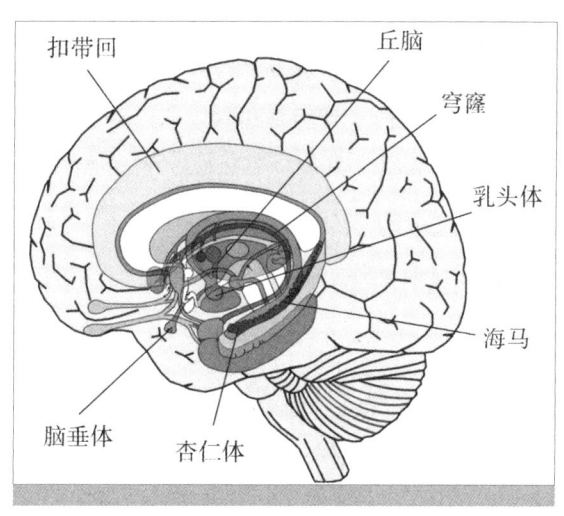

图4-6 边缘系统。

能有关,也就是"兽性"之所在,而大脑的其他部分则继续发展,特别是额叶皮层,它们才是真正智能的所在地,并且对边缘叶进行控制,将"兽性"关到了笼子里去。

1937年美国神经解剖学家帕佩兹(James Papez)提出负责情绪的是一条"新"的回路:其中包括海马、杏仁体、扣带回、下丘脑、丘脑前核(anterior nuclei of thalamus)以及这些结构之间的相互连接(例如穹窿)。虽然帕佩兹在他的论文中对布罗卡的边缘叶一字未提,但是其他人指出前者所述内容并不比后者多多少。

帕佩兹和前人一样,也把这些结构分成两类:一类和原始的情绪表达有关,而另一类则和主观的情绪体验有关。他认为下丘脑负责情绪表达,而主观的情绪体验则必须要有皮层的参与。他认为海马对情绪至关紧要,扣带回有通路通向海马,海马通过穹窿把信息传输到下丘脑后部,下丘脑是自主反应的中枢,因此也负责情绪表达。不仅如此,从下丘脑又有通路到丘脑前核,最后回到扣带回,正是在那里才有了有意识的情绪体验。因此下丘脑和扣带回互有影响。这可能也是为什么情绪表达和情绪体验孰先孰后争论纠缠不清的原因吧。

帕佩兹用了许多病例来论证他的理论。例如狂犬病人表现出暴怒、恐惧和忧伤,而狂犬病毒特别攻击海马神经元。帕佩兹还引用了许多由于肿瘤损害了扣带回而造成性格剧变并丧失感情的病例。其实早在1670年普拉特就讲过这样的一个病例。有一位卡斯帕·博内科蒂乌斯爵士(Sir Caspar Bonecurtius)变得毫无情感,对周围环境也一无反应。绝大多数时间他都安坐桌边,双手捧头。在他死前的几个月里,他几乎不说话,即使偶尔说些什么,也是令人完全莫名其妙的话。在他死后所做的尸检发现在其前扣带回有一个肿瘤。

克吕弗—布西综合征的表现之一就是情绪上会发生变化,在此以克吕弗和布西在切除猴双侧颞叶(包括杏仁体)以后所观察到的情绪变化为例:

> 在对猴做了第2次手术之后,它完全丧失了情绪反应。尽管它依然非常活跃,对周围的一切总是充满了好奇心,但是它对任何东西都再也不表现出

愤怒、恐惧或者愉悦之情。……到了术后第25天,在它旁边放了一条1米多长的牛蛇,它甚至舔了一下嘶嘶作响的蛇舌……到了第4个月末,一般说来它仅存的情绪反应就是偶尔表现出的攻击反应。

其他一些双侧颞叶切除的猴也表现出类似的症状。克吕弗和布西认为,这证实了帕佩兹关于包括海马在内的颞叶和情绪功能有关的观点。

美国神经病学家麦克莱恩(Paul MacLean)是帕佩兹最坚定的支持者之一,他从许多颞叶癫痫病人身上发现了作为癫痫前兆的情绪变化。1952年他最终采用了布罗卡的术语"边缘系统",其中包括杏仁体、隔核(septal nuclei)、眶额皮层(orbitofrontal cortex)和扣带回。他把"边缘系统"定义为"布罗卡的大边缘叶所包括的皮层及其皮层下细胞中转站"。后来他又将其进一步明确为海马回、扣带回、胼胝体下回(subcallosal gyri)、杏仁体、隔核、上丘脑(epithalamus)、丘脑前核、基底神经节中的某些部分和下丘脑中的某些核团。

目前对于情绪研究得最多的是恐惧。当你看到在草地里有一条蛇的时候,这一视觉刺激通过丘脑的中转站外膝体到达视皮层,最后在额叶皮层和其他高级的心智过程整合起来,最后意识到危险在前。虽然这一过程时间很短,只要一两秒时间就行了,但是生死存亡也许就取决于比这还短的时间,因此在进化上就产生了一条更短的通路,危险信号通过脑干直达杏仁体,而立即作出或战或逃的反应,例如立即向后退走,尽管这时你还根本没有意识到这是一条蛇。有一位在文献上被称为SM046的双侧杏仁体受损的病人,当给她看有各种面部表情的照片时,她根本认不出恐惧的表情。她认为这只是表示惊奇、愤怒或是厌恶。因此现在一般认为杏仁体负责恐惧的情绪。

麦克莱恩把人脑分成了三大部分,他称之为爬虫脑、古哺乳动物脑和新哺乳动物脑。爬虫脑位于脑干,它负责本能以及固定程式的行为;古哺乳动物脑位于边缘系统,主要负责简单的感情、情绪表达和基本的生殖行为;而新哺乳动物脑则就是新皮层,负责决策、高级思维和理性,只有这一部分才有语言和分析能力。

勒杜认为杏仁体对情绪的贡献最大,他甚至认为把边缘系统作为情绪中枢的说法是不确切的。感觉刺激可以不经过皮层而通过丘脑直达杏仁体,产生情绪并下行到肌肉和腺体作出必要的反应;另外,杏仁体的情绪信息也可以再上行到皮层,并和来自皮层其他区域的信息进行整合分析,产生感受,并再下行到杏仁体。如果经过皮层的分析发现原来的恐惧只是一场虚惊,那么皮层就可以取消原来杏仁体所下达的命令。不过这种情绪和感受的双重系统也给人带来问题,因为从皮层下行到杏仁体的通路没有从杏仁体到皮层的通路发育得那么好,因此杏仁体对皮层的影响要大于皮层对杏仁体的影响,这就是为什么一旦产生了某种情绪,皮层就很难消除它,即为什么很难控制情绪的原因。例如,很难通过讲道理消除恐高症。

当然在情绪中枢的问题上并不是所有人都同意勒杜的说法,他们认为还是应该坚持边缘系统的观点,因为情绪并不只限于恐惧和愤怒。

虽然边缘系统对情绪非常重要,但是这决不是说边缘系统就是情绪系统或者说就是脑中唯一的情绪中枢。其他一些脑区也参与其中,例如下节要讲的额叶皮层,并不存在单独、离散的情绪系统。

额叶皮层和高级情绪

达尔文认为人的心智中依然存有其低等祖先的痕迹,最基本的情绪就是其中之一。人拥有有别于动物的控制冲动的能力,但是一旦当人的高级脑结构失常,就有可能兽性大发,危害自己和他人。

约翰·休林斯·杰克逊是达尔文学说的信徒,他认为脑在进化过程中保留了旧的结构。因此他认为理性思维代表了脑的一种新的、特异化的进步,这和快速崛起的大脑皮层有关;而像暴怒之类的自动动作则是较为原始的功能,由脑的低等部位负责。他认为疯狂就是因为失去了对低级中枢的高层控制,例如由于高级中枢受到损伤、癫痫发作或是酩酊大醉。和动物比起来，最晚发展起来、也远大于其他动物的前额叶皮层自然就成了这种高级控制中枢的候选者。布罗卡就猜测过："最高级的皮层组织……位于额叶，而颞叶、顶叶和枕叶则适用于情感、爱好和情绪。"但是这样的猜想有没有根据呢？

"他不再是原来的盖奇了"

前额叶皮层损伤对人的高级情绪和性格造成严重影响的第一个也是历史上最著名的一个病例是19世纪中叶美国修建铁路的一个工头盖奇（Phineas Gage）。

1848年9月中旬，美国《波士顿邮报》（*The Boston Globe*）刊载了一条当地新闻——"可怕的事故"，全文如下：

> 昨天，当一位在卡文迪许铁路工地上工作的工头盖奇在准备爆破时，炸药爆炸了。爆炸力使他当时正在使用的一根周长约0.03米、长约1.1米的铁器穿过他的头颅。铁棒穿过他的颧骨和左眼底从头顶穿了出来。在这个悲剧中最令人惊奇的事是，直到今天下午两点为止，他还活着，神志清醒，而且也不感到疼痛。

这条报道中仅有一处错误，0.03米不是铁棒的周长，而是它的直径。为了使读者对盖奇所受的伤口和铁棒的大小有一个直观的概念，我们在图4-7里面给出了盖奇手持铁棒的照片，而图4-8则是当铁棒穿过盖奇头颅时对颅骨和脑所造成的损伤的示意图。

图4-7　盖奇手持那根穿过他头颅的铁棒的照片。

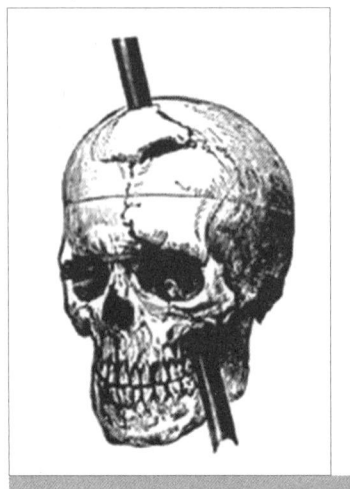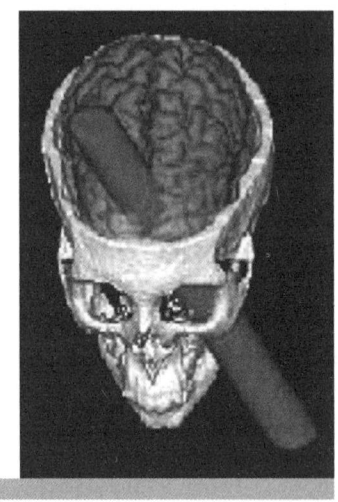

图4-8 铁棒穿过盖奇头颅时的复原图。左图:铁棒穿过盖奇颅骨的示意图;右图:铁棒对盖奇所造成的脑损伤的示意图。

工人们用马车送他到卡文迪许镇治安官亚当斯(Joseph Adams)先生所经营的一家旅馆。尽管满脸是血,头上还有一个大洞,他居然直坐在车上,到旅馆后几乎没让伙伴们搀扶就下了车,走到阳台上坐了下来,还和聚集在他周围的一小群人讲了他的遭遇。下午5点左右,也就是事故发生一个多小时之后,亚当斯先生派人去请的哈洛(John Martyn Harlow)医生的年轻同事威廉斯(Edward Higginson Williams)医生才匆匆赶到。盖奇居然还和医生打招呼说:"医生,这可有得您干的了。"并说希望几天后还能上班。后来威廉斯医生回忆当时的情景:

在我从车上下来之前,我一眼就注意到了他头上的伤口,脑部有明显的搏动。有一些伤情在我对他头部做检查以前,还不好说。头顶的伤口多少有点像一只倒置的漏斗,我发现这是因为他伤口四周5厘米内的头骨都破碎了。我在上面应该已经提到过,在颅骨和头皮上洞的直径差不多有3.8厘米那么大。孔的边缘外翻,整个伤口看上去就好像某个楔形物从下向上穿出来。在我检查盖奇先生的伤口时,他的态度就好像受伤的是旁人似的,他讲话神志非常清楚并且有问必答,所以我就直接问他,而不去问发生事故时和他一起在现场的工友们,这些人当时就在他身边站着。接着盖奇先生又告诉我接下来的情况。我可以打包票说,无论是在当时还是在以后,除了有一次以外,我都认为他是完全理智的。我所讲的唯一的一次例外是事故发生大约两星期后,他一直把我称为柯温(John Kirwin),但是他对我问的所有问题,回答都准确无误。

在威廉斯上面的这段话里,有一点值得注意,但当时并未引起人们应有的重视:这就是盖奇"异常"冷静,他对医生讲他的遭遇就像是在说和他无关的人一样;另外,他还非常理智。事实上,盖奇的这些特点后来在其他一些前额叶损伤的病人身上也一再表现出来,联系到所有这些病人都不再善于做计划和处理与自己利害攸关的问题,人们认识到情感和理性并不像以前大家认为的那样水火不相容。情感对于理性决策可能起到至关重要的作用。

哈洛医生在傍晚6点才赶到,他帮助盖奇回到自己的房间,清洗了伤口,并把手指从头顶上的伤口处伸进去以确保颅内不再有骨头的碎屑,并简单地包扎了一下。今天我们所知道的关于这件医学奇迹的故事大多来自哈洛医生后来发表的两篇文章。哈洛医生发现盖奇大脑左半球的前面部分几乎都被损毁了,他后来记述道:

> (铁棒)穿过头颅,经过大脑的左前叶,从脑内侧面矢状缝和冠状缝的结点处穿出来,毁坏了矢状窦(longitudinal sinus),顶骨和额骨大面积粉碎,毁坏了很大一部分脑,并使几乎半个左眼球从眼窝里突了出来。

虽然几经危急,盖奇在一个月后终于没有生命危险了。他回家休养了几个月,盖奇觉得自己已经康复而可以再去上班了。虽然左眼瞎了,但是右眼的视力依旧正常,其他感觉也都正常。智力方面虽受到一些影响,但在说话和行动方面都没有问题。工地的包工头没有让他再做原来的工作,问题并不出在他体力不支或是缺乏技术，而只是因为他性格大变。以前盖奇是工地上最能干的一名工头，待人和善、精力充沛、头脑清楚、做事稳重，对所有自己制定的计划都坚持不懈直到完成。他被大家看成是一位精明而有经济头脑的人，在上司的眼中是"最为高效和能干"的员工。但是自从那次事故以后，他在性格、好恶、梦想、志向和情绪的稳定性方面都发生了极大的改变，因此尽管他的肉体还活得很好，但是活着的已经是完全不一样的一个新人了。哈洛医生是这样描述他在心理方面发生的巨大变化的：

> 这样说吧！他在理性和动物本性之间的平衡似乎已被打破。他反复无常，无礼，不时表现得极为粗野（他以前可不是这样），对同伴缺乏起码的尊重，对他的要求如果不予满足或者进行劝告，他就极不耐烦，既固执又变化无常和犹豫不决，刚想好要怎么做，马上又放弃了，而想出似乎更好的其他行动。他的智力和表现就像一个小孩，他虽然是一位强壮的男子汉，却充满着兽性。在他受伤以前，尽管他并没有受过多少教育，但头脑清楚，了解他的人都认为他是一个精明的生意人，在执行自己的计划方面充满活力又坚持不懈。他的头脑在这些方面完全变了，因此他的朋友和熟人都断然认为他"不再是原来的盖奇了"。

在失去工地工头的职位后，他在一个养马场里工作了一段时间，因为行事乖张、不守纪律而遭解雇。巴洛医生说他"老是找一些他不能胜任的事来做"。4年之后，他又到南美洲浪迹8年，之后回到加利福尼亚他母亲处，什么工作都做不长，1861年终于因癫痫发作持续不断而驾鹤西去。由于当时正值美国南北战争期间，消息不畅，哈洛医生根本不知道他的死讯，因此当时并未做任何尸检。哈洛医生是在5年以后才知道噩耗的，他为失去研究盖奇脑的机会而懊恼不已。不过后来盖奇的母亲答应哈洛把他的尸体重新挖出来，并让他保存盖奇的颅骨和那根铁棒以作为这件医学奇案的物证。现在这些东西都还保存在哈佛医学院的瓦伦医学博物馆里。

盖奇的故事是悲剧性的,但是对盖奇的治疗、观察和报道却成就了哈洛医生,成为他一生事业的闪光点。他正确地指出了盖奇行为上所表现出来的剧变是特定脑区损伤的后果,而不是事故所产生的总体反应,这在当时可以说是很大胆的。哈洛医生的断言很可能与其接受过某些脑功能定位思想有关,1842年,在这场事故发生以前,颅相学家赛泽(Nelson Sizer)访问卡文迪许,在那里作过有关颅相学的讲演,而哈洛医生正参与了接待工作。令人颇感遗憾的是,由于上面所述的种种原因,哈洛未能对盖奇的脑做尸检,因此他不能精确地说出盖奇脑损伤的部位,而且盖奇的症状牵涉情绪、决策、做计划和社会行为等复杂功能,这就使得要把问题讲清楚更为困难,这点我们不能过于苛求前人。要知道布罗卡对病人做尸检发现以他的名字命名的语言区是后来的事(1861年),而通过实验证实运动区的存在更是1870年的事了。①

对盖奇病例的现代认识

由于没有能对盖奇的脑进行解剖研究,现在很难确切地知道他的脑究竟有哪些部位受到损伤,只能根据他的颅骨得到一个大致的概念。很明显,他的额叶皮层受到了极大的损伤,但是他脑中的布罗卡区、运动皮层和前运动皮层有没有受到损伤呢? 如果这些区域也受到了损伤的话,那么为什么在他的行为中没有表现出来呢? 这些问题成了争论的话题。一直到120多年以后,人们运

---

① 相关故事请参看拙作《脑海探秘:人类怎样认识自己》,上海科学技术出版社,2014。

用新技术才最终部分回答了这些问题。

安东尼奥·达马西奥的妻子汉娜·达马西奥(Hanna Damasio)要她的朋友到瓦伦博物馆去对盖奇的颅骨从各种不同的角度拍照,并且测量了头顶上的洞到颅骨各个标志点的距离。根据这些资料,她和她的同事重建了盖奇头颅的三维立体模型,并且根据现代神经解剖学的知识,确定了一个最能和这个颅骨匹配的脑的解剖模型,他们还根据颅骨上的伤口在计算机上模拟了那根铁棒穿过盖奇头颅时的路径。他们的研究表明铁棒从左侧颧骨处穿入,向上通过左眼眶,首先损伤了眶额叶区域,然后穿过脑中线附近的额叶,损伤了左额叶皮层的内表面(或许也损伤到右额叶皮层),最后在从颅骨中穿出之前,铁棒还损伤了某些左额叶皮层的背侧部分(或许也损伤到右额叶皮层的背侧部分)。由于脑的结构在细节上因人而异,因此损伤的细节已不可能完全确定,但是大的部位还是可以确定的,盖奇脑的语言和运动部位毫发无损。也可以确定盖奇脑的腹内侧前额叶完全被损毁了,以后的研究表明正是脑的这一部位对人的决策至关紧要。

这一事故第一次明确提示我们,原来当时人们对其功能一无所知的前额叶皮层虽然和感觉或运动没有直接的关系,但是却和个性、做计划、决策、社会礼仪、责任心、为自己的长远利益采取适当行动等脑的最为复杂的高级功能有关,对正确地评估事情的重要性以及控制情绪反应等都起着至关紧要的作用。盖奇伤后表现出来的横行霸道、暴躁易怒提示前额叶皮层对情绪控制也有着重要的作用。特别是眶额叶皮层和社会性动物的高级情绪,如骄傲、窘困和社会礼仪等有关。盖奇伤后满口爆粗使得女士们看到他唯恐避之不及,就是一个例证。

对"当代盖奇"的研究

盖奇的症状也为后来一系列额叶皮层受枪伤或有肿瘤侵袭的病人所证实。最近安东尼奥·达马西奥对双侧眶额叶皮层受到损伤的病人做实验。他让他们看有强烈情绪刺激的图片,例如残缺不全的尸体或是裸体画,结果他们的皮肤电导并不发生任何变化,而对正常人做同样的实验则他们的皮肤电导大大增大。这说明眶额叶皮层受损的病人对情绪刺激并不产生躯体反应。在让他们做赌博实验时,眶额叶皮层受损的病人对输钱也无动于衷。所有这些实验结果都表明眶额叶皮层对我们评价自己动作的价值,以及把情绪和理智、决策等认知过程联系起来起着关键的作用。他亲自观察并跟踪随访了十几位这样的病人,由于技术的发展,他不需要等病人过世后进行尸检就能知道究竟是脑的哪个部位受到了损伤,现代的脑成像技术可以立刻就把病人的症状和其脑损伤联系在一起。这些病人使他回想起盖奇的故事,激发了他研究情绪和理智的关系问题。他是这样回忆的:

> 虽然我已记不清究竟是什么激发了我对理智的神经机制的兴趣,但是我确实知道从什么时候起我就深信有关理智本质的传统观点是不对的。从我童年时起,我就一直被教导说只有冷静的头脑才能作出明智的决定,情感和理性就像油和水一样互不相容。在我成长的过程中,听到想到的都是理性由心智中不容情绪介入的部分产生,而当我把脑作为心智的基础来加以考虑的时候,我想理性和情绪应该由神经系统中的不同部位来负责。对理性与情绪之间的关系的观点,不论用心智的术语来说,还是用神经的术语来说,都是广泛流行的。
>
> 但是现在我目睹了您可能想象不到的最最冷静而极少带有情绪的睿智的病人,他实际上表现得非常缺乏理性,在日常生活中行事乖张,一个接着一个地犯错误,做出了既与社会规范不相容又对己不利的行为。他曾经有过健全的心智,直到神经性的疾病侵害到他脑的某个特殊部位,导致他在决策方面逐渐表现出严重缺陷。他是否还算理智?对他所做的常规检查都显示他没有问题。他具备必要的知识、注意力和记忆,他的语言能力无懈可击,他能计算,也能处理抽象问题中的逻辑关系。伴随他难于决策的只有另一个显著

的问题，这就是在体验感受的能力方面发生了明显变化。特定的脑损伤同时对理智和情感两方面都产生了问题，这种相关性使我认为感受也是理智机制的一个组成成分。我对大量的神经病人做了20多年的临床和实验工作，这使我得以把上述观察一再重复，并最终把这些线索变成了一个可加检验的假设。

安东尼奥·达马西奥在这里提到的病人正是埃利奥特（Elliott），有关他的故事在拙作《脑科学的新故事》一书中已经有了相当详细的介绍，而且他是现代版的盖奇，既然上面我们已对盖奇的故事作了相当详细的介绍，因此为了避免重复，在这里就不再介绍埃利奥特的故事了，有兴趣的读者可以读一读安东尼奥·达马西奥的原作《笛卡儿的错误：情绪、理性和人脑》（*Descartes' Error: Emotion, Reason and the Human Brain*）[①]和《寻找斯宾诺莎》（*Looking for Spinoza*）。

[①] 有人把这儿的 reason 译成"推理"是不对的，虽然在 reason 的众多释义中也确实有"推理"这一条。正如语法修辞大师吕叔湘先生在他写给英语学习者的《中国人学英语》一书中开宗明义之句："英语不是汉语"，在英语和汉语的词汇之间并不存在一一对应关系，而需要从上下文中挑选最能反映作者真实意图的释义。

05

聪明与愚笨的分野
智能探秘

脑以大量记忆构造出世界的模型。你所知道的所有东西都储藏在这个模型中。脑就根据这个以记忆为基础的模型不断地预测未来。正是这种预测未来的能力才是智能的关键。

——霍金斯(Jeff Hawkins)
美国计算机工程师、企业家、掌上电脑和智能电话的先驱,红杉神经科学研究所的创立人。

人在某些方面无疑是所有动物中最聪明的物种,其智能远非其他动物所能望其项背。即使在人里面也有绝顶聪明和愚鲁笨拙之分。这和脑的大小及结构有没有关系?这究竟是先天性的还是后天获得的?智能的本质又是什么呢?自古以来,这些都是人们一直非常感兴趣的问题。本章所讨论的正是这样一些既有趣又颇有难度的问题,其中某些问题直到现在仍众说纷纭,并无定论。甚至连"智能"本身也还缺乏一个精确的、一致公认的定义。尽管绝大多数人都同意,智能表现为解决问题的能力和适应不断变化着的环境的能力,特别是应对以前从未遇到过的新挑战的能力。我们暂时就满足于这样一个大致的观点,并以此为出发点吧。

智能和脑的大小

脑越大越聪明?

公元前3世纪,古埃及亚历山大城的埃拉西斯特拉图斯(Erasistratus)提出,人的大脑半球最为复杂。当然也有人说他的这一思想来源于他的同事希罗菲勒斯(Herophilus)。无论如何,古希腊人首先猜想到脑在某种程度上可能与智能存在

图5-1 维萨里。

关系。其后有关不同物种的脑的问题争论不断,16世纪维萨里重拾旧说,亲自动手解剖不同动物的脑,并把它们的智能高低和脑的大小联系了起来。他在其《人体的构造》一书中说道:

> 当然,在绵羊、山羊、牛、猫、猩猩、狗和我解剖过的鸟类的脑中,都有和人脑中相对应的部位,脑室也是如此。除了大小之外,我们找不到有多大不同,虽然这些动物的智能大相径庭。人脑最大,其次是猩猩,再次为狗,如此等等,其次序和我们所知道的这些动物的智力一致。人脑不仅相对于其身体来说很大,实际上它比其他动物的脑都大。

17世纪末,人们已经普遍接受了正是大脑半球的大小把人和其他动物区分开来的观点,并且相信大脑是智能和意志之所在。达尔文也相信动物认知能力的提高和脑的增大有关。但是后来人们发现动物的智能并不仅仅取决于其脑的大小。因为一般说来,动物越大,其脑也越大,但是这增大了的脑的很大一部分是用于主管大大增加的皮肤表面的触觉及支配更多的肌肉运动等和智能无关的日常事务。例如,一头牛的脑比一只小鼠的脑大了

100倍,但是二者的智能却相差不多。

1891年,瓦勒(August Disire Waller)在他出版的教科书《人体生理学》(Human Physiology)一书中,把脑重和体重之比作为衡量智能高低的指标,结果人的脑体比在他研究过的动物中遥遥领先。19世纪末,荷兰解剖学家杜波依斯(Eugene Dubois)相信脑体比大的动物会更聪明,在此基础上他与其他学者收集并统计了3690种动物身体、器官及腺体的重量数据,确立了动物脑容量与体型大小间的数学关系。他们发现:平均说来,脑重的增长速率赶不上体重的增长,其间的关系服从某种3/4幂次方的关系。

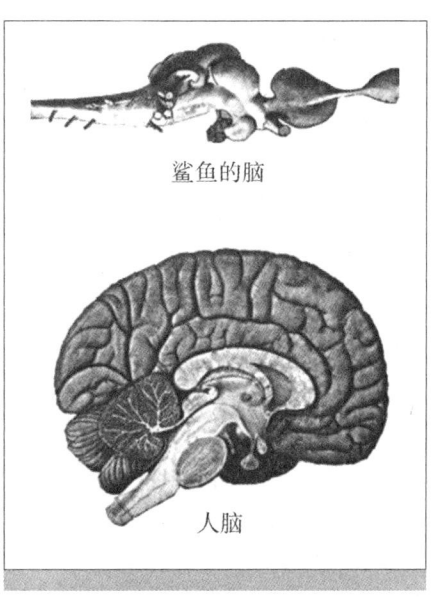

图5-2 脊椎动物脑的主要解剖结构。此处将鲨鱼和人的脑相比较。基本的部分都可以一一对应,但是形状和尺寸有巨大的不同。

表5-1 若干动物的脑重、体重和脑体比

动物	脑重(克)	体重(克)	脑体比(%)
鼩鼱	0.25	7.5	3.33
小鼠	0.5	24	2.08
绵羊	100	40 000	0.25
豹	135	48 000	0.28
马来熊	400	45 000	0.89
猩猩	400	42 000	0.95
人	1400	60 000	2.33
印度象	5000	25 500 000	0.20

于是,杜波依斯提出了一个新的度量智能的指标——"脑商"(encephalization quotient)。由于不同种类的动物其智能的脑机制可能很不相同,例如鸟类中鹦鹉和鸦类的智能的程度甚至比某些灵长类动物还高,因此在比较不同种类动物的智能时只能分门别类地进行。而脑商正是从同一类动物中选取某个动物的脑体比作为标准,然后取其他动物的脑体比和该动物的脑体比所得的比值。以哺乳动物的智能分析为例,选取猫的脑体比作为标准,得出其他各种哺乳动物的脑商,如下表所示:

表5-2 取猫的脑体比作为标准时各种哺乳动物的脑商

动物	脑商
人	7.4—7.8
海豚	5.3
卷尾猴	2.4—4.8
长臂猿	1.1—2.7
黑猩猩	2.2—2.5
旧世界猴	1.7—2.7
鲸	1.9
狓	1.7
大猩猩	1.5—1.9
狐狸	1.6
非洲象	1.3
海象	1.2
骆驼	1.2
狗	1.2
松鼠	1.1
猫	1.0

(续表)

动物	脑商
马	0.9
绵羊	0.8
小鼠	0.5
大鼠	0.4
兔子	0.4

脑商反映了一个物种的大脑增长速度偏离3/4幂律的倍数,其值越大智能发展程度越高。但值得注意的是,在上表中智能程度较高的黑猩猩的脑商却远在卷尾猴和长臂猿之下,这又和事实不符。另外,不同种类的动物如哺乳动物和鸟类该如何比较智能也是个问题。况且,即使对人科动物来讲,问题也没有得到完全解决。原始的尼安德特人的脑容量有1520立方厘米,而现代人的脑容量却只有1340立方厘米。虽然尼安德特人的智力确实要高于大猩猩,他们会制作工具,但是绝不能和现代人同日而语。我们从智人祖先发展到现在,脑容量不仅没有增大,反而减小了150立方厘米。所以尽管脑体比或脑商是和智能有关的一个重要因素,但它们都无法决定智能的高低,也许脑结构的复杂性在其中扮演着更为重要的角色。

脑的大小和种族偏见

正是在脑越重的物种越聪明的思潮之下,一些人相信脑的大小不仅能反映不同物种之间智能上的差别,还能反映人类自身中不同种族及不同社会阶层的人的智能差别。不少人热衷于测量这些人的脑或颅顶,企图以此来证明某些种族(在当时的历史环境下,指的都是白种人)和某些社会阶层(指的是当时的社会精英)的优越性,从而走上了歧途。这些人抱着种族偏见或者阶级偏见,选择性地报道有利于他们偏见的个例。

即使是伟大的布罗卡也未能免俗,他也坚持认为有教养人士的脑要比无知愚民的大。他甚至声称:"在其他条件都相同的情况下,智力发育和脑的容积之间存在着明显的关系。"他也认为不同种族的人在智能上有所差别,欧洲人的脑要比其他种族的脑大。虽然和当时绝大多数的欧洲人一样,他并不信奉种族平等,但是他也是一位人道主义者,反对奴隶制和种族压迫。后来他对他原来的结论也有所修正,因为他发现某些黄种人(如因纽特人、马来人、塔塔尔人等)的脑比欧洲人还要重一些,另外他还发现出土的克鲁马努人(Cro-Magnon)①的颅腔比当代的法国人还要大。

不过这一潮流并未因此消退,此后许多人想通过比较欧洲人和非洲黑人或其他人种人的脑重差别来说明欧洲人的优越性。例如,美国的埃及学家诺特(Josiah Clark Nott)和格利顿(George Robins Gliddon)甚至不惜在他们的书中故意把非洲黑人的下颚画得往前突出,同时歪曲了猩猩的颅骨和脸部,以使读者得出黑人更像猩猩,而不像白人。一直到希特勒纳粹的医生们还在竭力寻找这样的"科学"根据来说明雅利安种族的优越性和对犹太人等"劣等种族"进行种族灭绝的"合理性"。

脑的大小和性别偏见

不仅在种族问题上,在性别问题上,长期以来大男子主义者也以男女脑的差异来说明妇女要比男子低一等。

---

① 1868年在法国南部克鲁马努山洞里发现的古人类,是旧石器时代晚期新人的总称。

亚里士多德曾说过:"男子的脑最大,男子的脑要比女子大。"一直到19世纪,关于女性的智力低于男性的观念依然十分普遍,这也成了当时女子不用受高等教育的"理由"。颅相学的创始人加尔认为妇女的脑要比男子小,所以妇女没有男子聪明。极具讽刺意味的是,他死后对他脑的测量表明他的脑比妇女的平均脑重还要轻若干克。勒邦(Gustave Le Bon)竭力把女性的智力和所谓的"劣等种族"的智力进行比较。1879年他甚至还把女性的脑和猩猩的脑进行比较!虽然他无法否认确实有杰出的妇女其智力优于一般的男子,但是他强词夺理地断言:"这种情况极其稀少,这就像生出一个有两个头的猩猩的怪胎那样的稀奇,因此我们可以完全把这种情况略去不计。"

一直到20世纪,人们在考虑了男女体重的差别之后,才发现前人关于女性的脑比男性的脑要原始、简单和更接近于猿的观点并没有可信的科学根据。1909年马尔(Mall)说道:"经常有人讲妇女的脑简单,但是如果不考虑到脑重的话,从一大堆脑中按性别把这些脑分成两大类是大成问题的。"

问题出在哪里?

为什么在那么长的时间里,有那么多的人(包括某些相当知名的科学家)会从测量脑的重量和大小上得出白种人的智力要高于其他人种,男子的智力要高于女子这样的错误结论呢?首先是因为这些人持有强烈的偏见,就像我们前面讲过的诺特和格利顿那样,他们不是客观地对待他们的样本和数据,而是不惜歪曲事实来迎合他们的信念。其次他们在方法上也不严格,例如他们用在颅骨里填充粟米或芥菜籽来间接测量脑的大小。这是因为一直到19世纪之前,人们没有发现可以保存脑的方法,且脑在人死之后如果不加特别的处理很快就变质腐烂了。除了那些刚死的新鲜脑之外,人们只能通过间接测量颅腔的大小来估计脑的容积。实验者在向颅骨填充粟米或芥菜籽时有时填得紧一些,有时填得松一些,结果当然也就不同了。另外,一直到19世纪中叶以前,人们一直以为颅骨的容积是脑相对大小的可靠指标,但是后来人们发现颅骨的容积和脑重并不完全一致,两个同样大小的颅骨,其脑容量可以相差200毫升之多。再次,直到20世纪初以前人们并没有认识到有各种各样的因素会影响到脑的大小和重量。例如,19世纪上半叶以前几乎没有人注意到体重对脑重和脑的大小的影响,这不仅是对不同的种族而言,而且对不同的性别也是如此。此外,当时人们也不了解脑标本存放时间越长,重量减轻得也越多,因此把新鲜的脑和"陈"脑去作比较是没有任何意义的。最后,一直到19世纪末,也极少有人注意到脑标本的主人是否死于某种使脑萎缩的疾病或其他类似因素。并且也没有人注意到其他影响脑大小的因素,例如幼年营养不良等。此外,一些名人脑重差别之大,也使研究者不知所措。例如,英国伟大的诗人拜伦(Byron)的脑重在1807克以上,加尔的脑重只有1312克,而法国上议院议长、雄辩而博学多才的政治家甘必大(Léon Gambetta)的脑重仅为1160克!

1902年波希米亚科学学会的会员马蒂卡(Heinrich Matiegka)认识到这个问题的复杂性,他列举了影响脑重的15种因素。科学界开始改变看法,人们不再拘泥于脑重,而更注意大脑本身的形态,许多人热衷于研究名人和天才的皮层褶皱性是否比常人更为复杂。

名人之脑

"数学王子"高斯之脑

对名人之脑的研究始于1855年德国科学家瓦格纳(Rudolph Wagner),那一年他得到了有"数学王子"之称的德国大数学家、物理学家和天文学家高斯(Carl Friedrich Gauss)的脑。高斯从小就是一位数学神童,在他上的第一堂算术课上,他就应声回答了老师提出的把从1到100的所有自然数相加起来求和的问题。这令老师目瞪口呆,其实他只是把1和100加起来后乘以50罢了。他这种从看来十分复杂的现象中洞烛隐藏在其背后的简单规律的能力终其一身。他是第一个计算出谷神星轨道的人,还是第一台电磁电报机的发明人。他的发现、发明如此之多,以至一直到他身后50年,人们才完全理解他的发现的广度和深度。在他生命的最后几年,他已被世人目为当时的天才。

瓦格纳在高斯生前曾访问过他4次,而在高斯死后,瓦格纳设法获得了高斯的脑,他发现:高斯的脑重1492克,只比平均脑重稍重一点,但是他脑的沟裂的模式比以前描述过的任何模式都要复杂。当时他还研究了其他5位和高斯同样在格丁根大学工作的教授[其中包括语言学家赫尔曼(Carl Hermann)、著名数论学者狄利克雷(Peter Gustav Lejeune Dirichlet)、矿物学家豪斯曼(Johann Fridrich Hausmann)]的脑,发现其中有些脑的脑重(例如豪斯曼的脑)还不到平均值,而且其中也没有哪一个脑显出哪怕一丁点儿高斯脑那样的模式。因此他不得不承认,无论是脑重还是沟回的复杂性都不是智力的理想指标。

图5-3 德国邮票上的高斯像。

不过瓦格纳并没能说服"脑重智力高"理论的信奉者。布罗卡就反驳说:"教授的长袍并不能保证穿着者就是天才,即使是在格丁根也可能有些教席被滥竽充数者窃据。"确实,瓦格纳的对照组并不理想,而实验组则只有一个样本。因此对于脑重或沟回复杂性是否可以判断智能高低这一问题,无论答案是肯定还是否定的,都没有充足的理由。

时至今日,高斯的脑还安静地保存在格丁根大学医学伦理和医学史研究所地下室的一个标本柜里。除了曾一度被人取出做了一次磁共振成像之外,没有人对这位天才的脑做过进一步的研究。

"现代物理学之父"爱因斯坦之脑

如前所述,天才之脑是不是在结构上和一般人有所不同,一直是人们关心的话题,而又一直得不到肯定的答案。为世人所公认的天才本来就不多,而要在他们死后立刻能得到他们的脑且能长期保存下来以供研究,这种机会就更少了。所以,当人们知道科学史上最伟大的天才之一爱因斯坦的脑依旧保存完好的消息之后,其激动之情是可想而知的。

1955年爱因斯坦逝世之后,当晚的值班医生哈维·托马斯(Harvey Thomas)取出了爱因斯坦的脑,只是在事后才征得了爱因斯坦家人的同意,条件是爱因斯坦的脑只能用于科学研究,并且有关结果都应发表在有声望的科学杂志上。由于哈维拒绝把这一珍贵的标本交给医院当局而遭解雇,四处流浪。哈维本人并不是一位脑专家,而人们也不知道他的去向,直到1978年才有一位记者发现了他的行踪,于是科学家们纷纷通过各种渠道要求哈维能提供给他们一些样品供研究之用。

哈维对爱因斯坦的脑从各种不同的角度拍了照,然后切成240块保存了起来。他发现爱因斯坦脑的重量只有1230克,甚至比一般人的脑还轻一点。这无疑是对把智力和脑重等同起来的传统想法的又一次打击。

20世纪70年代,美国加州大学的神经科学家戴安蒙(Marian Diamond)教授在对大鼠做实验时发现,生活在丰富多彩的环境中的鼠脑中的胶质细

图5-4 爱因斯坦。

胞所占的比例要比无所事事的鼠脑中比例高。一般认为前者要比后者聪明一些。20世纪80年代初她听说了爱因斯坦的脑还在，她想既然爱因斯坦是那样的聪明，那么他的脑是不是也有这样的特点呢？于是她向哈维要来4块脑片，与同事一起对其中神经细胞和胶质细胞的数目分别进行了统计。这4块脑片分别位于左右两半球的第9区和第39区。一般认为，第9区与注意、记忆以及做计划有关；而第39区则与语言以及其他一些复杂功能有关。他们取平均年龄为64岁的11名死于非神经性疾病的男子的相应脑片作为对照，以神经元的数目和胶质细胞的数目的比值作为指标，结果发现爱因斯坦脑中的这个比值比对照组均小，特别是左脑第39区表现出明显的差别，其中的胶质细胞数目几乎是正常数的两倍。由于人们一般认为胶质细胞的一个主要的功能是支持神经元的代谢活动，所以相对于每一个神经元，胶质细胞数目的增多说明它们可以增强神经元的代谢活动。戴安蒙还注意到有一位数学家的这部分脑受到了损伤，结果这位数学家再也写不出公式，也不知道如何用计算尺①。这些科学家猜想，这也许是爱因斯坦思考能力特别强的一个原因。1985年他们以《论一位科学家之脑：爱因斯坦》(On the Brain of a Scientist: Albert Einstein)为题，在《实验神经学》(Experimental Neurology)杂志上发表了他们的研究

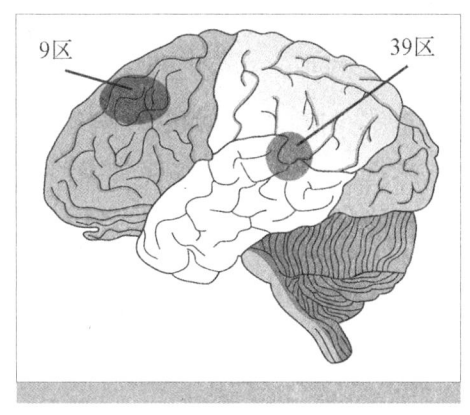

图5-5 第9区和第39区在脑中的位置示意图。

① 计算尺是在计算器和计算机得到普遍应用之前，工程技术人员经常使用的一种计算工具。

结果。这个报道极大地振奋了研究胶质细胞的科学家,胶质细胞原来有可能如此重要!

但是要从他们的工作中得出结论还为时过早。这是因为:首先,他们用作研究的对照组的平均年龄要比爱因斯坦小12岁,最年轻的一个只有47岁。由于胶质细胞可以不断分裂,如果对照组都和爱因斯坦一样年龄,也许根本就没有什么区别。另外除了年龄和性别之外,关于这些作为对照的人的其他情况他们一无所知。例如,这些人的工作性质和智力情况是不是对此也有影响呢?其次,这个研究中的"实验组"只有一个成员,也就是爱因斯坦的脑。是不是其他类似于爱因斯坦的科学家的脑也有同样的特点呢?第三,对每一个脑都只研究了4块脑在脑中所占的很小的那部分。每个区域都只取一块切片进行研究,不同脑用来研究的切片究竟是不是都在同一个地方也不得而知。第四,戴蒙德在其做过的28个对照试验中只报道了4个,而其中只有一个符合作者想要的结果。最后,也是最具有讽刺意味的是,爱因斯坦本人承认他说话开始得很晚,而且在童年口齿不清,甚至有诵读困难。而这些症状很可能表明涉及语言的关键脑区(包括39区在内)髓鞘形成得较晚。这个区域的胶质细胞过多会不会是他早年诵读困难的原因或结果,根本与推理能力无关呢?

1996年,美国科学家安德森(Britt Anderson)发现,爱因斯坦脑的额叶皮层的9区比正常人要薄,对照组是5个男人的脑,其平均年龄是68岁。在细胞数量和细胞体的大小方面,安德森在两者之间没有发现有什么差别,但是爱因斯坦此处的神经元排列得更为紧密,这也许意味着这些神经元彼此之间能通信得更为迅速。

1999年,美国脑科学家维特森(Sandra Witelson)审视了哈维在对爱因斯坦做尸检时拍摄下来的一系列全脑定标照片。她把爱因斯坦脑的外表特征和35个普通男子(平均年龄57岁,他们智商的平均值略高于正常值)的脑作了比较,发现爱因斯坦脑两侧的外侧裂都特别短,它几乎直接终止于中央沟。她进一步查了许多教科书和病历,都没有发现这种情况。她认为爱因斯坦脑的这个特点也许有利于这个区域神经元之间的彼此联系,而这个区域(下顶叶)是一个次级联合区,视觉、体感和听觉在那里汇集起来。视觉空间认知、数学思维和运动映射都强烈地依赖于这个区域。她把这一发现总结成《爱因斯坦非凡的脑》(The Extraordinary Brain of Albert Einstein)一文发表在医学权威刊物《柳叶刀》(The Lancet)的"医学史专栏"中。虽然像爱因斯坦这样的外侧裂很少见,但是顶叶区过度发育却不少见,包括高斯在内的许多数学家和许多罪犯的脑都带有类似的特征,几乎占了总人口的2%—5%。维特森在文章的最后总结说:她的研究提示特定认知功能的差异可能与作为这些功能的基础的脑区结构有关。不过她也承认:"本报告显然未能解决智力的神经解剖学基础这一长期存在的问题。"

2004年,又有人利用计算机技术对哈维所有的样品拼接起来进行图形重建,得到了爱因斯坦大脑的完整图像,他们发现爱因斯坦的大脑下顶叶比常人要宽15%。一般科学家都认为这个区域与数学思考及视觉空间认知有关,而且左下顶叶的神经胶质细胞比例明显比其他区域略高。爱因斯坦曾说过他有许多思想是通过形象取得的,而不是用语言思考的结果。这是否与下顶叶结构的特点有关呢?

寻找智能和脑的关系是人们长期追求的一个研究目标,但是时至今日,还没有一个人能光看一个脑就可以判断它的主人生前应该是个怎么样的人,也没有一个人发现任何一条判据,可以说明一个脑比另一个脑优越。至今人们还不得不承认所有健康的脑看起来基本上都是相似的,在其生命的开端都拥有实质上无限的潜力。

智能发展的先天与后天因素

环境对智能发展的影响

自古以来,一个人的智能究竟是先天决定的,还是后天锻炼出来的,这一直是个争论不休的问题。上一节中讲了人们对天才脑的研究,希望从他们的脑中找出和常人不同之处,实际上也就是想说明天才或者说智能是由脑结构本身决定的,即在很大程度上是由先天决定的。但是经过几个世纪的努力,人们并没有在这方面找到确凿无疑的证据。当然不可否认的是,像高斯这样神童的表现无疑是先天的因素在起作用。18世纪,有些科学家开始研究后天对智能的影响,试图说明后天的经历也能使脑本身发生变化。

1785年,意大利解剖学家马拉卡尔内(Malacarne)对同一窝中取出的成对小狗或小鸟进行了研究。他对每一对中的一只动物长时期地进行广泛的训练,而对另一只不给予任何训练,但是在其他方面则给予完全同样的细心照顾。最后当他把各对动物杀死而检查它们的脑的时候,发现经过训练的动物的脑要更复杂,沟回也更多。但是不知道什么原因这一研究并无人继续研究下去。

19世纪末,又有人研究学习和经验对人脑的影响问题。尽管在早期有些研究说明这两者之间存在某种关系,但是之后的研究又表明这些早期研究证据不足。一直到20世纪60年代,美国心理学家罗森茨维格(Mark Rosenzweig)、贝内特(Edward Bennett)和戴安蒙费时10年通过新技术对经验对脑的影响问题进行了一系列的实验。

他们之所以选取大鼠作为实验对象,是因为大鼠的皮层表面比较光滑,没有那么多的褶皱,因此如果有什么变化比较容易看到和测量;大鼠一窝中有许多小鼠,可以方便地配对做各种实验;当然成本低也是考虑因素之一。

在每次实验中,他们都从同一窝中选取三只雄性大鼠,随机地放到三种不同的环境中:第一种环境就是那窝大鼠原来所在的笼子,笼子大小适中,食物和水充分;第二种环境是把一只大鼠关单间,笼子很小,除了食物和水之外一无所有,这就是所谓的"贫乏"的环境;第三种环境可以说是大鼠的"迪斯尼乐园",有6—8只大鼠共同生活在一个大笼子中,除了提供食物和水之外,他们每天都会从25种玩具中挑选一些放到笼中供大鼠玩,这种环境可以称为"丰富"的环境。不同组的大鼠在这三种环境中生活4—10周不等。时间一到就把大鼠的脑做成标本,让不知道标本对象原来是生活在哪种环境里的研究人员把这些脑做成切片,并加以测量、称重、计数其中的细胞数,以及分析神经递质特别是乙酰胆碱脂酶的活性,因为后者能使神经脉冲在脑细胞间传输得更快和更有效。

结果发现,生活在"丰富"环境中的大鼠的大脑皮层明显变重、变厚,乙酰胆碱脂酶的活性也更大。但是神经元的数目并没有显著的不同,这意味着在丰富环境中生活的大鼠的神经元要更大一些。

罗森茨维格等人下结论说:

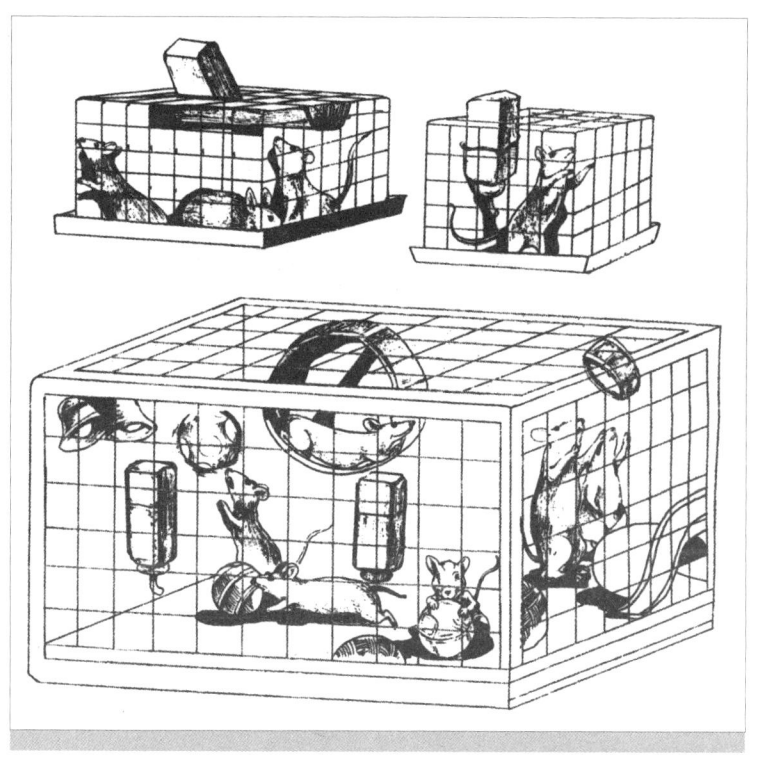

图5-6 把大鼠饲养在三种不同的环境中。左上图:一群大鼠饲养在一个一无所有的笼子中;右上图:单独一只大鼠饲养在一个很小的一无所有的笼子中;下图:一群大鼠饲养在一个有各种玩具的大笼子中。

虽然由环境所造成的脑的差异不是很大,但是我们确信确有差异。这些结果能通过重复实验而重复得到……我们发现经历对脑所造成的最一致的效果表现在皮层重量和脑的其余部分(也就是皮层下部分)重量之比。看来丰富的经历会使皮层的重量显著增大,而脑的其余部分则变化不大……经验无疑地会改变脑解剖和脑化学的许多方面。

他们还发现,在丰富环境中生活的大鼠的突触要比在贫乏环境中生活的大鼠多50%。最后他们还从野外捕捉小鼠,然后分别让一组继续生活在野外,而另一组则生活在"丰富"的笼子里,经过4个星期以后,他们发现生活在野外的小鼠的脑要比人工饲养的小鼠大,尽管后者是饲养在"丰富"的环境之中。他们说道:"这表明和自然环境比起来,即使是丰富的实验室环境也依然是贫乏的。"

在他们的文章发表以后,许多人又对此做了进一步的研究。由于伦理的原因,我们不可能把他们的实验原封不动地移植到人上来做,但是对盲人的脑和正常人的脑在死后所做的解剖研究表明,盲人皮层视区要比正常人发育得差,褶皱少而且薄。

他们的发现告诉年轻的父母要多陪伴他们的婴儿,尽量让他们生活在一个丰富多彩的环境中。对老年人来说,也应该多动脑筋,而不是整天无所事事。戴安蒙后来说道:

> 对人生来说,我想我们可以对脑的衰老问题采取一种更加乐观的态度……主要的因素是要有刺激。神经细胞就是接受刺激用的。我想好奇心是一个关键的因素。如果一个人能终身都保持好奇心,那么这肯定会给神经组织以刺激,而皮层也可能对此作出反应……我曾经找了一些年逾88岁的老人,我发现那些一直在动脑筋的人脑子还很清楚,事情就是那么简单。

我国最长寿的科学院院士贝时璋先生以107岁高龄去世,生前他几乎每天都要到单位转一下,并且关注着当代的科学发展,直到去世前不久他还和去拜访他的郭爱克院士谈纳米生物学的问题。当然并不是动脑筋就可以包治百病,美国前总统里根和英国前首相撒切尔夫人显然都是经常动脑筋的人,但是他们都还是得了老年痴呆。不过无论如何,经常动脑筋和与社会保持接触至少能减少脑退化的概率。

究竟有哪些影响智能的先天因素?

前面我们讲过,人们曾经希望以脑商作为衡量动物智能的一个客观指标,这意味着在体重不变的条件下,脑越大就越有智能,而在脑商的排名表中,人确实已经高居榜首。那么是否可以无限制地通过增大脑商而使动物变得更加聪明?答案是否定的,因为对于一定体重的动物来说,脑的增大意味着要消耗掉大量的能量。对人来说,脑重只占体重的2%,但是即使在休息时,脑所消耗的能量已经达到整个能量消耗的20%。对于新生儿来说,这个比例甚至高达65%。而脑的能量消耗又主要集中在神经元之间的相互通信上,对人来说几乎要占到脑总消耗的80%。这会带来什么样的后果?

为了研究这个问题,从20世纪下半叶开始科学家就研究了大量各种动物的脑,统计轴突的直径、神经元的大小和密度,以及每个神经元上的突触数。结果发现当不同种动物的脑逐渐增大时,神经元的平均大小也增大了,以适应和脑中增多了的神经元进行通信。但是神经元大了,在皮层中的神经元密度就要减小,神经元之间的距离就要增大,这样轴突也要加长才能进行通信,而如果要使脉冲在轴突上传导的时间不延长,就得加粗轴突。当脑变大时,皮层上就得分成越来越多的不同脑区,而这些脑区又往往负责不同的功能。脑就采用这种方法来减轻神经元数急剧增大所带来的通信问题:在有类似功能的神经元所组成的模块中,神经元之间的相互联系更紧密,也减少了不同功能的模块之间的长距离联系,左右半球的分工也是如此。美国的理论神经科学家钱吉齐(Mark Changizi)说道:"有关脑变大的这些看起来非常复杂的情形只是脑为了解决通信问题所不得不采取的策略。"脑变大"并不意味着变聪明"。加粗轴突不仅多占空间,也多消耗能量。美国物理学家巴拉苏布拉马尼亚姆(Vijay Balasubramanian)指出,神经元的轴突直径加倍,能量消耗也要加倍,而脉冲的传导速度只增大40%左右。即使这样,当脑增大时,白质的增大还是显著领先于灰质,因此增大的部分更多地用于相互连接,而不是真正进行实际计算。因此无限增大脑对提高智能是不可持续的。

美国神经科学家卡斯(Jon H. Kaas)发现:和其他哺乳动物不同,灵长类动物当脑增大时,皮层神经元的大小变化不大,只有少数联络很复杂的神经元的大小才有所增大。所以不同灵长类动物的脑的大小虽然不同,但是其中神经元的密度却差不多。枭猴(owl monkey)的脑比狨的脑大一倍,其中的神经元数也多了一倍。而对啮齿动物来说,脑增大一倍,神经元数却只增加了60%。这一差异导致极其不同的后果。重量为1.4千克的人脑中有1000亿个神经元。如果一个啮齿动物按此类动物的脑重—神经元数的规律来计算的话,要有这么多的神经元的脑就要重达45千克!

2005年,德国神经科学家罗特(Gerhard Roth)和迪克(Urusula Dicke)指出,有较小而密度更高的神经元对智能的影响要大于脑商。罗特说道:"和智能关系最密切的是皮层中的神经元的数目,以及神经活动的传导速度。"后者随神经元彼此之间的距离增大而减小,并且随其轴突上髓鞘化的程度而增大。如果罗特的话确有道理的话,那么灵长类动物由于其神经元比较小,因此可以在同样大的脑中有更多的神经元,并且由于安置紧密,彼此之间的通信也更快。

2009年,荷兰神经科学家范登赫费尔(Martijn P. Van den Heuvel)用功能性磁共振成像测量在执行同一任务时不同的人活动脑区的大小,结果发现如果不同活动脑区之间的距离越小,一般说来受试者的智商也越高,这可能意味着上面对一些灵长类动物适用的原则对人也适用。

目前对于什么是智能还没有一个公认的定义，"智能"一词成了一个大口袋，里面可以包括大量同样没有很清楚定义的功能概念。那么是不是可以从中抽提出少数几点最本质的性质呢？

美国的计算机专家和企业家霍金斯（Jeff Hawkins）的真正兴趣是想知道大脑是如何工作的？智能究竟是什么？如何通过研究大脑的工作原理来建造"智能机器"？他认为如果只注意让机器在行为方面模拟人脑，而不真正去了解人脑的工作原理，那么，就不可能造出真正有智能的机器。他认为现在的计算机和大脑的工作原理是完全不同的。大脑的主要工作并不是计算，而是记忆和预测。他的这一理论引起了许多人的兴趣，很值得进一步思考。对于他的理论特别感兴趣的读者，还可以直接读一下他自己的著作《论智能》（*On Intelligence*）①。

当然，智能的"记忆—预测"框架仅是霍金斯的一家之言，其优点是比较具体。但是它是否就可以作为智能的定义，也是见仁见智的问题。现有的一些其他的关于智能的定义，多半也是用"智能"的同义语来定义智能。或许还是德国马普学会前会长马克（Hubert Mark）的定义更具体一些："以一种新的方式把本来互不相关的片段信息联系起来的能力，从而能适应新的情况。"这段话在一定程度上倒是和霍金斯的框架有异曲同工之妙。他们的这些论点值得进一步思考。

① Hawkins J, Blakeslee S. *On Intelligence*. New York: Henry Holt and Company, LLC, 2004. 其中译本《人工智能的未来》由陕西科学技术出版社于2006年出版。此译本总的说来还是不错的，可惜书名翻译不妥，因为作者本人并不赞成人工智能，他强调的是人脑所有的真正的智能，所以书名似译为《智能论》或《论智能》为妥。

06

社会交流的工具

语言探秘

语言是"最高级"的认知功能之一,它和个人的身份认同(identify)以及智力密切相关。

——罗思(Heidi L. Roth)
美国北卡罗来纳州大学神经学教授。

语言无疑是心智的一个极其重要的方面,只有我们人才具有语法结构复杂的语言。在多数情况下,人似乎都是通过语言来进行思维的。[1]当然有些动物可能具有语言的雏形,例如经过科学家的特殊训练,一些灰鹦鹉甚至能用人类的语言来表示自己的某些意思,而且懂得其所用的单词的语义,但是它们都没有像嵌套和用功能词这样复杂的语法结构。[2]因而有许多人认为,有复杂语法结构的语言是人类区别于其他动物的主要特征之一,也是人类能发展出高度有组织的社会和文明的主要因素之一。因此,在这样一本介绍人类怎样逐步认识自己心智的书中介绍人类怎样认识语言和脑的关系是非常必要的。令人惊奇的是,对于这一问题,人们很早就有了极为粗浅的认识,但是有关语言的根本机制问题至今仍扑朔迷离。

[1] 据爱因斯坦说,他的一些最重要的思想在开始时并不是通过语言,而是通过图像和数学方程式想出来的。可惜笔者不是爱因斯坦,无从体验这样的过程。
[2] 有关这些问题的比较详细的介绍可参看拙作《脑科学的故事》和《脑海探险:人类怎样认识自己》。

漫话失语症

古埃及纸草书中的失语症

大约成书于3600多年之前的古埃及《史密斯外科纸草书》(*Edwin Smith Surgical Papyrus*)[①]中就有失语和脑外伤之间的关系的记述。该书的病例20记述如下:

> 如果你去检查一位伤口是在颞骨穿孔的病人的话……如果你把手指伸到伤口里,他就会剧烈发抖;如果你问他病情,他会泪流满面而什么都不对你说……(这是)一种无法医治的病。

接下来的病例22记述如下:

> 如果你去检查一位颞部受伤的病人……拿块亚麻布替他清洗伤口,直到看清他耳内(骨头)的碎片。如果你叫他,他默不作声。你不要去问颞部受到一击的病人。血从他的两个鼻孔和耳朵中流了下来,他不会说话,他的颈部僵直。这是一种医不好的病。

这大概是现在找得到的有关失语症的最早报道了,尽管此后在印度、古希腊和古罗马都有失语和语言失常的相关报道。不过他们中的许多人把病因归之为舌头失

[①] 这是人类历史上第一部有关脑外伤及其治疗的书,以美国埃及学学者史密斯(Edwin Smith)的姓名命名,1862年正是史密斯从埃及当地一个文物贩子手中买到此书。

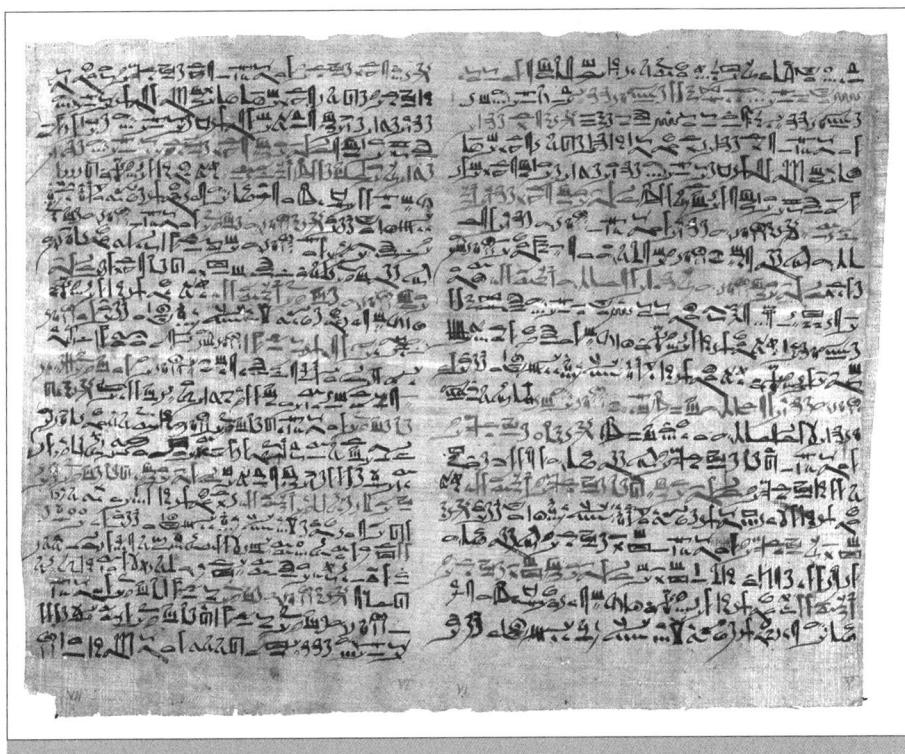

图6-1 《史密斯外科纸草书》第六、第七页。

常而不是脑失常。公元2世纪初古罗马以弗所的索兰纳斯（Soranus of Ephesus）把舌头麻痹和其他一些不能发声或说不了话的失常区分开来，他指出有些有语言障碍的病人的舌头颜色和形状都没有什么变化，也没有丧失感觉和运动。在他之后，西方医学之父盖仑强调指出失语不仅由疾病引起，也可能由头部受伤引起。

17、18世纪的几个案例

随后是漫长的中世纪的黑暗，这一时期很少有病例报告，即使有大多也都语焉不详，人们只是重复先贤的说教而甚少进展。这种情况一直到17世纪才有所改观。其中最突出的是施密特（Johann Schmidt）和罗梅尔（Peter Rommel）的两个报道。

1676年施密特报道了一位脑卒中病人,这位病人在患脑卒中后右半身偏瘫,同时语无伦次。此外他还首次报道了失读症。他写道:"他连一个字母都认不出,他也不能区分不同的字母。"

和施密特的病人不一样,1683年罗梅尔报道了一名患运动性失语症的病人,他写道:

> 晚餐后她费力地走了一阵,接着她轻度神志失常,突发脑卒中并右半身偏瘫。她除了"是"与"和"两个字外什么话都说不出来。……连一个音节都发不出来,不过她能毫不犹豫地、一字不差地一口气背诵主祷文、使徒信经(Apostles' Creed)①、圣经中的某些片段以及其他一些祈祷文……她的记忆力极其出色。她对于所见所闻都能一下子就抓住要领,即使对于遥远的往事,她也能通过点头或摇头来回答问题。

威利斯与罗梅尔身处同一时代,他是第一位通过病例明确肯定脑是心智的藏身之地的英国医生。②威利斯也报道过两例脑卒中后右半身偏瘫并有语言障碍的病人。由于17世纪的医生并不知道失语症的原因,因此他们不知道该怎样进行治疗。发现心血管循环的威廉·哈维(William Harvey)在1657年也失去了说话的能力,给他治疗的药剂师割开了他的舌系带使舌头放松,还用放血和水蛭吸血来进行无效治疗,这些做法一直延续到19世纪。

---

① 古代基督教信仰纲要之一,相传是使徒所订,后经考证,今本定型于7世纪。
② 有关他的故事及后文中涉及的有关哈维、加尔的颅相学的故事请参看拙作《脑海探险:人类怎样认识自己》一书。

1745年，瑞典医生林奈①报道了一例记不住名词，尤其是姓名的病人，此外他写不出他妻子和子女的名字，甚至写不出自己的名字。然而他却能阅读名字也知道这个名字指的是谁。1748年瑞典国王腓特烈一世（King Frederick I）在72岁时得了脑卒中，导致右半身偏瘫，并"失去了对臣下姓名的记忆"，唯一的例外是他能清楚地叫出首相特辛（Tessin）伯爵的名字，他把其他人不分男女都称为"医生"。

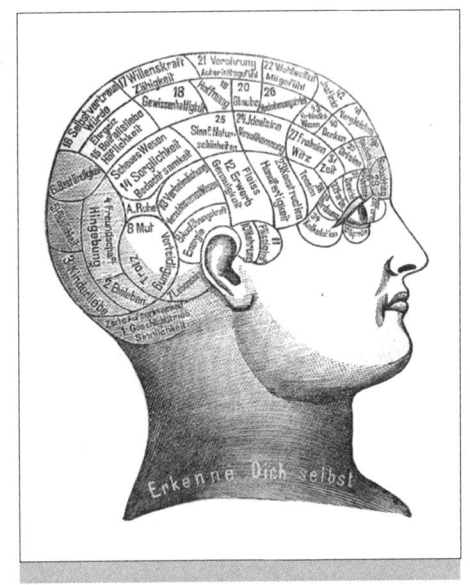

图6-2 颅相学中提出的一幅大脑的分区图。颅相学是第一个试图解释人类思维活动与其大脑布局对应关系的学科。

颅相学的功过

当时许多科学家都把失语症归为不能把思想和话语联系起来，但是没有人把失语症和脑的局部损伤联系起来。到了19世纪初，随着加尔所提倡的颅相学的兴起，脑功能定位的思想引起了人们的注意，加尔本人也对语言的脑功能定位很感兴趣，除了他一贯的仅仅靠观察人的能力和他们的颅骨在哪儿特别突出这样一种没有任何科学根据的策略之外，他在语言的脑功能定位方面倒也引用了某些病例来支持他的猜测之词。因为一个同学的语言记忆能力特强，且这位同学有一双鼓起的眼睛，加尔就下结论说负责语言的脑区在额叶。以后他举出眼睛以上的额部为剑尖所伤的两个病人记不住朋友或家人的名字为例来支持他的上述论断。拿破仑的外科军医官拉雷

① 林奈以其作为植物分类学的奠基人而更为人所知。

（Baron Larrey）给了加尔第三个病例，这是一位名叫德·兰帕纳（Edouard de Rampan）的受剑伤的病人，剑尖从左犬齿附近进入，穿过鼻窝①和筛板一直刺到前叶（anterior lobe）。这位病人记不住文字，但是在图像和位置的记忆方面却没有什么问题。另外，他的右半身也偏瘫了。德·兰帕纳对拉雷记得很清楚，但是就是叫不出他的名字。

加尔本来有很好的机会可以发现大脑左半球在语言中所扮演的特殊作用，但是他却错失了良机，他承袭了前人关于脑的两半球功能对称的错误观点，对于一侧损伤造成的特殊症状，他只是认为是由于破坏了两半球功能的平衡而已。

1828年，美国科学家塞缪尔·杰克逊（Samuel Jackson）的一位病人神志清楚，但是却说不出一个有意思的单词。他发现这位病人能运动他嘴部和舌头的肌肉，因此问题并不是出在瘫痪上。如果给这位病人纸和笔，他在书写方面也有问题。例如他曾写下"Didoes doe the doe."这个莫名其妙的"句子"。很明显这位病人损伤的是专门负责文字记忆的脑区。后来其他科学家也发现了一些类似的病例，不过由于当时颅相学正在走红，他们都用颅相学来解释这些病例。

虽然到了19世纪上半叶后期，颅相学的影响已经江河日下，绝大多数有科学或医学背景训练的人都不再相信颅相学，但是关于语言可能定位在某个特定脑区的思想并没有随之消亡，只不过得经过艰苦斗争和颅相学中的错误思想划清界线而已。其中的一个突出例子是法国

① 鼻腔在中鼻道前面的部分。

科学家布约（Jean-Baptiste Bouillaud），虽然他曾经是法国颅相学学会的创始成员，但是后来他转向用临床检查和尸检来研究皮层定位的问题了。和加尔仅通过一些特例就下结论相反，他在研究中采用了大样本，例如他在一生中搜集了超过500位语言有问题的病例。事实上他是第一位分析大样本的脑科学家。他把他的研究用下面一段话来加以总结：

> 语言器官的运动显然在脑中有特定的中枢，因为有些没有其他任何瘫痪症状的病人可能会一句话也说不了，而与此相反的是有些说话自如的病人偏偏四肢瘫痪。但是只是明白脑中存在某个特定的脑区负责产生和协调人们赖以交流思想和感受的奇妙运动还是不够的，最最重要的是要知道这种协调中枢的精确部位。根据我自己的许多观察及我从文献中读到的大量材料，我深信我所提出的负责语言的主要脑区是脑中的前叶的观点是有道理的。

但是遗憾的是，当时加尔的名声在科学界太坏，连和他在思想上有过共同点的科学家也被殃及，因此布约有关语言定位的思想不是遭到否定，就是不受重视。大名鼎鼎的克吕韦耶（Jean Cruveilhier）就不以为然地说过：

> 如果在病理上能表明前叶的任何损伤总是造成相应的语言方面的变化，并且脑中除了前叶之外的任何其他部位脑区的损伤都不会带来语言方面的变化，那么问题就解决了，而我也就立刻变成一个颅相学者了。……事实上，不会发声并不总是脑中前叶受损伤的结果；此外，我也能证明不能发声也可以伴随脑中其他任何部位的损伤。

1800—1860年，大多数人与克吕韦耶持同样观点，不过也有少数人支持布约的观点，并列举了更多的病例。布约大受鼓舞而下了一个科学史上最著名的赌注：“我愿意出500法郎给任何人，只要他能提供给我下列病例——病人的前叶有深度的损伤,而又在语言方面没有任何问题。"1865年这笔奖金终于给了一位名叫韦尔波(Alfred Velpeau)的医生,他在1843年报道了一名脑癌病人,他相信这位病人的脑瘤"占据了双侧前叶"。然而这个病人不仅说话流利,而且还十分饶舌。后来的事实表明,这名病人的额叶组织有相当部分并没有受到损伤,布约白白损失了一大笔钱。布约未能成为科学上语言功能定位的开山鼻祖,除了当时科学界因对颅相学的反感,而把脑功能定位思想这一"婴儿"也随颅相学的"脏水"一起泼掉之外,也和他对语言中枢的定位不够精确有关。

由布罗卡引发的革命

"他"先生和动作性失语症的发现

1861年初,在巴黎的人类学学会大会上布约的女婿奥贝坦(Simon Alexandre Ernest Aubertin)报道了圣路易医院中的一个病例,此人自杀未遂,但其额骨被击穿,前叶已暴露了出来。奥贝坦报告说:

> 在和他谈话时,把压舌板的板面放在他的前叶上;只要轻轻往下一按,他的话就被立刻中断,刚开始说的一个词就在半途断成两半。只要按压一停止,说话的能力就立刻恢复了。有人认为这一观察什么也说明不了,因为压力可能也传到了其他脑区。但是,这一压力仅仅施加在前叶上,且它并没有导致被压者瘫痪或是意识丧失。也有人反对说,颅顶其他部位受到损伤的人也有类似的结果。他们特别提到了那位头顶颅骨全毁了的将头颅暴露给行人以博取施舍的乞丐。但是事实上,当在这些人的脑中加压时,他们都突然中断言语,只不过与此同时脑的所有其他功能也中断了,进而完全丧失了意识。与此相反,如果小心地轻轻按压圣路易医院的那位伤员,他的脑的总体功能并没有受到影响;如果把按压仅仅限于前叶,受到抑制的仅仅是语言能力。

当奥贝坦作报告时,科学史上名声远大于他的法国神经病学家布罗卡就坐在听众席中,他对此深感兴趣,不过会上他既没有问问题,也没有发表意见。不过通过后续事态发展可以推断,奥贝坦的报告对他接下来作出的革命性发现必定是起了作用的。

1861年4月12日,一位51岁的男子莱沃尔涅(Monsieur Leborgne)在经过长期住院治疗之后被转诊到布罗卡处。别的病人都称他为"他"(Tan)①,因为他只能发这个音和几个脏字眼。莱沃尔涅从年轻时起就患有癫痫,1840年他失去了说话的能力,而10年之后右臂也动不了了。布罗卡邀请奥贝坦一起对莱沃尔涅进行检查。布罗卡对他做了仔细检查,发现他在智力方面并没有多大问题,也不是听不懂话或不识字,只是再也说不出词语。并且这和他的舌头和声带的运动功能也没有关系,因为当他发复杂的非语言声时,他的舌头和嘴都运动自如。布罗卡写道:"失去的并非语言能力,也不是对词汇的记忆,更不是支配发声的神经或肌肉的作用。问题出在其他方面,这就是布约所认为的为讲出口语所必需的协调运动的能力。"布罗卡认为说话的能力和懂得语言的能力是两回事。

"他"先生在转诊到布罗卡处6天之后,终于因回天无术而撒手人寰。布罗卡在"他"死后第二天就把他的脑带到了人类学学会大会上,并简单地说了几句。在4个月之后的另一次人类学学会会议上,他就这一病例给出

图6-3 布罗卡。

① 关于tan的真正发音,笔者看过介绍到这一故事的原版录像片,其中的发音确实是"他",而不是"谭"或其他音译。

了完整的报告,并坚定地认为语言发声定位于额叶及其周围脑区。他赞扬了奥贝坦和布约的先驱性工作,事实上,他报告的第一句话就是:"我呈现给人类学学会的种种观察都支持了布约有关语言能力所在部位的思想。"他的报告受到了热情的欢迎,当时有人把"他"这一病例看作对脑功能看法产生革命性变化的里程碑。

读者自然会产生下列问题:为什么布罗卡的报告受到了那么热烈的欢迎,并产生了深远的影响,而在他之前的奥贝坦和布约则默默无闻,一点也不受重视?这个问题还真不那么容易回答清楚。很可能有许多因素复合在一起:首先,布罗卡关于他的病人"他"先生的病情给了详细的描述,他指出"他"先生只是不会说话,并没有语言其他方面的缺陷,而且对相应的脑损伤做了精确的定位,他发现损伤部位大概有一个鸡蛋那么大,位于左半球的前部,包括额叶的下部和脑岛、层状体(corpus striatum)和前颞上回,而不是笼统地讲"前叶"。尽管损伤部位相当广泛,布罗卡认为其中最关键的很可能是第三额回,因为这一区域看上去是最早发生病变之处,而"他"最先表现出来的症状就是语言问题。另外,布罗卡在说到"他"的语言问题时,也不笼统,指明问题限于说出话语,"他"也还能用手势和带情绪的声调来与他人沟通。其次,布罗卡强调指出他发现的语言发生中枢所在的部位和颅相学家所说的部位完全不同,也和颅骨是否有隆起毫无关系,这就和当时名声不佳的颅相学划清了界线。再次,时代变了,在听了布约和其他许多人的报告后,人们慢慢变得更容易接受皮层功能定位的思想了。最后,布罗卡本人是位受到高度尊敬的科学家、名医、一些知名学会的会长、人类学学会的奠基人和秘书长,由他站出来支持皮层功能定位更容易使别人相信。

<u>进一步的证据</u>

莱沃尔涅的病例虽然说明了讲话的中枢就在布罗卡区,但是这毕竟只是一个个例,如果要使布罗卡的论断更为令人信服,就需要有更多类似的病例来支持。1861年布罗卡报道了他的第二个病例,这是一位名叫勒隆(Lelong)的84岁老工人,他也只会说几个简单的单词,如oui(是)、non(不)、trois(三)和toujours(总是),并且也不会写。但是他能够用手势来表示意思,例如举起8根手指来表示他在比塞特尔住过8年,并且看来他也听得懂别人的话,因此布罗卡认为他在智力方面没有多大问题,他在语言方面的问题也并非由瘫痪所致。在勒隆死后,布罗卡同样是在他的左脑第二和第三额回的后三分之一处发现有一处凹陷,他的脑损伤部位更清楚,这就进一步阐明了语言中枢所在的部位。

1863年,布罗卡搜集到更多失语症的病例,所有的脑损伤都在左半球。除了一个例外,所有的脑损伤都位于第三额回。布罗卡是个谨慎的人,由于当时占压倒优势的思想是凡是和处理外界信息有关的器官都是左右对称的,他只是列举出数字,并指出所有这些病例都和左半球有关,并对此表示"惊奇"。但是他并没有立刻就左半球在言语中的作用下什么结论。他只是说:"如果必须承认脑的对称的两半球有不同的属性……(这将会是)对我们有关脑的生理学知识的一种根本性的颠覆。"他还补充说,他到当时为止的发现可能是由于样本太小,并希望有比他自己"更为幸运的人",会"找到一例由于右半球损伤而导致失语症的病例"。其实在27年之前,法国的一位乡村医生达克斯(Marc Dax)就搜集了40名有语言障碍的病人,而所有这些人的左脑都有病变,但是由于他并未把这一结果在主流媒体上发表,因此鲜为人知。一直到1865年布罗卡才明确指出语言中枢位于左半球,至少对于右利手来说是如此。他声称"我们用左半球说话"。

和哈姆迪博士对话——近代"他"先生的故事

虽然布罗卡对失语症早有定论,不过像"他"先生这样的病例由于时间久远,许多地方未免语焉不详,因此为了使读者有更生动的印象,在这一小节里,我们来介绍一个近代病例。

哈姆迪(Hamdi)博士是一位退休的化学教授,他在一次滑雪中头部受伤,之后又得了脑卒中。这样他不仅右半身偏瘫,而且说不了有复杂语法结构的句子。下

面是他和拉马钱德兰[①]医生之间的一段对话:

"哈姆迪博士,谈谈您的滑雪事故吧!"

"嗯嗯嗯……杰克逊(Jaskon),怀俄明(Wyoming),向下滑,嗯嗯嗯……摔倒了,是这样,手套,连指手套,呃呃呃……滑雪杖,呃呃呃……流血三天住院,嗯嗯嗯……昏迷……十天……转到夏普(医院)……唔唔唔……四个月回家……嗯嗯嗯……过程很慢,嗯……一些药……嗯……六种药。每种试八九个月。"

"很好,请继续讲下去。"

"发作。"

"唔,出血点在什么地方呢?"

哈姆迪博士指了指他的颈部。

"是颈动脉吗?"

"是,是,但是……呃,呃,呃,这里,这里,还有这里,这里……"他边说,边用左手指着右臂和右腿的许多地方。

"说下去吧,再给我们讲点什么。"

"有点,嗯嗯嗯……有点难(指他的瘫痪),嗯嗯,左半身没有问题。"

"您是右利手还是左利手?"

"右利手。"

"您现在会用左手写字吗?"

"行啊。"

[①] 2000年诺贝尔奖得主,坎德尔把拉马钱德兰称为"近代布罗卡",当然这并不只是由于他研究了这位近代"他"先生,而是因为他在一系列神经病学研究中(例如幻肢和治疗幻肢痛、联觉、自闭症、镜像神经元等的研究)作出了开创性的贡献。关于他的更多故事可参阅拙译拉马钱德兰著《脑中魅影:探索心智之谜》,湖南科学技术出版社,2017。

"好吧!很好。做点文字处理怎么样?"

"处理嗯嗯写。"

"但是当您写字时,是不是很慢啊?"

"是。"

"就像您的说话一样慢?"

"对。"

"当别人说得很快时,您在听懂方面没有什么问题吧。"

"是,是。"

"您听得懂吧。"

"对。"

"很好。"

"呃呃呃……但是呃呃……说话,呃呃,嗯嗯嗯,慢下来了。"

"好吧,您是认为您的说话慢了下来呢?还是您的思想慢了下来?"

"好的,嗯嗯嗯(点点自己的头)呃呃呃……话漂亮。嗯嗯嗯说话……"他歪了歪嘴,可能是想说他的思维很正常,就是不能流利地表达出来。

"让我来问您个问题,假定玛丽(Mary)和乔(Joe)一起有18个苹果。"

"怎么样?"

"假定乔有的苹果是玛丽的两倍。"

"好。"

"那么乔有几个苹果?玛丽又有几个?"

"嗯嗯嗯……良我①想想。天哪!"

"玛丽和乔一共有18个苹果……"

"6个,啊啊啊12个。"

"棒极了。"

所以哈姆迪博士还能做心算(要知道他以前在数学方面很有造诣),也能听懂相当复杂的句子。但是后来当拉马钱德兰医生要他做更复杂一点的代数问题时,他尽管绞尽脑汁,还是解决不了。因此拉马钱德兰认为布罗卡区不仅和语法结构及自然语言有关,而且和任何使用形式规则的语言,例如代数和编程都有关系。所以哈姆迪博士的问题不光是出在说话上,他在整个语言方面都出了问题。我们人类与其他物种的一个显著区别是我们有可以无穷嵌套的复杂语法,也就是说可以用一个从句去修饰另一个句子中的一个词,此外也还有连接词可以使句子变得更复杂。不过怎么能证明哈姆迪博士的问题是出在这样一个抽象的层次上,而并不只是由于脑卒中损伤了他控制说话的肌肉或是其他组织呢?为了检验这个问题,拉马钱德兰医生问了哈姆迪博士下面的问题:"哈姆迪博士,您能在便签本上写下您是为什么到医院里来的吗?究竟是怎么回事呀?"

哈姆迪博士听懂了拉马钱德兰医生的话,他用左手写下了长长的一篇,虽然字迹潦草,但是意思清楚。医生们完全看得懂他写下的话,但是他写的句子也和他说的一样没有多少语法结构,他不用"如果"、"但是"、"和"之

---

① 原文是 lemme,本来应该说的是 let me(让我),但是哈姆迪博士口齿不清,说成了 lemme。

类的功能词。如果问题是出在说话的肌肉功能上,那么为什么在他写字时也会犯同样的错误呢?

然后医生要他唱"祝你生日快乐",他毫不费力地就唱了起来。他不仅毫不走调,而且咬字清楚,发音正确。这和他平时说话形成了鲜明的对照,他平时说话常缺少连接词,没有片语结构,咬字不准,也缺乏正常语言的声调和节奏。如果这是由于他的发音器官有问题,那么他怎么还能唱得一点都不错呢?所以问题一定不出在发音器官上。至于为什么这种病人能唱不能说,其机制现在还不完全清楚,有可能唱歌是由右半球控制的。拉马钱德兰的结论是布罗卡区不仅负责说话,还和语言的语法结构有关。

值得一提的是,拉马钱德兰指出布罗卡区富有镜像神经元。这种神经元对模仿同伴的动作,对同伴的感受产生同感,理解同伴的意图都是至关重要的。这决不仅仅是一种巧合。关于人类怎样会进化出这一物种所独具的复杂语言的问题一直是科学界十分关心的未解之谜,限于篇幅我们在这里不再展开。对这个问题有兴趣的读者,笔者愿意推荐拉马钱德兰的那本十分有趣的书——《探索脑:一位神经科学家对人之所以为人的探索》(*The Tell-Tale Brain: A Neuroscientist's Quest for What Makes Us Human*)。

失语症与语言中枢

韦尼克区的发现

到19世纪60年代末,左半球主宰语言功能的思想已经广为接受。不过如上所述,布罗卡的发现仅限于说话,也就是语言的运动方面。那么语言的感觉方面,即对语言的理解是不是也定位于左脑的某个特定脑区呢?这两者之间又有什么关系呢?

回答这个问题的是一位当时年仅26岁的德国青年科学家韦尼克(Carl Wernicke)，1874年他发表了一篇题为《失语综合征：基于解剖的心理学研究》(Der aphasische Symptomencomplex: Eine psychologische Studie auf anatomischer Basis)的论文。他发现了一种新的失语症类型——感觉性失语症(sensory aphasia)，相应的受到损伤的脑区位于后侧颞上回，为了纪念韦尼克的贡献这一脑区后来就被称为韦尼克区。

当布罗卡区受损时，病人不能流利地说话，词汇量也大大减少了，但是病人还能听得懂他人的话；当韦尼克区受损时，病人依然能说话流利，词汇量仍相当丰富，但就是听不懂他人的话，而且其本人说话也语无伦次，因为他们自己也不知道自己在说些什么，甚至并未意识到自己的问题。不过他们对非语言声(例如钥匙的叮当声或是门铃声)倒是能分辨得一清二楚。

秉承德国科学理论思维的传统，韦尼克提出有关语言的一种理论：他认为有两个不同的语言中枢，当人们听到他人的说话时，韦尼克区对他人的语言进行分析处理，懂得其中的含义。而布罗卡区则把要说的话组织成句子并说了出来。当然韦尼克区对自己说的话也进行监听，知道自己是不是言不达意。

由此韦尼克又作出了预言：还可能有第三种类型的失语症，即虽然病人的这两个中枢都没有毛病，但是两者之间的联系断了。后来果然发现了这样的失语症——传导性失语症

图6-4　韦尼克。

（Leitungsaphasie）。这种病人重复不了别人的话，因为从他之所听到他之所说的道路断了。而病人自发所讲的话中，则有许多语义错误，这是因为运动输出无法从感觉中枢中选取适当的词汇。韦尼克描写说，这种病人的一种典型的表现是说话犹犹豫豫，夹以长长的停顿，"病人在此期间竭力搜索确切的表达"。和感觉性失语症病人不同的是，这种病人听得懂自己的话，他们也能觉察到自己说错了，当他们说错时，他们也会努力想一点一点改正。

韦尼克把他的理论总结在图6-5所示的模型中。同时他也谦逊地承认，他的模型并不能解释语言失常的所有方面。他说道："有关失语症的许多怪现象，例如仅仅对名词性实词或是动词失常等问题仍悬而未决。"

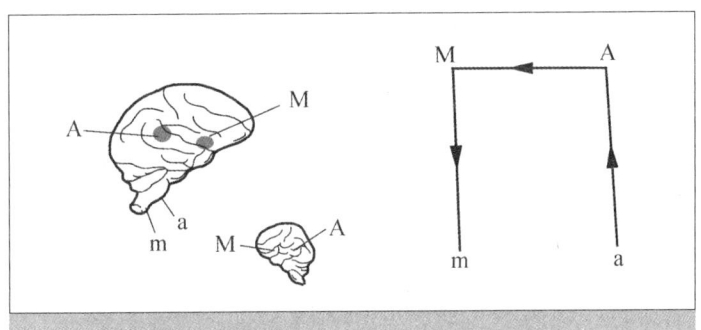

图6-5　**韦尼克的语言反射弧。**（源自韦尼克的原图，当时他还没有完全弄清楚语言定位在左半球，所以他错误地画了个右半球）。图中M为语言的运动区（布罗卡区）；A为语言的听觉区（韦尼克区）；a为听觉的外周器官（耳朵），接受语音刺激；m为延髓语言运动神经元，支配说话。

韦尼克的工作开启了一种新思想：高级认知功能很可能需要与其各种各样不同特性相对应的许多中枢的支持，而且这些中枢彼此联结。

对韦尼克模型的进一步改进

1885年韦尼克的学生利希特海姆（Ludwig Lichtheim）在韦尼克模型的基础上增加了一个新的环节——某种概念中枢或者说某种"语义野"（semantic field），不过这里的"语义野"不像韦尼克模型中的布罗卡区或是韦尼克区在解剖上那样精

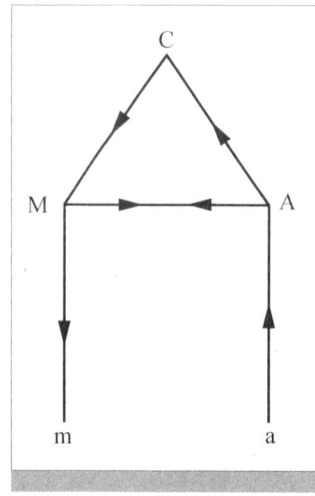

图6-6 失语症的韦尼克—利希特海姆模型。图中a、A、m、M的意义同图6-5。C指语义野。

确,而是泛指一个和语义有关的分布式知识网络。在增加了这一环节之后,利希特海姆就可以解释两种新的不同的失语症。第一种情况是从韦尼克区到语义野的通路(即图6-6中A与C两点之间的通路)受到了损伤,由于韦尼克区本身并没有受到损伤,因此病人还能复诵听到的话,但是因为到不了语义野,所以不能理解听到的话。而第二种情况则是从语义野到布罗卡区的通路(即图6-6中C与M两点之间的通路)受到了损伤,语义野不能激活布罗卡区,因此病人不能流利地说话。他的模型还能解释其他失语症的一些现象。

不过,利希特海姆的模型受到弗洛伊德的质疑。他的批评是,如果利希特海姆的模型是对的话,那么就不该有传导性失语症。因为即使从韦尼克区到布罗卡区的直接联结通路断了,按照这一模型还有可能通过语义野的间接通路把从韦尼克区发出的信息传到布罗卡区。因此病人应该还能重复有意义的单词,然而无法复诵不懂的外语,或者没有任何意义的人造词,如"FLIG"或"BLUB"之类。这似乎太不可思议了。然而,后来必定使弗洛伊德大吃一惊,而使利希特海姆高兴得合不上口的是,居然真的发现了这样的病人,他们只能复诵真实的词,而不能复诵对他们来说没有意义的词,这种症状后来被称为"深层语言困难"(deep dysphasia)。

新发现带来的新思考

彭菲尔德的"顺带"发现

加拿大神经外科医生彭菲尔德因发现身体的各个部位在运动皮层和体感皮

层上的代表区而闻名于世。他生前曾在1956年被誉为当时还在世的加拿大人中最伟大的一位,生后还上了加拿大的邮票。他的专长是手术治疗癫痫。不过他最伟大的贡献是,要求手术前对待切除脑区是否有重要的功能进行检查。因为这种术前检查是十分必要的,如果误切了某个脑区造成的危害比癫痫发作更糟的话,那就得不偿失了。在手术治疗癫痫中,他"顺带"发现了许多脑的奥秘,以至于他把癫痫称为他的"好老师"。

彭菲尔德出生于一个医学世家,从小备受医学熏陶,但生活并非一帆风顺。在他只有8岁的时候,他的父亲因医业失败,而不得不与自己母亲分居。从学生时代起,彭菲尔德就表现出了坚毅的性格,不达目的誓不罢休。20世纪20年代初,当他在英国国立伦敦医院工作时,彭菲尔德迷上了癫痫研究。为了能有条件研究癫痫,他辞谢了美国医院给他的高薪全职外科医生职位,转而接受一些临时性的、薪酬不高但是可以把做手术和研究结合起来的职位。

1928年,时年已37岁的彭菲尔德终于在加拿大蒙特利尔的皇家维多利亚医院找到一个可以在附近的麦吉尔大学兼职的外科医生职位。他在那里的研究课题是:脑外伤之后的瘢痕组织是怎样形成的,它又是如何引起癫痫发作的。彭菲尔德认识到,为了充分认识癫痫并且治疗癫痫,需要有各种专家在一起通力合作,这样他就想建立一个研究所,把内科医生、神经外科医生和病理学家组织在一起工作。1934年他建立起了蒙特利尔神经学研究所。

彭菲尔德在通过手术治疗癫痫时发现,首先面临的问题不是确定引起癫痫的瘢痕组织如何形成,而是要确定切除瘢痕组织后不会导致病人在行为或精神上有明显的毛病。脑中的许多部位在被切除一小部分后并不会导致人在行为上表现出某些缺陷,不过负责运动和语言的脑区不在此列。为了避免无意中损伤这些部位,彭菲尔德想出一种方法,在手术之前先用微弱电流刺激暴露在外的脑表面。由于脑内本身没有痛感受器,所以只要对头皮局部麻醉就可以进行手术了,病人意识始终保持清醒。如果刺激引起肢体的突然运动,或是病人突然叫喊,那么这就意味着刺激到的地方和运动或语言有关,应该避免手术。由于病人是清醒的,所以彭菲尔德在给病人施以刺激时可以随时问他们有何感觉,并且把刺激到的地方和相应的反应在脑的图谱上标记下来。不过大部分地方并没有什么反应。只是偶尔病人会觉得肢体上有刺痛感,突然运动或发声,或是话说到一半突然停止。这些地方就是彭菲尔德在后面手术时不能切除之处。他们的这一方法大获成功,在其病人中有45%结果理想,20%大有改善,35%的病人略有改善。在他所做的2000例中死亡率不足1%。这种做法后来成了全世界切除瘢痕组织治疗癫痫时所必须遵循的规范,并被称为"蒙特利尔规范"(Montreal procedure),并一直沿用至今。

蒙特利尔规范除了在临床上应用成功之外,还在阐明脑机制方面起了一个意想不到的作用。在运动和体感方面,彭菲尔德发现了身体各部位在运动皮层和体感皮层上的代表区就像一个倒立的小人,由于这和语言无关,我们在这里就不多说了。

彭菲尔德关心的另一个问题是,语言中枢的确切部位。他要病人高声朗读,同时用微弱的电流刺激脑各处,看刺激到什么地方会突然终止朗读。他的工作再次证实了前人有关语言中枢在大脑左半球的论断。不过与前人有所不同的是,除了著名的布罗卡区和韦尼克区之外,彭菲尔德发现运动皮层前侧的辅助运动皮层也和语言有关,因此语言所牵涉的解剖部位要比以前人们所认为的复杂得多。他还发现没有两个病人语言区的部位是一模一样的,实际上,语言功能在皮层上分布很广,这就使得蒙特利尔规范对癫痫的手术治疗更为重要了。

未来的挑战

不过,彭菲尔德的这一发现在学术界并未得到其应有的重视,几乎所有的教科书上都还在重复这一经典学说:位于左额叶的布罗卡区是说话的中枢,而位于左颞叶后侧的韦尼克区则是理解语言的中枢,两者由弓形束联结起来。一直到2016年才有学者大声疾呼:"布罗卡和韦尼克都过时了!"这是因为人们发现所谓的布罗卡区和韦尼克区的解剖位置并非那么精确,而且除去这两个区域之外,还有其他脑区也和语言功能有关。脑中和语言有关的脑区还广泛地分布在额叶、顶叶和颞叶的许多脑区,甚至基底神经节、丘脑和小脑的某些部位也和语言有关。而联结有关脑区的神经通路也不只是弓形束,还有许多其他神经束,例如钩状束、下额颞束、中纵束和下纵束等。因此有人下结论说:"由于认知神经科学和神经心理学研究的进展,有关语言的神经生物学的理论框架已经走到了十字路口。……历史上的主要理论框架模型,即经典的'韦尼克—利希特海姆—格施温德'模型和相关术语已经不再适用于当今语言的神经生物学研究。我们认为该模型:(1)所依据的脑解剖知识已经过时;(2)不能表示和语言有关的分布式联结;(3)是一种模块化和'有语言中心'的思想;(4)只注意皮层结构,而在很大程度上完全忽视皮层下结构和相应联结。……所谓的布罗卡区和韦尼克区并没有大家一致公认的解剖学定义,我们认为应该用在解剖上更精确的定义来取代这些术语。我们说明了和语言有关的连接组的分布特性,它远不止格施温德式经典模型中的那条单向弓形束通路。"

不过笔者以为,也不宜过度否定原来的经典模型,毕竟这一模型阐明了语言机制的一些重要方面,并且促进了脑功能定位的思想。只是不要把此模型绝对化,认为除此之外脑中再无和语言有关的部位和通路了。另外,所谓的布罗卡区和韦尼克区在解剖部位上难以精确定义也是一个问题。

从布罗卡革命开始到现在已经过去了100多年,虽然如上所述,我们在对语言的认识方面已经取得了很大的进步,但是许多问题依然悬而未决。例如,布罗卡区等脑区中的神经回路是怎样来实现这些脑区的功能的?这些脑区有多大程度的自主权,又是如何通过相互作用最终产生流利而有意义的语言的?语言与思维之间的关系究竟如何?我们能不能不通过内心独白就能进行思考?如此等等。拉马钱德兰甚至把人类怎样会产生这样独一无二的语言和意识并列为自然界最难解开的谜团。

07

难以解开的『世界之结』

意识探秘

现在应该从科学的角度来思考意识问题……而且最重要的是,现在是开始严肃而精心地设计实验来研究意识问题的时候了。

——克里克(Francis Crick)
英国生物学家、物理学家及神经科学家,1962年诺贝尔生理学或医学奖得主。

07 / 难以解开的"世界之结"

既然本书的主题是讲述人类怎样通过孜孜不倦的研究,认识自己心灵的历史过程,在本书的最后讲到心灵的皇冠——意识——就是再自然不过的事了。虽然几乎我们每个人对自己有意识这一事实都深信不疑,但是现在还没有人能讲得清楚究竟该如何定义意识。因为意识涉及的是我们自己的主观世界,而以往绝大多数的科学研究的都是客观世界,甚至有人发出我们人能否用意识去研究意识的疑问。即使是最乐观的人也不得不承认意识研究是人类遇到的最困难的科学问题。所以叔本华(Arthur Schopenhauer)把意识研究称为"世界之结"。

意识研究的兴起和中途停顿

从心理学作为一门科学成立的那天起,对有意识体验的研究就成了心理学的最重要的中心内容。1873年被称为是"旧世界[①]心理学之父"的德国心理学家冯特(Wilhelm Wundt)就声称研究意识是心理学的主要目标

---

① 指欧洲。

图7-1 16岁的弗洛伊德和他的母亲阿玛莉亚·弗洛伊德。

之一,他把意识看作外在世界和内心世界之间的中介面。他的目标之一是研究产生有意识事件的生理条件,虽然他并未实现这一目标,但是他的这一思想却同下面我们要介绍的美国免疫生物学家、诺贝尔奖得主埃德尔曼(Gerald Edelman)及美国意识和睡眠研究专家托诺尼(Giulio Tononi)的基本思想是一致的。冯特把意识看作"某个特定时刻所有体验的整体"。其他一些早期心理学家,如被称为"新世界①心理学之父"的美国心理学家詹姆斯和创立精神分析学派的奥地利心理学家弗洛伊德也都把意识研究看作心理学研究的中心内容。

当时心理学家并没有多少研究意识的手段,他们只能把意识研究付诸自己的内省,但是正如神经科学、特别是神经病学一再表明的那样,内省或者说受试者的主诉是很靠不住的。后来一些心理学家试图用兴奋和抑制这样的基本神经过程来解释意识而未获成功。于是在20世纪的上半叶,意识研究走到了另一个极端,心理学的主流观点是,意识体验是无法研究的,能够科学研究的只有

① 指美洲,主要指美国。

表现出来的可以客观测量的行为,其极端者甚至不承认有内心意识。这就是影响深远的"行为主义"学派,其代表人物包括俄国生理学家巴甫洛夫、美国心理学家桑戴克(Edward Thorndike)、斯金纳、约翰·布罗德斯·沃森(John Broadus Watson)。正是他们发现了经典条件反射(又称巴甫洛夫条件反射)和操作条件反射,对心理学研究作出了重大贡献。但是,在另一方面他们只看行为,不问内心,甚至以为所有这一切都只不过是一连串的反射而已,科学家能做的只是测量刺激和相应的反应。这一学派还影响到传统的人工智能,以为只要编制出巧妙的程序,能模仿人的某些智能行为就解决了智能的机制问题。这一学派统治了心理研究长达半个多世纪之久,在那个时候意识问题充其量也只是茶余饭后的谈资而已,根本不被认可为科学研究的主题,从而阻碍了意识研究。

但是后来越来越多的事实证明,并非所有的行为都可以用刺激—反应来解释,有时候同样的刺激可以引起不同的行为。于是到了20世纪50年代中期,人们开始研究介于刺激和反应之间隐藏的内心过程,产生了认知心理学这样的新学科。然而,在当时除了观察脑损伤病人的临床表现之外,并没有太多研究意识问题的实验手段,因此进展不大。1989年,英国心理学家萨瑟兰(Stuart Sutherland)总结说:"意识是一种迷人而又难于捉摸的现象……迄今为止还没有什么有关它的值得一读的作品。"

直到20世纪90年代,由于脑功能成像等实验技术的突破,使把对意识的研究置于神经科学的基础上成为可能;经过像克里克等大师登高一呼,意识研究又回到了科学研究的中心舞台。由于有关行为主义和脑功能成像等的故事在拙作《脑海探险:人类怎样认识自己》中已有相当详细的介绍,因此在此处就不再重复了。也正是因为对意识的自然科学研究刚开始不久,因此与前面各章略有不同的是,本小节之后笔者将不再介绍历史上对意识研究的故事,而是介绍当前意识自然科学研究中的主要思潮和流派。

克里克对意识神经相关机制[①]的探索

伟大的转向

在谈意识研究的复兴时,不能不提及克里克的开创性工作。正是他登高一呼,指出了意识是大量神经元的集体行为。他把这种说法称为"惊人的假说",并以此为书名出版了他的最后一本书。该书开宗明义地说道:"惊人的假说是说,'你',你的喜悦、悲伤、记忆和抱负,你的本体感觉和自由意志,实际上都只不过是一大群神经细胞及其相关分子的集体行为。"[②]

克里克被2000年诺贝尔生理或医学奖得主坎德尔誉为可以与伽利略、牛顿、达尔文和爱因斯坦比肩的科学巨匠,20世纪最伟大的生物学家。这是因为在三大科学之谜——宇宙产生之谜、生命之谜和意识之谜中,他与美国分子生物学家詹姆斯·沃森(James Watson)和英国生物学家威尔金斯(Maurice Wilkins)在1953年共同发现了脱氧核糖核酸(DNA)分子的双螺旋结构,分享了1962年的诺贝尔生理学或医学奖;1966年破译了遗传密码,揭开了生命与非生命的本质区别;当他功成名就之后,他又在20世纪70年代毅然离开了他开辟成熟的正如日中天的分子生物学坦途,吹响了用自然科学手段研究意识的号角。

克里克原来是学物理的,第二次世界大战前他的课题是研究高压下水的黏度。在第二次世界大战期间,德

[①] "意识神经相关机制"旧称"意识神经相关物",它的英文为 neural correlate of consciousness,指:"足以产生某个特定知觉或体验所需要的神经机制或事件的最小集合。"如果用"相关物"来命名,容易误解为仅仅指和意识有关的脑区(物),而忽略了这些动态脑区中发生的机制和事件的最小集合。因此,在中国生物物理学会的名词审定工作中,笔者提出用今名并得到了采纳。

[②] 译文引自:克里克著,汪云九等译,《惊人的假说:灵魂的科学探索》,湖南科学技术出版社,1998。

军的轰炸把他的整个实验设备化成了灰烬,使得研究工作无法进行,且由于战争的需要,克里克转而从事磁性和声学水雷的设计工作了。战争结束后,他有点迷茫,不想再搞武器设计,也不想重操旧业再去研究水黏度。这两项工作对他都没有吸引力,他的兴趣是做基础研究。但是问题是,要研究什么?在此之前,克里克并没有什么专长,这反而成了一个有利条件,他可以转向任何自己真正感兴趣的方向。他仔细回忆一下,自己最喜欢和人谈论的论题:一个是生命和非生命的差别,再有一个就是脑功能的机制。这必定就是自己的兴趣所在,他把这称之为判断一个人爱好的"闲聊测试"。然后就该两者择一了,根据他当时的条件,他觉得自己从事前一项研究更容易入手,于是义无反顾地投身到这一研究中去。最终他和詹姆斯·沃森发现了遗传的物质基础——DNA的双螺旋结构,揭开了遗传之谜,甚至也可以说揭开了生命之谜。

图7-2　詹姆斯·沃森(左)和克里克(右)。

就在他和詹姆斯·沃森一起提出DNA的双螺旋结构,破解遗传密码,奠定分子生物学的基础之后,1966年他意识到分子生物学的轮廓已被清晰地勾画了出来,进一步研究已经有了可靠的基础,以后的工作主要是填补许多细节。所以在1976年时,他觉得是该转向下一个自然之谜——意识研究——的时候了,这时他已年逾花甲,因此他对自己说:"要么现在就干,要么就永远也干不成了。"在功成名就又年逾花甲之际,放弃自己已经驾轻就熟的领域,而另走当时还被自然科学家视为禁区的意识研究这样一条荆棘丛生、前途未卜的未知之路,这需要何等的勇气和胆略!詹姆斯·沃森不愧为他的知交,一语道出了这位大师的崇高思想境界:"弗朗西斯(Francis,克里克的名字)……从来不追名逐利,他唯一有兴趣的就是去解决问题。"所以后来克里克婉拒了英国女皇授予他爵位也就不足为奇了。

"惊人的假说"

因意趣相投,1988年克里克和比他年轻了40岁的科赫结成忘年交,他们决心为揭开意识之谜而共同奋斗。科赫回忆说,当时绝大多数科学家对待研究意识的态度是:"至于说到意识,我们还是把它留给宗教界人士吧,或者留给哲学家、或是新世界教派的邪教,科学家对此无能为力。"克里克和科赫觉得这样的看法是愚蠢的,因为我们明明知道自己是有意识的,如果不去研究,那实际上就是自动放弃了对自然界中一个最重要的问题的研究。他们确信意识也是一种自然现象,因此可以用自然科学的方法去进行研究。

尽管克里克在开始意识研究之前,对脑就早已有所了解,也有许多神经生理学家朋友,但是当时他毕竟还不是一位神经科学家,在正式开始要研究意识问题时,他发现自己对脑了解太少。根据他通过研究DNA的双螺旋结构发现遗传密码的经验,他深刻领会到生物学中的一条普遍规律,即如果你想要理解某个生物系统的功能,那么你就首先要了解它的结构。因此,他踏入该领域要做的第一件事就是自学神经解剖学的知识。接着就是广泛阅读实验文献和综述,以全面掌握现况。另外,他根据自己的具体情况对自己的工作做了一个明智的定位:"至少在开始时不直接亲自做实验,除了技术上的困难之外,我想我可以在理论方面起更大的作用。……我希望能在用各种不同的角度研究脑的学科之间架起桥梁。"当然他在这里说的只是由于他的年龄、背景和经历使他决定"不直接亲自做实验",但是这一点也不意味着他不重视实验,或者可以脱开实验事实去苦思冥想;相反,他和神经科学家维持着密切的联系,并且"广泛阅读实验文献和综述",他的意识理论既来源于实验事实,又要受实验事实的检验。接下来的问题就是选择突破口了,也就是选择从什么样的具体课题入手。

图7-3　科赫。他与克里克年龄相差了40岁,合作了近20年,是一对意识研究的忘年交!

克里克认为自我意识是意识的一种高级形式。除了极少数例外,动物并没有自我意识,更难以研究,所以他认为要研究自我这样的问题,现在还没有到时候。即使不牵涉自我,要想解释主观体验是怎样由神经回路产生的也非常困难,查默斯(David Chalmers)将其称为意识研究中的困难问题。克里克说道:"还没有人能对我们是如何通过脑的活动而体验到红色的'红'这样一种主观体验[①]以可信的解释。"他和科赫认为,打仗要选择好最容易取得战果的突破口,这个突破口就是揭示视知觉的神经相关机制。因为不仅人有感知觉,许多动物都有感知觉,

① 在意识研究中,主观体验被称为"主观体验特性"(qualia)。现在有不少人将其称为"感受质",这不大容易让人理解。另外,"质"易给人以实体的错觉,因此在生物物理学会名词审定中,笔者建议用此术语,并得到了认可。

所以研究意识也许应该从感知觉是由脑的哪些部位的哪些神经活动引起的这样一个问题开始着手。他们把这些最小限度的神经元集群活动称为该知觉的神经相关机制。脑中的许多活动都是下意识的，因此克里克"想知道我们意识到时的脑活动和我们意识不到时的脑活动差别何在"。这样，他们提出意识研究的第一步应该集中在对视知觉的神经相关机制的研究上。他们认为只有在此基础之上才能进一步深入到因果性问题。也只有在解决了这样的问题之后，才需要进一步考虑怎样，甚至是否能解决查默斯所讲的"困难问题"。

正是这样，他们经过近20年的研究，提出了一个意识研究的理论框架，这个框架的一个中心思想是有关相互竞争的集群的想法。脑后部的集群和脑前部的集群之间有广泛的相互作用，并不是所有的皮层活动都是有意识的，注意对新产生的集群进行选择，优胜集群的活动就表现为意识的内容。他们指出：双眼竞争会是研究意识的神经相关机制的一种有效的途径。所谓的双眼竞争是指当给两只眼睛分别看完全不同的两幅图像时，主体并不能同时看到这两幅图像，也不能看到它们的叠加，而是轮流看到其中的一幅。如果读者要想体验一下这种双眼竞争的感受，您可以戴一副两个镜片分别是红色和蓝色的眼镜，这时您看到的周围环境的颜色就不断地在这两种颜色之间切换。他们当时想要研究清楚的就是，当主体意识到某种感受或是他们意识不到某种感受时，脑中发生了些什么样的变化。他们的这一理论已经总结在克里克过世后科赫发表的专著《意识探秘》(*The Quest for Consciousness*)一书中了。

科学巨星的遗愿

2004年7月，88岁高龄的克里克得了结肠癌，并且到了晚期，化疗已经不起作用，非常疼痛，医生告诉他过不了9月了，但是他依然对科学充满了热情，并对他无能为力之事保持冷静。就在他逝世的一个星期前，美国科学家史蒂文斯(Charles F. Stevens)和谢诺夫斯基(Terry Sejnowski)为了建立一所新的克里克—亚科布斯计算与理论生物学中心的事去拜访他,看到他依然在伏案工作,周围放满了论文,一如以往,只是有一根手杖斜靠在他的椅子旁,且他的脚踝红肿。他们谈了大概有一个小时,其中绝大多数时间都在谈论他对屏状核的想法,他正在写一篇有关这个问题的综述。由于这个核团和许多皮层区都有双向联结,因此他猜想这一核团可能对意识起重要的作用。他说他希望他的文章能激发人们对这个以前一直受人忽视的组织的研究。

直到他临终以前的几个小时,他还在写论文。对来访的朋友,他从来不谈自己的疾病,谈的依然是意识研究中的种种问题。他以一种极度理性的态度对待他的疾病,别人看不出他对此有何不安,他也从来不因此让他的朋友感到不安。他的好友拉马钱德兰回忆道:

> 在他去世前三星期,我到他拉霍亚的家中去探望他。……在我在那儿的两个多小时里,我们一点都没有提到他的病,只是讨论有关意识的神经基础的种种想法。……当我离开时,他说:"拉马,我认为意识的秘密就在于屏状核,你说呢?要不的话,它为什么要和大脑中那么多的区域有联系?"然后他意味深长地朝我眨了眨眼。这是我最后一次见到他。

2004年7月28日,一代巨星陨落。就这样,这位近世最伟大的生物学研究大师带着他对解开意识之谜的执着追求走完了他的人生道路。在他之后,越来越多的科学家投身探索意识之谜。令人告慰的是,在克里克逝世差不多10年之后,他梦魂萦绕的屏状核之谜有了好消息。2014年6月美国科学家库贝斯(Mohamad Koubeissi)报道说,他让一位癫痫病人不断复读"房子"这个词,并且不断地用手打榧子,如果在此时用高频电脉冲刺激病人的屏状核,病人说话越来越轻,动作越来越慢,最后逐渐丧失意识,而一旦停止刺激,病人马上恢复了意识,这提示屏状核可能在触发产生意识体验中起到关键作用,就如同一个意识开关。科赫感叹说:

"克里克要是知道了这个消息,准会高兴得就像喝了潘趣酒一样。"另一件应该能告慰克里克在天之灵的事是,他的"小朋友"科赫还正在他们共同开辟的道路上继续奋勇前进。

科赫和格林菲尔德之争

虽然现在绝大多数科学家都同意意识是脑的涌现性质①,不过这句话没有告诉我们太多的具体信息。对于如何理解这句话有着各种不同的见解。我们在上一节中已介绍了克里克和科赫的主要观点,本节则介绍下列两种观点之间的争论:其中的一种观点是,每种意识体验是由全脑的神经元通过同步活动形成协调一致的集群而涌现出来的性质;另一种观点是,意识是由一些特定的脑区的特定神经元集群以特定的方式活动所涌现出来的。

2007年,科赫和英国意识研究的领军人物格林菲尔德(Susan Greenfield)在《科学美国人》杂志上联合发表了一篇论文,进行了针锋相对的辩论。格林菲尔德持前一种观点,而科赫则持后一种观点。尽管他们都把涌现出某种意识体验的这些集群的活动的集合称为"意识的神经相关机制",而且他们的研究都致力于要在神经科学、临床和心理学知识的基础上找出这种集合。

科赫认为参与对某一觉知的意识神经相关机制可能是由一些锥体神经元的集群构成的。当脑接收到视觉刺激时,首先是脑后部的神经元对视觉刺激表征进行处理,然后投射到脑的前部,在那里执行预测和计划功能。当人对某个视觉刺激加以注意时,这些集群就会得到加强,

---

① 涌现性质(emergent property)指的是由若干部分所组成的整体具有其各个部分都不具有的性质。如水分子是由氢原子和氧原子构成的,但是水的许多性质和氢原子和氧原子很不一样。

其中神经元的活动增强，同步性也增大。它们的信号在脑的前部和后部之间来回传输，最后在和其他集群的竞争中胜出。但是这种胜出是动态的，下一时刻随着注意的转移，可能是另一个集群胜出而形成其他的意识内容。所以在科赫看来，不同的意识体验是由特殊的一些神经元集群介导甚或产生的，而并非处于含有大量神经递质的环境中的大群发放神经元的整体性质。对于神经活动是否产生意识，他强调的是这些活动的质上的区别，而不是量上的区别，科赫认为正是这一点是他和格林菲尔德之间的主要分歧所在。

格林菲尔德的观点可以总结为"意识是由脑整体功能在量上的增大所产生的"。她说道："我的基本假设是，对于意识来说，并不存在有哪种特定的脑区或是特定的神经元集群具有某些内在的奇妙特性。……一种可能性更高的观点是意识并不是由脑中某种特殊的性质产生的，而是由脑整体功能在量上的增加产生的。当脑增大时，意识也增强了。"她认为意识的程度随时都在变化，而任一时刻神经元集群中活跃的神经元数也和意识程度相关。她以麻醉对意识的影响为例来支持她的论点。

科赫用闪现遏制（flash suppression）来非难格林菲尔德的观点。2005年，他和他的学生给受试者的一只眼睛，比如说右眼，看一张恒定的小图片，例如一张灰色的不是那么清楚的满脸怒色的人脸，然后给受试者另一只眼睛投射不断在变化的彩色马赛克图案，这时受试者对人脸的知觉就完全受到了遏制。这种遏制可以持续几分钟之久，如果让受试者眨眨他的左眼，那么他还是可以看到这张脸的。虽然初级视皮层中有大量神经元集群对来自左眼的刺激有猛烈的发放，但是它们对意识毫无贡献。他认为这是格林菲尔德所提倡的大群神经元协调一致的活动作为意识的神经相关机制的理论所解释不了的。

格林菲尔德对科赫的批评是：同其他脑区和神经元比较起来，科赫并没有说明他所讲的和意识相关的特定脑区和神经元究竟有哪些特殊的性质。她认为科赫把不同的意识觉知归于特定的脑内连接是21世纪的颅相学。她还认为科赫过于强调大脑皮层对意识的重要性,但是某些鸟类也有意识,虽然它们根本就没有大脑皮层。她认为不能把意识分成许多不同的、彼此平行的体验,各种感觉之间会相互影响(参见第一章)。她认为科赫所举的反驳她的例子,只能说明意识的内容,而不是意识本身。

埃德尔曼和托诺尼的意识理论

埃德尔曼的"动态核心"

诺贝尔奖得主埃德尔曼不同意把意识的神经相关机制限定为某个特定脑区的神经元的活动,或者具有某种特性的神经元的活动的想法。他更强调意识的全局性质,他认为把意识归结为特定区域特定神经元的特定模式活动是犯了一种"范畴性错误",也就是要事物具有它所不可能有的性质。他认为正确的做法是:研究所有的意识过程有什么共同的特性,意识在什么条件之下才会产生,什么样的神经过程也具有类似的特性,进而提出假设以说明什么样的神经过程才对产生意识有贡献(Edelman and Tononi, 2000; Tononi and Edelman, 1998)。

关于意识的神经相关机制,埃德尔曼提出了所谓的动态核心假设如下:

1. 如果要一群神经元直接对意识经验有贡献,那么这群神经元必须是分布性功能性聚类的一部分,这种聚类通过丘脑皮层系统中的复馈①相互作用在几百毫秒的时间里实现了高度的整体性。

① 信息在不同脑区之间通过它们之间的交互联结往复交流的过程。

2. 为了维持意识经验，这个功能性聚类必须是高度分化性①的，表现为有很高的复杂性。

埃德尔曼把这样一种在几分之一秒的时间里彼此有很强相互作用而与脑的其余部分又有明显功能性边界的神经元群聚类叫做"动态核心"，以此来强调它的整体性及它的组成经常在变动。关于埃德尔曼的理论，由于在拙作《脑海探秘》一书中已作了相当详细的介绍，此处就不再多说。想要深入了解埃德尔曼的意识理论的读者，笔者推荐拙译《意识的宇宙：物质如何转变为精神》（*A Universe of Consciousness: How Matter Becomes Imagination*）。

科赫认为埃德尔曼的理论使人从一种新的角度，严格而定量地考虑意识问题，因此是很有意义的。但是它还存在不少问题，例如绝大多数系统都可以表现出某种整体性和分化性，那么是不是意味着这种系统也多少有某种意识呢？这会不会是泛心论的一种现代版本呢？另外我们大量的行为是下意识的，这种行为的神经复杂度是不是就低呢？科赫认为埃德尔曼的理论过于注意意识的全局性。他们的理论究竟谁对谁错，只有进一步的实验才能检验。（Koch, 2004, 2009）

托诺尼和科赫的共识

意大利裔美国睡眠和意识研究专家托诺尼曾是埃德尔曼的主要合作者，他和科赫曾经有过争论。真所谓不打不成相识，两人通过争论，彼此取长补短，成了好朋友，

---

① 又称信息性。脑可以在极短的时间里从极大数量的不同意识状态清单中选取其中的任何一个场景而被体验到的性质。分化性在这里强调的是清单中可能场景数量的巨大。

而且合作发表了一些论文。例如,关于意识的神经相关机制,他们在2014年一起写的一篇文章(Tononi and Koch, 2014)里达成了下面的共识:

> 人们通过在颅外作磁共振功能脑成像或大规模脑电记录以追踪健康成人脑内意识的痕迹。人们看好的候选机制包括高级额顶叶皮层的强烈激活、脑电γ波(频率在35—80赫兹)以及出现被称为P300的事件相关电位。但是上述事件中没有哪一种已被公认为意识的可靠指标。

他们一致认为意识的神经相关机制并不牵涉全脑,例如虽然小脑中的神经元数目比大脑皮层还要多,但是整个小脑都受到损伤的人还可以有意识。甚至对大脑皮层来说,也只有在清醒或做梦时才有意识,而在深睡或癫痫发作时意识就丧失了。因此探究意识的神经相关机制确实是一个严肃的科学问题,而且是一个非常困难的问题,这也是克里克和科赫一直强调的。托诺尼和科赫同意要想解决这个问题可以从研究意识究竟有哪些关键的性质着手,再研究这些性质又是由什么样的脑机制产生的。后两个问题则正是埃德尔曼和托诺尼所一直强调的。

意识与整合信息理论

此外,还有一个克里克和科赫在刚开始研究时暂时回避了的问题,即人类的胚胎、其他动物甚至将来高度复杂的人造机器是不是也有意识?意识有没有一个程度的问题?这就需要至少从原则上说提出某种一般性的理论来评估某个对象的意识程度。托诺尼为此提出了一种"整合信息理论"(integrated information theory),科赫对此表示认同并开展了合作研究(Koch and Tononi, 2011; Tononi and Koch, 2014)。

托诺尼与科赫从一种直观的想法出发:要想形成主观的感知觉体验,脑必须把输入的感觉信号和储存在记忆中的信息整合起来才能形成有关世界的协调一致的图景。问题是怎样把这种直观的想法精密化,为此他们提出了有关意识的5条基本性质,并将其作为不证自明的公理,就像两点之间只能画一条直线是欧几里得几何的公理一样。关于如何评价意识程度等的理论研究就是从这些公理出发的,再通过实验和观察评判这样得到的研究成果是否和实际情况相符。有关意识的5个不证自明的公理包括:存在性、结构性(composition)、信息性、整体性(integration)、排他性(exclusion)。具体解释如下:

存在性,即意识确实是存在的,至少我可以绝对肯定我自己是有意识的。

结构性,即意识的内容有一定的结构,其中有许多不同的方面。例如,我们对眼前的景物可以同时意识到其中有许多不同颜色、不同形状、处于空间不同部位的内容等。

信息性,即埃德尔曼和托诺尼早就一再强调的分化性。也就是说,在任一时刻意识体验到的都只是无数种可能场景中的某一个特定场景,而排除了所有其他与此不同的可能性。

整体性,即埃德尔曼和托诺尼所一再强调的每个体验都是统一、协调的一个整体,而不能分解成许多相互独立的成分。例如,当我看到一个红色三角形时,我体验到的就是一个红色三角形,而不会同时体验到一个没有颜色(或灰色的)三角形和无所附着的红色。意识的整体性源自脑内相关部分之间复杂的相互作用。

排他性,即意识无论就其内容还是时空尺度来说都是独一无二的。不会同时有或者以不同的速度展开内容多少有所不同的多个体验。

正是在这些公理的基础之上,他们认为如果一个系统要有意识的话,那么这个系统就必须是一个有极大量可能状态的统一整体。为此,在脑的有关脑区之间必须有交互作用。一旦当这些脑区之间开始失去联结或者变得碎片化,意识就会消退,这正是在深睡或是麻醉时所发生的情形。意识的程度就可以用该系统所含的超越其各个组成部分所含信息的信息来度量,他们把这称为"整合信息"(integrated information),并用符号Φ来表示。①用它来度量一个系统拥有不能被还原或简约为其组成部分在互不相关时的特性的性质的程度,也就是一个系统内部协同性的程度。系统的整体性越强,其协同性越强,有意识的程度也越高。所以有高Φ值的系统必定是由一些各具特异性的、高度整合在一起的系统,也就是通常所说的整体的功能远大于其各个部分所能完成的功能。如果一些脑区彼此孤立或是随机地联结在一起,其Φ值就比较低。从这一点就可以解释为什么小脑的神经元数比大脑皮层还多,却没有意识,这是因为小脑的各个模块之间缺少像大脑皮层各个脑区之间的复杂的双向联结,因此Φ值低。相反,丘脑—皮层系统内部有着大量双向的相互联结,所以被他们认为是意识的神经相关机制的可能所在地。不过当深睡和癫痫大发作时,大脑皮层各部分的活动高度同步,缺乏特异性和信息性,其Φ值也低,因此在这种情况下即使是丘脑—皮层系统也没有意识,或者说意识程度很低。

他们的策略是先把这一度量应用于成年人,如果结果确实能反映成人在不同条件下的意识程度,那么他们就有理由把同一度量应用于婴儿、灵长类动物,以至其他动物和复杂的人造机器,以探讨他们是不是也有某种程度的意识这一千古之谜。

---

① 托诺尼给出了Φ值的一个数学定义,由于这个问题过于专业,已超出了像本书这样一本科普著作的范围,因此在这里就不作介绍了。有高等数学背景的感兴趣的读者可以参看托诺尼的下列论文:Tononi G. 2004. An information integration theory of consciousness. *BMC Neuroscience*, 5:42—63; Tononi G. 2008. Consciousness as Integrated Information: a Provisional Manifesto. Reference: *Biol. Bull.*, 215: 216—242; Tononi G, Sporns O. 2003. Measuring information integration. *BMC Neuroscience*, 4:31—50.

当然，目前就要肯定意识的整合信息理论还为时过早，这一理论很可能给出了存在意识的必要条件，他们所定义的Φ值也可能在一定条件下衡量有意识程度的某个方面。科赫本人以前曾经批评过类似的思想有现代版的泛灵论的嫌疑，尽管现在他对此种说法有了修正。但是在笔者看来，这个问题依然存在。关键是他们所提出的5条"公理"在笔者看来只是存在意识的必要条件，但是这些条件是否就充分了呢？如果他们提出的5条公理并不是存在意识的充分条件，那么即使某个系统有非零的Φ值，也不能说这个系统有某种程度的意识。这样虽然有可能划清意识的整合信息理论和泛灵论之间的界线，不过意识存在的充分条件又是什么呢？另外，像意识这样复杂的现象连一个定性的明晰定义都没有，如何能够期望通过制定一个定量指标来全面描述意识的所有方面，这在笔者看来是一个不可能的任务，所以他们制定的Φ至多也只能度量意识的某一个方面，虽然也可能是很重要的方面，例如他们所说的整体性和分化性。但是无论如何，这一理论尝试用一种新的、严格的、同时采取数学和经验方法去探索心身问题的新途径，值得人们关注和深入探讨。其他人也曾试图从意识的其他方面来定义测量意识程度的定量指标，例如格林菲尔德试图用麻醉程度的深浅来度量意识的程度，这也存在同样的问题，甚至更大的问题，因为麻醉并不是一种自然状态。尽管如此，这些探索在我们开始进行意识研究的长征时都是有意义的，只不过我们对它们的局限性必须保持清醒的认识。

意识研究究竟有多特殊？

查默斯和他的"困难问题"

和前面所介绍的三种学派不同，澳大利亚哲学家和认知科学家查默斯更强调在意识研究方面的一个根本困难：意识问题研究的是认识有关第一人称的主观体验，而其他科学研究则都是从第三人称视角出发认识世界。科学力求客观，而意识则完全是主观的,因此意识研究中面临的一个核心问题是怎样用科学中惯用的客观过程来解释主观体验,即脑中1000亿个神经元怎样通过相互作用产生出有意识的体验。他把这个问题称为意识研究中的"困难问题"。

查默斯记得小时候他的一只眼睛视力正常,而另一只眼睛则视力模糊,当他终于配了合适的眼镜后,他不仅看东西更为清楚,而且有了深度感,这是他以前所没有体验过的。尽管他在理论上也知道深度知觉,但是真的有深度知觉的主观体验和只是理论上知道完全是两回事。

还有一个更生动的例子。巴里(Sue Barry)是一位美国的神经科学家,她生下来就是对眼,两眼不能协同工作,所以她实际上总是下意识地快速交替使用一只眼睛来看东西。这样的结果是,除非把东西放到她的鼻尖附近之外,否则她没有任何双眼视差。美国著名神经病学家萨克斯有一次问她,这是否给她的生活带来不便,她的回答是没有任何不便,虽然她不能像正常人那样直接有深度知觉,但是她可以利用单眼线索判断远近,因此正常人能做的事,她也都能做。萨克斯进一步问她是否能想象立体视觉的感受如何,她的回答是应该能做到。要知道她本人就是一位神经生物学教授,她读过休伯尔和维泽尔的文章,她还读过许多有关视觉信息处理、双眼视觉和立体视觉的材料。因此她觉得这些知识使她洞烛她之所缺,她认为尽管她从未体验过立体视觉,但是她一定知道这种知觉是怎么回事。但是在事隔9年之后,她写信给萨克斯说道:"您问过我能不能想象用双眼看东西的感觉如何,而我告诉您我想我能做到这一点……但是我错了。"这是因为在不久之前她在经过治疗之后才真正有了双眼视觉。她回忆起当时的感觉:"我回到车里,正巧看着方向盘。方向盘一下子从仪表板处跳了出来。……我看了一眼后视镜,它也从挡风玻璃处跳了出来。"她惊叹道:"绝对是一种惊喜,我真无法想象之前我一直缺少了的是什么。""这个早上当我带了狗去跑步时,我注意到灌木丛看上去不一样了。每片叶子看上去都屹立在它自己那小小的三维空间中。叶片不再像我以前一直看到的那样重叠在一起。我可以看到在叶片之间有空间。树上的枝条、路面上的鹅卵石、石墙中的石块也无不如此。每样东西的质地都丰富了起来。"如此等等,她在信中描写了所有这些对她说来是全新的体验,这是她之前所无法想象或者推理的。她发现没有东西可以替代自己的体验。

查默斯认为目前还没有一个人能解决上述"困难问题"。因此,他认为目前能够做的是探讨客观过程与主观体验两者之间的相关性。例如当主体有某种颜色知觉时,研究与此同时在脑中有哪些过程正在进行。最终目标是要解释这些过程怎样会产生出相应的主观体验,不过现在还没有任何人对此有任何头绪。

科赫对此问题的解决持相对乐观的态度,他说道:"回想当年DNA双螺旋结构的发现,对我们了解分子复制的机制起了多么巨大的作用。两条由弱氢键连接的糖、磷酸、氨基酸长链——这个结构在暗示着某种机制。遗传信息就是这样表达、复制,并传到下一代的。DNA分子结构把我们对遗传学的理解提升到了一个全新的高度,这是我们之前几代化学家和生物学家想都不敢想的。类似地,如果有朝一日,我们能够找到产生某个特定知觉的神经组织的具体位置,辨明它们的输入和输出,了解它们的发放模式,并知道它们从出生到成年的发育过程,如此等等,这很可能会像DNA之于遗传学一样,为研究完整的意识理论带来飞跃。"不过,查默斯认为科赫的类比是不恰当的,因为对遗传密码研究的对象依然都是客观实在,这和意识研究中企图解释客观的脑如何产生主观体验完全不同。他把通过神经过程解释行为称为意识研究中的"简单问题"(easy problem),而把解释主观体验的问题称为"困难问题"(hard problem)。

查默斯与前面诸人在观点上的一个很大的差别是:主观体验不能还原为脑过程,然而在这两者之间存在着密切的联系和相关性,科学研究意识就是要在这两者之间架起桥梁。意识是某种不可能还原成用更基本的概念来加以解释的概念,就像物理学中的时间、空间、质量和电荷等概念一样。查默斯直截了当地声称:"意识是不可还原的。它是基础性的,是世界的基本属性。"我们所能做的就是承认这是一种基本属性,然后研究有关第一人称的主观体验的数据和第三人称的客观物理性质数据之间的关系所服从的规律。最后我们或许能得出这种联系所服从的一组规律,就像物理学中的基本定律一样。不过和前述诸人一样,对查默斯来说,研究意识的神经相关机制同样非常重要,因为只有通过两者之间的这种相关性才能逐渐逼近作为架在这两者之间的桥梁的那些基本原理。查默斯还强调说,意识的基本性并不意味着世界万物都是由它构成的,也无需它无所不在,正如在宇宙空间中有许多真空区域中并不存在质量一样。

查默斯的另一个观点是只要有信息处理就会有意识,信息处理的复杂程度决定意识的复杂程度。不过他的这一观点也受到了批评,被称为现代版的泛灵论。

"困难问题"真的存在吗?

对查默斯的理论批评得最激烈的是美国神经哲学家帕特里夏·丘奇兰,她认为所谓"困难问题"是一个虚假的命题,仅仅靠沉思默想就决定一个问题是"困难"还是"简单"只是一种夸大了的自我欺骗。她举例说,曾经有段时间人们认为蛋白质的折叠问题是个简单问题,而父代如何把信息传给子代则是个困难问题,但是后一问题在20世纪50年代就给解决了,而对于蛋白质的折叠问题则至今尚未解决。她和她的丈夫保罗·丘奇兰(Paul Churchland)举出科学史上许多最初被错误地认为是无法解决的但最终都被一一解决的问题为例,来论证意识问题也只时暂时还没有解决而已,和其他还没有解决的科学问题并无二致。他们认为一切主观体验特性都是脑内特定脑区中特定神经元群的特定活动模式产生的,主观体验特性和产生它们的脑过程只不过是同一个硬币的两面。

事实上,除了他们夫妇之外,许多当代意识研究的领军人物,如克里克、科赫、英国心理学家格雷戈里(Richard Gregory)等反对查默斯的困难问题论的主要方法都是从科学史上找出无数例子,说明原来被认为无法解释的与众不同的现象,例如生命和无生命之间的区别,在经过深入研究之后,问题都一一得到了解决。因此现在没有解决不等于就是难于解决甚或根本不可能解决。不过以笔者的管见,他们在这样说时都回避了查默斯的一个主要论据,他们所举出的例子牵涉的对象都是客观的,即可以从第三人称的角度研究的现象,而意识则是主观的、第一人称的。回避了这一根本区别就使他们的论据显得苍白。当然,目前就要下断言确定谁是谁非还为时过早,时间和实践将最后作出结论。

结语

极目眺望新大陆

人们（其中包括政策制定者）正开始认识到，21世纪科学所面临的核心挑战就是更深入地认识人心智的生物机制问题。

——坎德尔（Eric R. Kandel）
奥地利裔美国神经科学家，2000年诺贝尔生理学或医学奖得主。

心智研究是有待探索的整个大陆

2006年在参与筹办杂志《认知神经动力学》(*Cognitive Neurodynamics*)时,笔者曾经为该刊起草发刊词[1],并请弗里曼教授审阅和修改。当时弗里曼教授在发刊词中加了下面的一段话:

> 50多年前,受到发明数字计算机和建立遗传的DNA模型的鼓舞,科学家们满怀信心地认为解决认识生物智能和创造机器智能的任务已经胜算在握。在开始时,进展看上去非常迅速。占满空调房间的巨大电"脑"缩小到可以放到手提包里。计算速度每两年就翻一番。这些进步所显示出来的其实并不是问题的解决,而是问题的困难性。我们就像那些"发现"美洲的地理学家一样,他们在海岸上看到的并不只是一串小岛,而是有待探险的整个大

[1] Wang R, Gu F. 2007. Editorial. *Cognitive Neurodynamics*. 1:1.

陆。使我们深为震惊的，与其说是在脑如何思考的问题上我们作出的发现的深度，还不如说是我们所承担的阐明和复制脑高级功能的任务是何等的艰巨。

弗里曼教授以非常生动和深刻的笔触总结了脑高级功能（即认知和心智）研究的现状。这是笔者所写不出来的，因此一字不改地照录到了发刊词中去。我们经过惊涛骇浪远渡重洋已经站在海岸边，展现在我们面前的是有待揭开心智之谜的整个大陆，而为了实现这个任务，还有艰险的探索有待我们去努力。这并不像某些科学家想象的那样，只要十年或者稍长的一段时间就能完成的。

行为主义不能解决心智的机制问题

50多年来，一直有一些工程技术专家认为，随着计算机速度的加快和存储容量的增大，很快就能解决心智这个难题。从人工智能创立的那一天起，人工智能的专家就认为，只要编制出巧妙的程序就能让计算机实现人的心智功能。人工智能的奠基人之一司马贺（Herbert A. Simon）在1955年就宣称："当今的世界上已经有能够进行思维的机器了，它能进行学习和创造。"他甚至声称他们已经"解决了古老的心身问题，告诉人们某个由物质构成的系统怎么会有心智这样的特性"。人工智能的另一位奠基人明斯基（Marvin Minsky）在1967年曾经乐观地预言："在一代人的时间里，有关创立'人工智能'的问题就将得到实质性的解决。"

但是这一切并没有发生。1982年，明斯基不得不承认说："人工智能的问题是科学所碰到过的最艰难的问题之一。"传统人工智能的这些预言失败的根本原因是，其提出者并不深刻了解脑和计算机的本质区别，他们只是希望通过外表行为上的相似来解决心智问题。不过这些失败并没有阻止技术专家不断地在新形势下重复他们的错误。当然并非所有技术专家都是如此，许多人已转向研究脑机制来寻求启发。但是他们之中仍不乏存有认为计算机已经具有智能，甚至即将超过人脑的论调。

1997年,电脑"深蓝"战胜国际象棋世界冠军加里·卡斯帕洛夫(Гáрри Кимович Каспáров)似乎给了上述论调以新的证据,尽管"深蓝"之父许峰雄博士明确说过:"'深蓝'是没有智能的。它只是一个制作精良的工具,在一个限定的领域内能够表现出智能行为,加里是这一次国际象棋大赛中的输家,但是他是真正有智能的棋手。"2011年,超级电脑"沃森"在美国最受欢迎的知识竞赛电视节目《危险!》(Jeopardy!)中战胜了该节目历史上两位最成功的选手。但是"沃森"的成功依旧是归功于其超快的速度和巨大的存储容量,以及其背后的编程团队在不断总结经验。最近"谷歌智深"(Google DeepMind)公司的围棋弈棋系统"阿尔法围棋"4∶1战胜韩国围棋王李世石,更是一石激起千重浪,引起人们对人工智能的热议。虽然"阿尔法围棋"系统比起前两者从方法上有了极大的改进,它不再采用纯符号分析的方法,单纯依靠推理和搜索解决问题,而是通过大样本学习,从经验中学会下出人类棋手都想不出的妙着,但是这种系统本身依然没有心智。它战胜李世石这一历史性的事件唯一不引起激动的"棋手"就是它自己。因此,尽管人工智能在技术上取得了巨大的进步,但是对于脑怎样会具有心智这个问题,其谜依然。

近年来也不断有人声称,计算机技术的飞速发展已使我们接近某个"奇点",到那个时候就会有真正具有心智的机器,甚至比人脑还要聪明无数倍的机器。不过在笔者看来,如果有关心智的脑机制研究没有取得实质性突破,那么上述论调都只不过是历史上行为主义和传统人工智能的不断重复,他们的断言也不能实现,这种人工智能依然是"无魂人",它们并没有心智,也没有真正的智能!当然,笔者无意否认人工智能的巨大成就,以及从行为上表现出来的类似人智能的行为在应用上的巨大价值,由于超级计算机的高速和超大存储容量,它们的这些表现令人印象深刻,其许多功能远超人类对手,并能解决许多实际问题,同时也可能对人类社会带来风险。如果仅从实用的观点来看,智能机器是否一定要模仿脑机制也还无定论。

欧盟人脑计划的失误

不太熟悉神经科学的技术专家犯这样的错误尚可理解，然而有些神经科学家也犯了类似的急功近利、提出不现实目标的错误，偏离了追求真理的正道。一个典型例子就是南非裔瑞士神经科学家马克拉姆（Henry Markram）牵头实施的欧盟人脑计划（The Human Brain Project，以下简称HBP）。他们的目标是在计划实施的10年内用计算机（超级计算机或者仿神经结构计算机）仿真出人脑。他们的技术路线是完全采用自下而上的方法，通过用仿真离子通道构建人工神经元，用仿真神经元构建功能柱，用仿真功能柱构建脑区，以至最后构建全脑。他们完全无视对脑的认识还有大量未知领域，也无视现在还没有一个"脑是如何工作的"理论框架的事实。因此虽然马克拉姆在2013年取得了欧盟10亿欧元的资助而开始了项目，但是该计划从一开始就引起了许多神经科学家的强烈质疑。① 神经信息学研究所的马丁（K. Martin）指出："即使经过马克拉姆的辛勤努力，许多细节依然很不清楚，我想象不出这样多的细节如何能在今后10年里从啮齿动物的各个脑区中得出。"

马克拉姆非常轻视认知神经科学家。他斥责参与该计划的认知神经科学家用了HBP的钱而"只想做他们一直在做的那些事"。他还认为，HBP是"方法论上的某种范式转换，这是极度令人兴奋的，但并不是在实验室里做传统上个体研究的那类人都可以做的"。2014年5月底，

---

① 笔者也从一开始对此项目的可行性表示极大的怀疑，具体可参见拙文：顾凡及. 2013. 从蓝脑计划到人脑计划：欧盟脑研究计划评介.《科学》，65(4)：16—20；顾凡及. 2014. 欧盟和美国两大脑研究计划之近况.《科学》，66(5)：16—21；Gu F. 2013. The human brain project EU is unlikely to create an artificial whole-brain in a decade. Brain-Mind Magazine, 2: 4—6。

以马克拉姆为首的HBP的三人执行领导小组干脆把认知神经科学子计划及其相关的18个实验室从HBP的核心计划中取消了。这引起了神经科学家的强烈反弹。葡萄牙科学家马伊嫩(Zachary Mainen)说,认知神经科学是HBP中唯一一个不在分子或突触层次上工作的神经科学领域,显然领导小组此举使得HBP完全成了自下而上的研究。更有科学家批评这一计划与其说是一个脑研究计划,还不如说是一个信息技术计划。

2014年7月7日,有150多名科学家联名向欧盟委员会递交了一封公开信,而迄今参与署名的科学家已超过800人。除了对该计划的领导、管理及领导层的独断专行表示不满之外,他们还指出,虽然认识正常脑和病理脑的功能十分重要,理应得到巨额资助,但是HBP从一开始就争议不断,并在欧盟神经科学界中引起分裂。许多科学家认为,它在研究方法上过于狭窄,在实现其所设定的目标方面存在着巨大风险。他们指出,HBP现在已"偏离正道",要求欧盟对计划的科学内容和管理两方面进行严格评估,以决定是否继续资助。他们严重质疑该计划的目标与可行性,声称如果欧盟不能采纳他们对评估所提出的要求,就将抵制并号召同行也抵制参与跟HBP有关的伙伴计划。

批评声一浪高过一浪,在这种巨大的压力下,HBP不得不邀请HBP内部和外部的一些专家成立独立的调解委员会(mediation committee)负责处理此事。2015年3月调解委员会发表了调解报告,从总体上接受了公开信的批评意见,认为该计划必须在领导管理和科学方向两方面都作出调整。

在这儿,笔者并不准备对该计划的问题作全面的介绍,因此将不再对其管理问题多着墨,而只是借此评论即使是神经科学家也可能在怎样研究心智的问题上犯严重错误。报告指出,仿真全脑是不成熟的,HBP应该把其重心放到对神经信息学有用的方法技术的研究上,特别是创新性的软件和硬件平台的研究上。这些平台应该通过跨学科合作研究来开发和检验,它们应该有认知神经科学家和系统神经科学家的参与。这些平台应该针对具体问题,例如空间导向或有目标的决策。报告还指出，HBP不应该把有关非人类灵长类动物的研究排除在外，因为这是从鼠脑到人脑的一个重要的中间环节。

虽然HBP领导层为形势所迫，不得不在2015年3月18日宣布接受调解报告，但是其绝大多数成员认为调解委员会的意见将把他们的"充满想象力的计划变成一个平庸的计划"，硅脑仿真是"HBP的独特卖点"。其领导层是否真能接受调解委员会有关科学方面的建议尚有待观察。如果该建议被采纳的话，那么HBP的核心目标就将改为开发有助于神经科学家认识人脑及其疾病的信息技术。虽然这个目标较之前要小得多，但是依然十分宏大，它将和美国的"尖端创新神经技术脑研究"（Brain Research through Advancing Innovative Neurotechnologies）创议互为补充。后者致力于开发研究观察、记录和成像神经回路活动的新技术，其中包括电压成像、纳米电压传感器、计算光学和显微内镜、DNA技术、合成生物学、光遗传学等。

新技术开发可能为心智研究开辟新天地

技术的进步往往打开新发现的大门，20世纪二三十年代放大器和示波器等电子技术的进步，开创了研究神经系统电活动的新时代；20世纪末正电子发射断层扫描（PET）和功能性磁共振成像等功能脑成像技术则开辟了认知神经科学的新时代。即使不是这样的里程碑式事件也有突出贡献，如微电极技术的出现开辟了单细胞记录的广阔领域，膜片钳技术的出现则打开了研究单个离子通道的大门。这些似乎都表明了，任何新技术未必会引起科学的革命性变革，但是任何重大的科学突破往往都以新技术的出现为前奏。休伯尔在其自传中讲到他发明的钨丝电极对他研究所起的作用后感叹道："我总是为很少有人努力发明新方法而惊诧不已，这或许是因为一般说来奖励总是给予应用新方法而得到研究成果的人，而不是那些发明新方法的人。"看来情况正在发生改变。并且应该注意的是，科学的突破不仅需要新技术，关键还是要科学家对面临的科学问题有清醒的认识且知道如何把这些新技术应用到这些问题的研究上去。如果单纯追求技术,而不知道应该用这种技术解决什么科学问题,那么即使有了新技术也未必能够对推动科学的进展起多少推动作用。例如,有人以为只要有了同时记录脑中每个神经元活动的技术,那么认识心智的问题也就迎刃而解了,这在笔者看来是一种不切实际的幻想,就好像是在说如果知道了全球每个人每个时刻在做什么事,就能解决一切社会问题一样。

如果HBP能接受调解委员会的建议,改弦易辙,把研究目标集中到神经信息学研究所需的软件和硬件平台的开发上;如果美国政府能接受美国国立卫生研究院提出的中期计划和长期计划,把目标设定在开发脑研究的新技术,而不片面追求耸人听闻而难于实现的政绩工程(如要同时测定人脑中每个神经元在每个时刻的发放情况,在十年或更长的时间里解决老年痴呆症、帕金森病等严重的脑疾患);那么这些计划将有助于大大推进心智的研究。HBP的领导层和美国政府是否愿意这样做? 有待观察。

心智研究必将成为21世纪的科学最前沿

以笔者的管见,我们现在对脑和心智的认识还很有限,大量重要的问题依然没有解决,也很难期望其能在短期内有决定性的突破,甚至还不能对其未来的发展作出精确的预言。但是正如安东尼奥·达马西奥所言:"20世纪90年代(也就是所谓的脑的十年)所得到的有关脑和心智的知识,比此前整个心理学和神经科学史上取得的成绩可能还要多。"由于该问题的重要性和无穷魅力,如坎德尔所言,心智研究必将成为21世纪的科学最前沿并取得巨大的进展。心智研究将吸取历史上的经验教训,不再限于内省或是行为主义的研究,而是把基础深深扎根于神经科学之中。而现代神经科学研究需要梳理其所面临的重大而又有望在不久的将来能取得突破的问题,开发新技术,并且通过多学科的合作研究,把自下而上的方法和自上而下的方法紧密地结合起来,把还原论方法和整体论方法结合起来,采用多种方法和技术手段,从各个方面和各个层次综合地对脑和心智进行研究。陈宜张院士在其巨著《神经科学的历史发展和思考》一书的最后三章中对21世纪中"神经科学如何发展"的问题作了深入的思考。他总结说:"21世纪神经(脑)科学的目标仍是解释神智活动及相应疾病的生物学机制。问题还是要回到神智—脑研究的终极目标,还是要解释神志的机制,这就使得神经科学研究具有了不同于一般生命科学研究的特点。""从所有神经科学领域看,事实上也可以说是从所有科学领域看,认知神经科学的问题,诸如知觉、动作、记忆、注意及意识等问题,将是下一个千年中最困难也最具挑战性的问题。"陈院士从微观、介观和宏观三大层次上梳理出了亟待解决的大量问题。限于篇幅笔者在此将不再引用,关心此问题的读者可以自己去读一读原著。

2013年坎德尔在为《神经元》(*Neuron*)杂志所写的有关心智科学的一篇展望①中,指出从这一新学科出发,将推进对哲学、心理学、社会科学、人文科学和对心智失常研究之间相互联系的探索。埃德尔提出了4个相互有关的重要研究方面:

1. 和人文科学、哲学及心理学有关的神经科学方面:有意识知觉、下意识知觉及下意识本能行为。

2. 和社会科学、伦理学及公共政策有关的神经科学方面:自由意志、个人所负的责任及决策。

3. 和艺术知觉有关的神经科学方面:观看者对

---

① 此文是陈宜张院士推荐给笔者阅读的,谨在此表示感谢。

艺术作品所分享的观感。

  4. 和心智失常有关的神经科学方面：精神病学、精神分析和精神疗法。

  他认为这四方面的研究不仅和所涉及的领域有关，而且还为认识有意识的心智过程提供了新的途径。在研究过程中，人们有可能惊奇地发现下意识过程在精神生活中所起的重要作用，下意识过程不仅对本能有重要的作用，而且对自由意志、个人所负的责任及决策等方面都起重要作用。对坎德尔的这些展望感兴趣的读者可以自己找他的文章一读。

  当前需要更多的专家对这个问题进行思考和提出真知灼见，如果能把这些意见汇集起来进行深入的讨论并达成某些共识，鼓励和支持科学家在这些重大问题上进行不懈的探索，那么在脑和心智研究上取得突破就会是可以预期的事。

  让我们欢呼和迎接这一心智研究的新时代吧！也期望有志的读者能把自己武装起来，参与这一宏伟的事业。

参考文献

01 打开心灵之窗

Benjamin L T Jr. 2007. *A brief history of modern psychology*. Blackwell Pub.

Bennett M R. 1997. *The idea of consciousness*. Gordon & Breach.

Bennett M R, Hacker P M S. 2013. *History of cognitive neuroscience*. Wiley Blackwell.

Bleicher A. 2012. Edges of perception. *Scientific American Mind*, 23（1）: 46—53.

Bublitz N. 2008. A face in the crowd. *Scientific American Mind*, 19（2）: 58—65.

De Gelder B. 2010. Uncanny sight in the blind. *Scientific American*, 2010（5）: 61—65.

Finger S. 1994. *Origins of neuroscience: a history of explorations into brain function*. New York: Oxford University Press.

Gaschler K. 2006. One person, one neuron? *Scientific American Mind*, 2006（2/3）: 77—82.

Goodale M A, Meenan J P, Bulthoff H H, Nicolle D A, Murphy K J, Racicot C L. 1994. Separate neural pathways for the visual analysis of object shape in perception and prehension. *Current Biology*, 4(7): 604—610.

Greenwood V. 2012. Super human vision. *Discover*, 2012 (07/08): 29—31.

Grueter T. 2007. Foretting faces. *Scientific American Mind*, 18 (4): 68—73.

Gross C G. 1998. *Brain, vision, memory: tales in the history of neuroscience*. Cambridge, MA: MIT Press.

Hartline K F. 1967. Visual receptors and retinal interaction. *Nobel Lecture*, December 12.

Hubel D. 1981. Evolution of ideas on the primary visual cortex, 1955—1978: a biased historical account. *Nobel Lecture*, December 8.

Hubel D. 1996. David H. Hubel. *In*: Squire L R (ed.). 1996. *The history of neuroscience in autobiography vol. 1*. Society for Neuroscience, 294—317.

Jones R D, Tranel D. 2002. Visual disorder. *In*: Ramachandran V S (ed.). *Encyclopedia of the human brain*. Academic Press.

Kandel E R, et al. (eds.). 2013. *Principles of neural science*. McGraw-Hill Education.

Lettvin J Y, Maturana H R, McCulloch W S, Pitts W H. 1959. What the frog's eye tells the frog's brain. *Proc. Inst. Radio Engr*, 47: 1940—1951.

Marotta J J, Behrmann. 2002. Agnosia. *In*: Ramachandran V S (ed.). *Encyclopedia of the human brain*. Academic Press.

Purves D, Augustine G J, Fitzpatrick D, Hall W C, LaMantia A-S, McNamara J O, Williams S M (eds.). 2004. *Neuroscience (3rd edition)*. Sinauer Associates, Inc.

Quiroga R Q, Fried I, Koch C. 2013. Brain cells for grandmother. *Scientific American*, 308 (2): 31—35.

Rosa M G P. 2002. Visual Cortex. *In*: Ramachandran V S (ed.). *Encyclopedia of the human brain*. Academic Press.

Sacks O. 2010. *The mind's eye*. Alfred A. Knopf.

Schultz D P, Schultz S E. 2008. *A history of modern psychology (9th edition)*. Thomson Learning Inc.

Singer W. 2007. Binding by synchrony. *Scholarpedia*, 2 (12): 1657.

Steffan. 1881. Beitrag zur pathologie des farbensinnes. *Archiv für klinische und experimentelle Ophthalmologie*, 27:1—24.

von der Malsburg C. 1981. The correlation theory of brain function. MPI Biophysical Chemistry, Internal Report 81—2. Reprinted in Models of Neural Networks II (1994). Domany E, van Hemmen, Schulten K. (eds.). Berlin: Springer.

克里克. 1998. 惊人的假说:灵魂的科学探索. 汪云九等译. 湖南科学技术出版社.

02 声响、气味和听到颜色

Bear M F, Connors B W, Paradiso M A. 2001. *Neuroscience: exploring the brain (2nd edition)*. Lippincott Williams & Wilkins.

Brynie F H. 2009. *Brain sense: the science of the senses and how we process the world around us*. AMACOM.

Buck L. 2005. Autobiography. From Les Prix Nobel. The Nobel Prizes 2004, Editor Tore Frängsmyr, [Nobel Foundation], Stockholm.

Finger S. 1994. *Origins of neuroscience: a history of explorations into brain function*. New York: Oxford University Press.

Freeman W J. 1991. The physiology of perception. *Scientific American*, Feb: 78—85.

Freeman W J. 1992. Tutorial on neurobiology: from single neurons to brain chaos. *International Journal of Bifurcation and Chaos*, 2

(3): 451—482.

Freeman W J. 2000. Neurodynamics: an exploration in mesoscopic brain dynamics. Springer-Verlag.

Kauer J S. 1991. Contributions of topography and parallel processing to odor coding in the vertebrate olfactory pathway. *TINS*, 14: 79—85.

Nourse A E. 1964. *The body*. Time-Life Books.

Ramachandran V S. 2011. *The tell-tale brain: a neuroscientist's quest for what makes us human*. W. W. NORTON & COMPANY.

Ramachandran V S, Hubbard E M. 2001. Psychophysical investigations into the neural basis of synaesthesia. *Proc. R. Soc. Lond. B*, 268: 979—983.

Ramachandran V S, Hubbard E M. 2003. Hearing colors, tasting shapes. *Scientific American*, 2003 (5): 52—59.

von Békésy. 1978. *My experiences in different laboratories*. Hungarian: Fizikai Szemle, 1978 (8): 281.

03 留住岁月的痕迹

Ayan S. 2008. Speaking of memory. *Scientific American Mind*, 2008 (10/11): 16—17.

Brenda Milner. 1998. Brenda milner. *In*: Squire L R (ed.). *The history of neuroscience in autobiography* (*Vol. 2*), 276—305.

Carey B. 2008. H. M., an unforgettable amnesiac, dies at 82. New York Times website, December 4, 2008.

Dobbs D. 2007. Eric Kandel: from mind to brain and back again. *Scientific American Mind*, 2007 (10/11): 33—37.

Hurley D. 2012. Where memory lives. *Discover*, 2012 (4): 30—37.

Jones D M. 2002. *The 7±2 urban legend*. Knowledge Software, Ltd.

Kandel E R. 2000. The molecular biology of memory storage: a dialog between genes and synapses. *Nobel Lecture*, December 8, 2000.

Kandel E R. 2006. *In search of memory: the emergence of a new science of mind*. W. W. Norton & Company.

Miller G A. 1956. The magical number seven, plus or minus two: some limits on our capacity for processing information. *The Psychological Review*, 63:81—97.

Newhouse B. 2007. H. M.'s brain and the history of memory. New York Times *website*, February 24, 2007.

Newhouse B. 2007. H. M.'s brain and the history of memory. In http://www.npr.org/templates/story/story.php?storyId=7584970.

O'Keefe J, Dostrovsky J. 1971. The hippocampus as a spatial map. Preliminary evidence from unit activity in the freely-moving rat. *Brain Research*, 34: 171—175.

04 人有喜怒哀乐

Adolphs R, Heberlein A S. 2002. Emotion. *In*: Ramachandran V S (ed.). *Encyclopedia of the human brain*. Academic Press.

Blakeslee S, Blakeslee M. 2007. Where mind and body meet. *Scientific American Mind*, 18 (4): 44—51.

Damasio A. 1999. *The feeling of what happens: body and emotion in the making of consciousness*. Mariner Books.

Damasio A. 2000. *Descartes' error: emotion, reason and the human brain*. Quill.

Damasio A. 2003. *Looking for spinoza: joy, sorrow, and the feeling brain. William Heinemann.

Ekman P, Friesen W V. 1971. Constants across cultures in the face and emotion. *Journal of Personality and Social Psychology*, 17: 124—129.

Finger S. 1994. *Origins of neuroscience: a history of explorations into brain function*. New York: Oxford University Press.

Flynn J P. 1967. The neural basis of aggression in cats. *In*: Glass D C (ed.). *Neurophysiology and Emotion*. Rockefeller University Press.

Jean-Dominique B. 1997. *Le scaphandre et le papillon*, Robert L (ed.). S. A. Paris.

Hock R R. 2005. *Forty studies that changed psychology* (5th Edition). Pearson Education, Inc.

Humphries C. 2012. Not raving but frowning. *New Scientist*, 215 (2874): 40—43.

Macmillan M. 2002. Phineas gage. *In*: Ramachandran V S (ed.). *Encyclopedia of the human brain*. Academic Press.

05 聪明与愚笨的分野

Burrell B. 2004. *Postcards from the brain museum: the improbable search for meaning in the matter of famous minds*. Random House, Inc.

Dicke U, Roth G. 2008. Intelligence evolved. *Scientific American Mind*, 2008 (8/9): 70—77.

Finger S. 1994. *Origins of neuroscience: a history of explorations into brain function*. New York: Oxford University Press.

Fox D. 2011. The limits of intelligence. *Scientific American*, 2011 (7): 37—43.

Haug H. 1987. Brain sizes, surfaces, and neuronal sizes of the cortex cerebri: a stereological investigation of man and his variability and a comparison with some mammals (primates, whales, marsuplals, insectivorses, and one elephant). *American Journal of Anatomy*, 180 (2).

Hawkins J, Blakeslee S. 2004. *On intelligence: how a new understanding of the brain will lead to the creation of truly intelligent machines*. Henry Holt.

Rosenzweig M R, Bennett E L, Diamond M C. 1972. Brain changes in response to experience. *Scientific American*, 226 (2): 22—29.

06 社会交流的工具

Finger S. 1994. *Origins of neuroscience: a history of explorations into brain function*. New York: Oxford University Press.

Ramachandran V S. 2011. *The tell-tale brain: a neuroscientist's quest for what makes us human*. W. W. NORTON & COMPANY.

Roth H L. 2014. We stand on the shoulders of giants: the golden era of behavioral neurology 1860—1950 and its relevance to cognitive neuroscience today. *In*: Chatterjee A, Caslett H B. 2014. *The roots of cognitive neuroscience: behavioral neurology and neuropsychology*. Oxford University Press.

Tremblay P, Dick A S. 2016. Broca and wernicke are dead, or moving past the classic model of language neurobiology. *Brain and Language*. Published online August 30 2016 doi:10.1016/j.bandl.2016.08.004.

Wickens A P. 2015. *A history of the brain: from stone age surgery to modern neuroscience*. Psychology Press.

07 难以解开的"世界之结"

Blackmore S. 2005. *Conversations on consciousness*. Oxford University Press.

Edelman G. 2007. Learning in and from brain-based devices. *Science*, 318: 1103—1105.

Edelman G M, Tononi G. 2000. A universe of consciousness: how matter becomes imagination. In: Gazzaniga M S, Steven M S. 2005. Neuroscience and the law. *Scientific American Mind*, 16 (1): 42—49.

Koch C. 2004. *The quest for consciousness: a neurobiological approach*. Roberts and Company Publishers.

Koch C. 2009a. A theory of consciousness. *Scientific American Mind*, 20 (4): 16—19.

Koch C. 2009b. The will to power. *Scientific American Mind*, 20 (6): 20—21.

Koch C, Greenfield S. 2007. How does consciousness happen? *Scientific American*, 297 (4): 76—83.

Koch C, Tononi G. 2011. A test for consciousness. *Scientific American*, 304 (6): 44—47.

Tononi G, Koch C. 2014. Consciousness: here, there but not everywhere. http://www.researchgate.net/publication/262690517 Consciousness Here There but Not Everywhere.

托诺尼. 2015. PHI：从脑到灵魂的旅行. 林旭文译. 机械工业出版社.

结语

Abeles M, et al. 2014. Open message to the european commission concerning the human brain project. From www.neurofuture.eu.

Editorials. 2015. Rethinking the brain. *Nature*, 519: 389.

Gu F. 2013. The human brain project EU is unlikely to create an artificial whole-brain in a decade. *Brain-Mind Magazine*, 2: 4—6.

Hsu F H. 2004. *Behind deep blue: building the computer that defeated the world chess champion*, Princeton Univ Pr.

Kandel E. 2013. The new science of mind and the future of knowledge. *Neuron*, 80: 546—560.

Mediation of the human brain project. 2015. Human brain project mediation report. From www.neurofuture.eu.

Sample I. 2014. Scientists threaten to boycott € 1.2bn human brain project. *The Guardian*, 7 July, 2014.

Wang R, Gu F. 2007. Editorial. *Cognitive neurodynamics*, 1:1.

陈宜张. 2008. 神经科学的历史发展和思考. 上海科学技术出版社.

顾凡及. 2013. 从蓝脑计划到人脑计划：欧盟脑研究计划评介. 科学, 65(4)：16—20.

顾凡及. 2013. 尖端创新神经技术脑研究计划：美国脑研究计划评介. 科学, 65(5)：19—23.

顾凡及. 2014. 脑海探险：人类怎样认识自己. 上海科学技术出版社.

顾凡及. 2014. 欧盟和美国两大脑研究计划之近况. 科学, 66(5)：16—21.

顾凡及. 2015. 欧盟人脑计划面临新斗争. 科学, 67(5)：35—38.

图书在版编目(CIP)数据

三磅宇宙与神奇心智/顾凡及著. —上海：上海科技教育出版社，2017.7(2018.4重印)

ISBN 978-7-5428-5933-4

Ⅰ.①三… Ⅱ.①顾… Ⅲ.①认知科学—研究 Ⅳ.①B842.1

中国版本图书馆CIP数据核字(2017)第100399号

责任编辑　王　洋
装帧设计　杨　静

上海文化发展基金会图书出版专项基金资助项目

三磅宇宙与神奇心智

顾凡及　著

出版发行	上海科技教育出版社有限公司
	(上海市柳州路218号　邮政编码200235)
网　　址	www.sste.com　www.ewen.co
经　　销	各地新华书店
印　　刷	常熟市文化印刷有限公司
开　　本	720×1000　1/16
印　　张	18.5
插　　页	1
版　　次	2017年7月第1版
印　　次	2018年4月第2次印刷
书　　号	ISBN 978-7-5428-5933-4/N·1011
定　　价	48.00元

彩图1 两对互成补色的颜色对。

 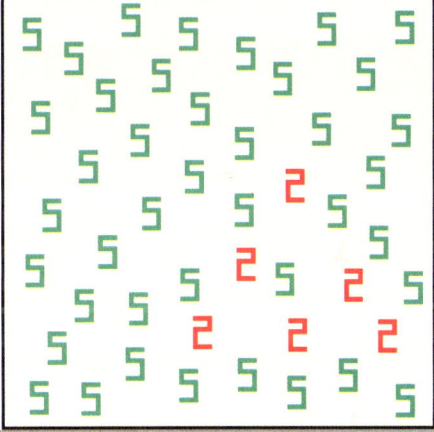

彩图2 "跳出"试验。左图是有一些同样颜色的2杂处在大量的5中间,对一般人来说,要找出其中的2字,就得一个个去分辨,而且即使找出以后也还是不容易发现这些2字组成了一个三角形。右图和左图的区别是图中的5字都是绿色的,而2字则是红色的。由于颜色是一种基本属性,所以除了红绿色盲之外,任何人都能一下子就看到这些2字组成了一个三角形。然而让有数字—颜色联觉的人去看左图,他们也能像我们看右图一样,一下子就看到了由2字组成的三角形。(引自Ramachandran and Hubbard,2003)